住房和城乡建设部"十四五"规划教材

高等学校土木工程专业线上线下精品课程建设系列教材

"十三五"江苏省高等学校重点教材（编号：2019-2-214）

结 构 力 学

（下　册）

（第 二 版）

吕恒林　鲁彩凤　张营营　主　编
范　力　卢丽敏　舒前进　丁北斗　副主编

中国建筑工业出版社

图书在版编目（CIP）数据

结构力学. 下册/吕恒林，鲁彩凤，张营营主编
. —2版. —北京：中国建筑工业出版社，2021.9（2022.8重印）
住房和城乡建设部"十四五"规划教材　高等学校土
木工程专业线上线下精品课程建设系列教材　"十三五"
江苏省高等学校重点教材
ISBN 978-7-112-26150-5

Ⅰ. ①结…　Ⅱ. ①吕…②鲁…③张…　Ⅲ. ①结构力
学-高等学校-教材　Ⅳ.①O342

中国版本图书馆 CIP 数据核字（2021）第 086769 号

　　本书是在第一版的基础上修订而成，为"十三五"江苏省高等学校重点教材
（编号：2019-2-214）。以本教材为基础的中国矿业大学"结构力学"课程于 2019
年被评为国家级一流本科课程（线上线下混合式）。

　　本书分上、下两册，共十四章。上册是基础内容，共十章，内容包括：绪论、
平面杆件体系的几何组成分析、静定梁和静定刚架、静定拱和悬索结构、静定桁
架和组合结构、结构位移的计算、力法、位移法、渐近法、影响线及其应用。下
册是专题部分，共四章，内容包括：矩阵位移法、结构的极限荷载、结构的稳定
计算及结构的动力计算。书后配有学习指导及习题集。

　　本书可作为高等学校土木工程专业（结构工程、岩土工程、市政工程、防灾
减灾工程及防护工程、桥梁与隧道工程等）的本科教学用书，也可供土建类工程
技术人员及其他相关工程技术人员参考使用。

　　本书配有丰富的数字资源，主要为相关知识点的解读。读者用微信扫描书中
二维码即可免费观看相关视频。此外，本书还有配套的在线课程，可登录"中国
大学 MOOC"平台（https://www.icourse163.org/）学习，具体的网址分别为：
https://www.icourse163.org/course/CUMT-1206220811，https://www.icourse163.
org/course/ CUMT-1206217804。

　　为了更好地支持相应课程的教学，我们向采用本书作为教材的教师提供课件，
有需要者可与出版社联系。建工书院：http://edu.cabplink.com，邮箱：jckj@
cabp.com.cn，2917266507@qq.com，电话：（010）58337285。

＊　　　＊　　　＊

责任编辑：聂　伟　王　跃
责任校对：张惠雯

住房和城乡建设部"十四五"规划教材
高等学校土木工程专业线上线下精品课程建设系列教材
"十三五"江苏省高等学校重点教材（编号：2019-2-214）

结构力学（下册）
（第二版）

吕恒林　鲁彩凤　张营营　主　编
范　力　卢丽敏　舒前进　丁北斗　副主编

＊

中国建筑工业出版社出版、发行（北京海淀三里河路9号）
各地新华书店、建筑书店经销
霸州市顺浩图文科技发展有限公司制版
北京建筑工业印刷厂印刷

＊

开本：787 毫米×1092 毫米　1/16　印张：17¼　字数：414 千字
2021 年 9 月第二版　　2022 年 8 月第二次印刷
定价：**51.00** 元（附配套数字资源及赠教师课件）
ISBN 978-7-112-26150-5
（37736）

本书由

江苏省建筑节能与建造技术协同创新中心资助

出版

第二版前言

本书是在第一版的基础上修订而成。本书被评为第三届煤炭行业优秀教材，"十三五"江苏省高等学校重点教材（编号：2019-2-214）。以本书为基础的中国矿业大学"结构力学"课程于2019年被评为国家级一流本科课程（线上线下混合式）。

本次修订保持了第一版的体系和风格，坚持理论严谨、重点突出、理论联系实践、深入浅出的原则，在内容上做了如下修订：

1. 重新编写了第十二、十三章。

2. 在第十一章中增加了适量应用例题，以便于学生更好地掌握矩阵位移法的基本原理。

3. 增加了数字化资源，主要为重点、难点及典型例题等的解读。

4. 对学习指导及习题集作了较大改动，增加了典型例题，并优化了习题。

5. 对全书文字做了修订，力求准确。

全书分为上、下两册。上册是基础部分，共十章，内容包括：绪论、平面杆件体系的几何组成分析、静定梁和静定刚架、静定拱和悬索结构、静定桁架和组合结构、结构位移的计算、力法、位移法、渐近法、影响线及其应用。下册是专题部分，共四章，内容包括：矩阵位移法、结构的极限荷载、结构的弹性稳定及结构的动力计算。书后配有学习指导及习题集。

本书配有丰富的数字资源，读者可用微信扫描书中二维码免费观看。此外，本书还有配套的在线课程，可登录"中国大学 MOOC"（https://www.icourse163.org/）学习，具体网址分别为：https://www.icourse163.org/course/CUMT-1206220811，https://www.icourse163.org/course/CUMT-1206217804。

本书由吕恒林、鲁彩凤、张营营主持修订。上册修订工作分工为：第一、二章（吕恒林）、第三章（鲁彩凤）、第四章（刘志勇）、第五章（张营营）、第六、七章（鲁彩凤）、第八章（姬永生）、第九章（张营营、周淑春）、第十章（鲁彩凤）。下册修订工作分工为：第十一章（吕恒林、范力）、第十二章（鲁彩凤、舒前进）、第十三章（张营营、卢丽敏、丁北斗）、第十四章（鲁彩凤）。学习指导及习题集由吕恒林、鲁彩凤主持修订。

本书由同济大学陈建兵教授、河海大学沈扬教授、南京工业大学王俊教授、东南大学陆金钰副教授、中国建筑第八工程局卢育坤教授级高工审阅，特此致谢。

本书虽经修订，但限于编者水平，还会存在缺点和错误，衷心希望读者批评指正。

编　者

第一版前言

本书是根据高等学校力学教学指导委员会力学基础课程教学指导分委员会制定的《高等学校理工科非力学专业力学基础课程教学基本要求》，以及各位编者在多年从事结构力学教学、科研以及工程实践的基础上编写而成的，为高等学校土木工程专业"十三五"规划教材。

本书分上、下两册出版，共十四章。上册是基础内容，共十章，内容包括：绪论、平面杆件体系的几何组成分析、静定梁和静定刚架、静定拱和悬索结构、静定桁架和组合结构、结构位移的计算、力法、位移法、渐近法、影响线及其应用。下册是专题部分，共四章，内容包括：矩阵位移法、结构的极限荷载、结构的稳定计算及结构动力学。本书中带有"＊"号的为选修内容，可根据具体要求决定是否学习。考虑到本课程尤其注重实践性教学环节，要有一定的课堂讨论及课外练习的时间，因此与本书配套出版有《结构力学复习纲要及习题集》。

本书从"大土木"的专业要求出发，在保证课程内容体系系统性的基础上，精选内容，突出重点，并注意土木工程不同专业方向中工程实例的引入，以扩大专业覆盖面。各章都从结构力学的基本概念、基本原理出发，以工程实践为背景，重点讲解结构的力学分析及计算方法。编写时注重概念清晰，并能做到深入浅出，便于学生领会。

《结构力学复习纲要及习题集》内容包括：各章的学习要求、基本内容，以及较丰富的习题并附有答案。其中，习题大致分为两种类型，一类着重于基本概念的掌握，另一类着重于典型工程结构的解题方法的训练。

本教材可作为高等学校土木工程专业（结构工程、岩土工程、市政工程、防灾减灾工程及防护工程、桥梁与隧道工程等）的本科教学用书，也可供土建类工程技术人员及其他相关工程技术人员参考使用。

本书由中国矿业大学力学与土木工程学院结构力学课程教学团队编写完成，其中吕恒林编写第一、二、九章，鲁彩凤编写第三、六、七、十、十四章，张营营编写第四、五章，姬永生编写第八章，范力编写第十一章，舒前进编写第十二章，卢丽敏编写第十三章。全书由吕恒林、鲁彩凤负责修改统稿。

欢迎各位读者对本书中存在的错误或不妥之处批评指正。

编　者

2018 年 9 月

目　　录

第十一章　矩阵位移法 …………………………………………………………… 1
　　第一节　概述 ………………………………………………………………… 1
　　第二节　单元刚度矩阵（局部坐标系） …………………………………… 3
　　第三节　单元刚度矩阵（整体坐标系） …………………………………… 7
　　第四节　后处理法建立结构刚度方程 ……………………………………… 13
　　第五节　先处理法建立结构刚度方程 ……………………………………… 22
　　第六节　等效结点荷载 ……………………………………………………… 27
　　第七节　矩阵位移法计算步骤及示例 ……………………………………… 30
第十二章　结构的极限荷载 ……………………………………………………… 46
　　第一节　概述 ………………………………………………………………… 46
　　第二节　极限弯矩、塑性铰及极限状态 …………………………………… 48
　　第三节　静定结构的极限荷载 ……………………………………………… 52
　　第四节　计算极限荷载的静力法和机动法 ………………………………… 53
　　第五节　比例加载时有关极限荷载的几个定理 …………………………… 58
　　第六节　穷举法和试算法 …………………………………………………… 60
　　第七节　连续梁的极限荷载 ………………………………………………… 63
　　第八节　刚架的极限荷载 …………………………………………………… 67
第十三章　结构的弹性稳定 ……………………………………………………… 72
　　第一节　结构动力计算的特点及动力自由度 ……………………………… 72
　　第二节　用静力法确定临界荷载 …………………………………………… 76
　　第三节　用能量法确定临界荷载 …………………………………………… 83
　　第四节　简化为具有弹性支承的单根压杆的稳定问题 …………………… 92
第十四章　结构的动力计算 ……………………………………………………… 101
　　第一节　结构动力计算的特点及动力自由度 ……………………………… 101
　　第二节　单自由度体系的自由振动 ………………………………………… 105
　　第三节　单自由度体系在简谐荷载下的强迫振动 ………………………… 117
　　第四节　单自由度体系在任意荷载下的强迫振动 ………………………… 129
　　第五节　双自由度体系的自由振动 ………………………………………… 134
　　第六节　n 自由度体系的自由振动 ………………………………………… 144
　　第七节　主振型的正交性 …………………………………………………… 153
　　第八节　多自由度体系在简谐荷载下的强迫振动 ………………………… 156
附录：《结构力学》（下册）学习指导及习题集 …………………………… 165
　　第十一章　矩阵位移法学习指导及习题集 ………………………………… 166

第一节　学习要求 …………………………………………………………… 166
第二节　基本内容 …………………………………………………………… 166
第三节　例题分析 …………………………………………………………… 171
第四节　本章习题 …………………………………………………………… 187
第五节　习题参考答案 ……………………………………………………… 194
第十二章　结构的极限荷载学习指导及习题集 …………………………… 197
第一节　学习要求 …………………………………………………………… 197
第二节　基本内容 …………………………………………………………… 197
第三节　例题分析 …………………………………………………………… 201
第四节　本章习题 …………………………………………………………… 208
第五节　习题参考答案 ……………………………………………………… 213
第十三章　结构的弹性稳定学习指导及习题集 …………………………… 214
第一节　学习要求 …………………………………………………………… 214
第二节　基本内容 …………………………………………………………… 214
第三节　例题分析 …………………………………………………………… 219
第四节　本章习题 …………………………………………………………… 230
第五节　习题参考答案 ……………………………………………………… 236
第十四章　结构的动力计算学习指导及习题集 …………………………… 238
第一节　学习要求 …………………………………………………………… 238
第二节　基本内容 …………………………………………………………… 238
第三节　例题分析 …………………………………………………………… 247
第四节　本章习题 …………………………………………………………… 254
第五节　习题参考答案 ……………………………………………………… 262
参考文献 ……………………………………………………………………… 265

第十一章　矩阵位移法

本章讨论结构分析的矩阵位移法。矩阵位移法与传统位移法同源，但其采用矩阵表达形式和程序化的计算步骤，为大型复杂结构提供了快捷、通用的计算方法。首先，基于局部坐标系和整体坐标系中的单元刚度矩阵及其转换关系，利用单元集成法建立了整体刚度矩阵（包括后处理法和先处理法）；其次，讨论了等效结点荷载的确定方法；最后，介绍了利用矩阵位移法分析连续梁及平面刚架结构的计算步骤。

第一节　概　　述

利用前面学习过的力法或位移法求解结构力学问题时，需要解算力法典型方程或位移法典型方程，因此，传统的力法或位移法所能求解的问题规模有限，只能解决未知量数目较少的杆件结构问题，用它来求解未知量数目较多的情况是非常困难的。

码 11-1　矩阵位移法概述

电子计算机的出现和广泛应用，使求解大规模线性方程组成为可能，也使结构力学的分析方法发生了巨大变化。利用电子计算机的强大计算能力，结合传统结构力学的基本思想，发展出一种适合电算的结构分析方法——结构矩阵分析方法。这一方法的基本原理与传统结构力学并无本质的区别，只是在数学表达形式上采用了矩阵这一数学工具，这是因为矩阵的表达形式简单明了，运算规则适合编制计算机计算程序。

根据结构矩阵分析时所选择的基本未知量的不同，结构矩阵分析分为矩阵位移法和矩阵力法两种。矩阵位移法以结构的结点位移为基本未知量，而矩阵力法以结构的多余未知力为基本未知量。矩阵位移法选择基本未知量的规则统一，计算机容易操作；矩阵力法选择基本未知量则存在多种可能，计算机操作不便。矩阵位移法求出结点位移后可利用形常数和载常数直接求得结构内力，而矩阵力法求出多余未知力后还需要再求解静定结构才能得到结构内力。矩阵位移法不仅适用于超静定结构，也可以用于静定结构分析，而矩阵力法只能用于超静定结构分析。因此，矩阵位移法的应用更为广泛，本章只介绍矩阵位移法。

矩阵位移法是以传统位移法为理论基础，以结点位移作为基本未知量，以矩阵为数学表达形式，以计算机为计算工具的杆件结构电算分析方法。它包含两个基本环节：

（1）单元分析。其主要任务是把杆件结构分解为有限个杆件单元，根据物理条件和几何条件分析每个单元的杆端力与杆端位移之间的关系，建立单元刚度方程。

（2）整体分析。其主要任务是把各单元集合成整体结构，根据单元刚度方程和原结构的平衡条件及几何条件，分析整个结构的结点力与结点位移之间的关系，建立整体结构刚度方程，进而求解原结构的结点位移及内力。

值得指出的是，矩阵位移法是为了适应计算机自动计算而提出的分析方法，要求计算方法统一、规则、通用，因此有些处理问题的方法从手算的角度来看是繁琐的、缺乏技巧的，但是从电算的角度来说，却是便于编制通用程序的，这一点在学习时需要注意理解。

在矩阵位移法计算时，需将结构划分为有限个单元。为了计算方便，先要对单元、结点和单元杆端位移进行编号，并建立单元局部坐标系和结构整体坐标系，这些工作统称为结构标识。

一、结点、单元的划分与编号

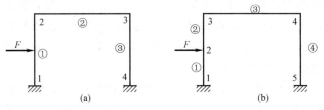

码 11-2　矩阵位移法几个基本概念

在杆件结构中，一般以一根直杆或直杆的一部分作为一个单元，单元的端点称为结点。划分单元的结点应是结构杆件的转折点、交汇点、支撑点或截面突变点，这些结点都由结构本身的构造特性所决定，又称为构造结点，如图 11-1（a）中的 1、2、3、4 结点。此外，对于集中力作用处，有时为了使结构只承受结点荷载，也可将其作为一个结点处理，如图 11-1（b）中的 2 结点，这类结点称为非构造结点。当然，对于集中力作用处也可不设结点，如图 11-1（a）所示，此时集中力作为单元①内的非结点荷载，需通过一定的方式转化为等效结点荷载，非结点荷载的处理方法将在本章第六节中讨论。

图 11-1　单元及结点编码

结点编号一般用数字表示，每个结点具有唯一的编号。由同一单元相连的两个结点称为相关结点。如图 11-1（a）所示，结点 2、3 为相关结点，结点 3、4 也是相关结点。

为了与结点编号区分，单元编号一般用带圆圈的数字表示，每个单元具有唯一的编号。与同一结点相连的单元称为相关单元，如图 11-1（a）所示，单元①、②为相关单元，单元②、③也是相关单元。

二、结构整体坐标系与单元局部坐标系

结构整体坐标系是为进行结构整体分析而建立的，一般用 xoy 表示。坐标原点可选结构平面内任意一点，x 轴方向通常取水平向右方向（根据解题方便也可取结构平面内其他方向），y 轴在结构平面内由 x 轴逆时针旋转 90° 得到，如图 11-2（a）所示。

单元局部坐标系是为进行单元分析而建立的，一般用 $\overline{xoy}$ 表示，其中，坐标原点

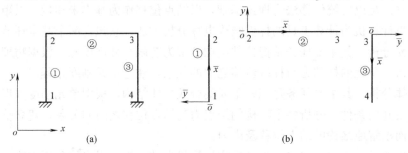

图 11-2　整体坐标系和局部坐标系
（a）整体坐标系；（b）局部坐标系

位于单元起点，$\bar{x}$ 轴方向由单元起点指向单元终点，$\bar{y}$ 轴在单元平面内由 $\bar{x}$ 轴逆时针旋转 90°得到。图11-2（b）表示了如图11-2（a）所示结构中各单元的局部坐标系设置情况。

第二节　单元刚度矩阵（局部坐标系）

码11-3　单元刚度矩阵（局部坐标系）

第二、三节对平面杆件结构中的杆件单元进行分析：分析单元杆端力与杆端位移之间的关系，并用矩阵的形式来表达这种关系，即建立单元刚度方程，并得到单元刚度矩阵。

一、一般单元的刚度矩阵

如图11-3所示为一等截面直杆单元，设杆长为 l，截面面积为 A，截面惯性矩为 I，弹性模量为 E。单元编号为 ⓔ，两端结点编号为 i、j。以 i 为起点，j 为终点，建立单元局部坐标系，如图11-3所示。

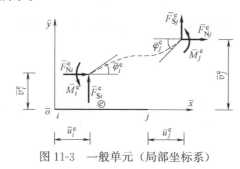

图11-3　一般单元（局部坐标系）

对于平面杆单元，一般情况下单元两端各有三个杆端位移分量，即 i 端位移分量为：沿 $\bar{x}$ 轴方向的线位移 $\bar{u}_i^e$、沿 $\bar{y}$ 轴方向的线位移 $\bar{v}_i^e$ 及角位移 $\bar{\varphi}_i^e$，j 端位移分量为：沿 $\bar{x}$ 轴方向的线位移 $\bar{u}_j^e$、沿 $\bar{y}$ 轴方向的线位移 $\bar{v}_j^e$ 及角位移 $\bar{\varphi}_j^e$。这些符号上面加一横线，表示它们是局部坐标系中的量值，上角标 e 表示它们是属于单元 ⓔ 的。与6个杆端位移相对应，有6个杆端力分量，即 i 端内力分量为：轴力 $\bar{F}_{Ni}^e$、剪力 $\bar{F}_{Si}^e$ 和弯矩 $\bar{M}_i^e$，j 端内力分量有：轴力 $\bar{F}_{Nj}^e$、剪力 $\bar{F}_{Sj}^e$ 和弯矩 $\bar{M}_j^e$。需要注意：杆端力是单元杆端所受之力，而不是单元杆端施加给其他部分的力。这样的单元称为一般单元或自由单元。

杆端位移和杆端力的正负号规定如下：杆端线位移和杆端力（剪力和轴力）均以与局部坐标系的坐标轴方向一致为正，杆端角位移和杆端弯矩以逆时针方向为正，即：杆端轴力 $\bar{F}_N^e$、轴向位移 $\bar{u}^e$ 以同 $\bar{x}$ 轴正向为正，杆端剪力 $\bar{F}_S^e$、切向位移 $\bar{v}^e$ 以同 $\bar{y}$ 轴的正向为正，杆端弯矩 $\bar{M}^e$、角位移 $\bar{\varphi}^e$ 以逆时针为正。本章杆端力的正负号规定与其他章节有所不同，需要注意区分。如图11-3所示的杆端位移和杆端力均为正方向。

单元分析的任务是：假设单元上无荷载作用，要求确定杆端力和杆端位移之间的关系。通过材料力学和结构力学的学习可知：对一般单元，若6个杆端位移分量已知，可以根据胡克定律和位移法中的形常数求出6个杆端力分量。

具体的计算方法是：先依次使某一杆端位移分量等于单位位移（其余各杆端位移分量皆等于零）时，求出此种情况下各杆端力分量，分别如图11-4（a）～（f）所示；然后，由叠加法可得出杆端力和杆端位移之间的关系，分别为：

$$\begin{cases} \overline{F}^{e}_{Ni}=\dfrac{EA}{l}\overline{u}^{e}_{i}-\dfrac{EA}{l}\overline{u}^{e}_{j} \\[2mm] \overline{F}^{e}_{Si}=\dfrac{12EI}{l^{3}}\overline{v}^{e}_{i}+\dfrac{6EI}{l^{2}}\overline{\varphi}^{e}_{i}-\dfrac{12EI}{l^{3}}\overline{v}^{e}_{j}+\dfrac{6EI}{l^{2}}\overline{\varphi}^{e}_{j} \\[2mm] \overline{M}^{e}_{i}=\dfrac{6EI}{l^{2}}\overline{v}^{e}_{i}+\dfrac{4EI}{l}\overline{\varphi}^{e}_{i}-\dfrac{6EI}{l^{2}}\overline{v}^{e}_{j}+\dfrac{2EI}{l}\overline{\varphi}^{e}_{j} \\[2mm] \overline{F}^{e}_{Nj}=-\dfrac{EA}{l}\overline{u}^{e}_{i}+\dfrac{EA}{l}\overline{u}^{e}_{j} \\[2mm] \overline{F}^{e}_{Sj}=-\dfrac{12EI}{l^{3}}\overline{v}^{e}_{i}-\dfrac{6EI}{l^{2}}\overline{\varphi}^{e}_{i}+\dfrac{12EI}{l^{3}}\overline{v}^{e}_{j}-\dfrac{6EI}{l^{2}}\overline{\varphi}^{e}_{j} \\[2mm] \overline{M}^{e}_{j}=\dfrac{6EI}{l^{2}}\overline{v}^{e}_{i}+\dfrac{2EI}{l}\overline{\varphi}^{e}_{i}-\dfrac{6EI}{l^{2}}\overline{v}^{e}_{j}+\dfrac{4EI}{l}\overline{\varphi}^{e}_{j} \end{cases} \tag{11-1}$$

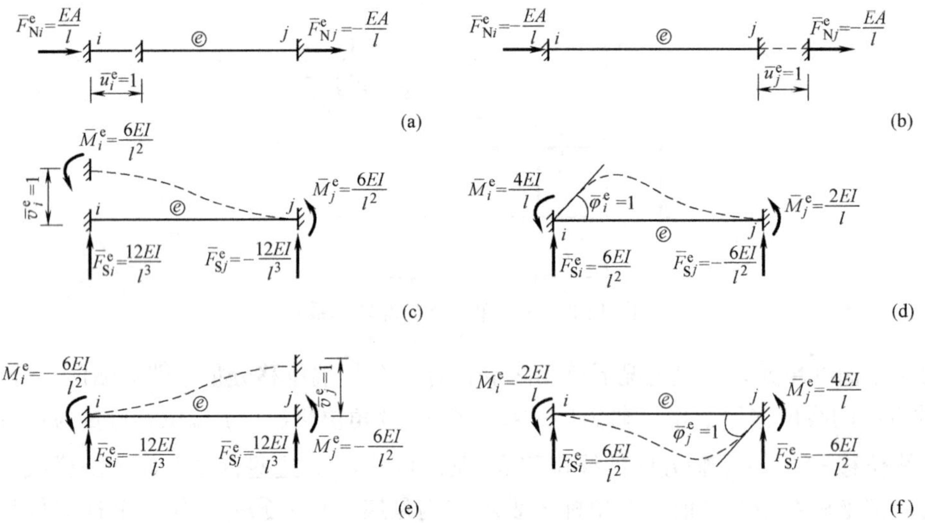

图 11-4　杆端产生单位位移的特殊情况

将式（11-1）中的 6 个方程联合写成矩阵的形式，即：

$$\begin{Bmatrix} \overline{F}^{e}_{Ni} \\[1mm] \overline{F}^{e}_{Si} \\[1mm] \overline{M}^{e}_{i} \\[1mm] \overline{F}^{e}_{Nj} \\[1mm] \overline{F}^{e}_{Sj} \\[1mm] \overline{M}^{e}_{j} \end{Bmatrix} = \begin{pmatrix} \dfrac{EA}{l} & 0 & 0 & -\dfrac{EA}{l} & 0 & 0 \\[3mm] 0 & \dfrac{12EI}{l^{3}} & \dfrac{6EI}{l^{2}} & 0 & -\dfrac{12EI}{l^{3}} & \dfrac{6EI}{l^{2}} \\[3mm] 0 & \dfrac{6EI}{l^{2}} & \dfrac{4EI}{l} & 0 & -\dfrac{6EI}{l^{2}} & \dfrac{2EI}{l} \\[3mm] -\dfrac{EA}{l} & 0 & 0 & \dfrac{EA}{l} & 0 & 0 \\[3mm] 0 & -\dfrac{12EI}{l^{3}} & -\dfrac{6EI}{l^{2}} & 0 & \dfrac{12EI}{l^{3}} & -\dfrac{6EI}{l^{2}} \\[3mm] 0 & \dfrac{6EI}{l^{2}} & \dfrac{2EI}{l} & 0 & -\dfrac{6EI}{l^{2}} & \dfrac{4EI}{l} \end{pmatrix} \begin{Bmatrix} \overline{u}^{e}_{i} \\[1mm] \overline{v}^{e}_{i} \\[1mm] \overline{\varphi}^{e}_{i} \\[1mm] \overline{u}^{e}_{j} \\[1mm] \overline{v}^{e}_{j} \\[1mm] \overline{\varphi}^{e}_{j} \end{Bmatrix} \tag{11-2}$$

式（11-2）称为局部坐标系下的单元刚度方程，它以矩阵的形式表达了一般单元的杆端力和杆端位移之间的关系。单元刚度方程可简记为：

$$\overline{\boldsymbol{F}}^{e} = \overline{\boldsymbol{k}}^{e}\overline{\boldsymbol{\delta}}^{e} \tag{11-3}$$

式中

$$\overline{\boldsymbol{F}}^{e} = \begin{bmatrix} \overline{F}_{Ni}^{e} \\ \overline{F}_{Si}^{e} \\ \overline{M}_{i}^{e} \\ \hline \overline{F}_{Nj}^{e} \\ \overline{F}_{Sj}^{e} \\ \overline{M}_{j}^{e} \end{bmatrix}, \quad \overline{\boldsymbol{\delta}}^{e} = \begin{bmatrix} \overline{u}_{i}^{e} \\ \overline{v}_{i}^{e} \\ \overline{\varphi}_{i}^{e} \\ \overline{u}_{j}^{e} \\ \overline{v}_{j}^{e} \\ \overline{\varphi}_{j}^{e} \end{bmatrix} \tag{11-4}$$

分别称为单元的杆端力列向量和杆端位移列向量，而

$$
\overline{\boldsymbol{k}}^{e} =
\begin{array}{cccccc}
\overline{u}_{i}^{e} & \overline{v}_{i}^{e} & \overline{\varphi}_{i}^{e} & \overline{u}_{j}^{e} & \overline{v}_{j}^{e} & \overline{\varphi}_{j}^{e} \\
\end{array}
\begin{bmatrix}
\dfrac{EA}{l} & 0 & 0 & -\dfrac{EA}{l} & 0 & 0 \\
0 & \dfrac{12EI}{l^{3}} & \dfrac{6EI}{l^{2}} & 0 & -\dfrac{12EI}{l^{3}} & \dfrac{6EI}{l^{2}} \\
0 & \dfrac{6EI}{l^{2}} & \dfrac{4EI}{l} & 0 & -\dfrac{6EI}{l^{2}} & \dfrac{2EI}{l} \\
-\dfrac{EA}{l} & 0 & 0 & \dfrac{EA}{l} & 0 & 0 \\
0 & -\dfrac{12EI}{l^{3}} & -\dfrac{6EI}{l^{2}} & 0 & \dfrac{12EI}{l^{3}} & -\dfrac{6EI}{l^{2}} \\
0 & \dfrac{6EI}{l^{2}} & \dfrac{2EI}{l} & 0 & -\dfrac{6EI}{l^{2}} & \dfrac{4EI}{l}
\end{bmatrix}
\begin{array}{c}
\overline{F}_{Ni}^{e} \\
\overline{F}_{Si}^{e} \\
\overline{M}_{i}^{e} \\
\overline{F}_{Nj}^{e} \\
\overline{F}_{Sj}^{e} \\
\overline{M}_{j}^{e}
\end{array}
\tag{11-5}
$$

则称为局部坐标系下的单元刚度矩阵（简称单刚）。它的行数等于杆端力列向量的分量数，而列数等于杆端位移列向量的分量数，由于杆端力和相应的杆端位移的数目总是相等的，因此 $\overline{\boldsymbol{k}}^{e}$ 是一个方阵。

需要注意，杆端力列向量和杆端位移列向量中的各个分量，必须是按照式（11-4）的顺序排列，即先 i 端后 j 端，每个杆端按照 $\overline{x}$、$\overline{y}$ 方向及弯矩（转角）的顺序排列。否则，随着排列顺序的变化，刚度矩阵 $\overline{\boldsymbol{k}}^{e}$ 中各元素的排列顺序也会随之改变。为了避免混淆，可在 $\overline{\boldsymbol{k}}^{e}$ 的上方注明杆端位移分量，而在右方注明杆端力分量，如式（11-5）所示。

单元刚度矩阵中每一元素的物理意义是：当其所在列对应的杆端位移分量等于单位位移（其余杆端位移分量均等于零）时，所引起的其所在行对应的杆端力分量的数值。

单元刚度矩阵具有如下性质：

（1）固有性

单元刚度矩阵只与单元的几何形状、尺寸及物理性质有关，即只与 l、A、I、E 有关，而与外荷载无关。

（2）对称性

单元刚度矩阵 $\bar{\boldsymbol{k}}^{\mathrm{e}}$ 是一个对称矩阵，即第 i 行、第 j 列元素（k_{ij}）与第 j 行、第 i 列元素（k_{ji}）相等（$i \neq j$），可由反力互等定理证明此结论。

（3）奇异性

单元刚度矩阵 $\boldsymbol{k}^{\mathrm{e}}$ 是一个奇异矩阵。容易看出：第 1 行元素与第 4 行元素对应相加，则所得的一行元素全等于零；第 2 行元素与第 5 行元素对应相加也全部为零。这表明矩阵 $\bar{\boldsymbol{k}}^{\mathrm{e}}$ 的行列式等于零，故 $\bar{\boldsymbol{k}}^{\mathrm{e}}$ 是奇异的，即 $\bar{\boldsymbol{k}}^{\mathrm{e}}$ 的逆矩阵不存在。因此，若已知杆端位移 $\bar{\boldsymbol{\delta}}^{\mathrm{e}}$，可以由式（11-3）确定杆端力 $\bar{\boldsymbol{F}}^{\mathrm{e}}$；但已知杆端力 $\bar{\boldsymbol{F}}^{\mathrm{e}}$，却不能由式（11-3）反求杆端位移 $\bar{\boldsymbol{\delta}}^{\mathrm{e}}$。从物理上来解释，是由于一般单元是一个自由单元，两端还没有任何支承约束，杆单元除了由杆端力引起的轴向变形、剪切变形和弯曲变形外，还可以有任意的刚体位移，故由给定的杆端力 $\bar{\boldsymbol{F}}^{\mathrm{e}}$ 是不能求得杆端位移 $\bar{\boldsymbol{\delta}}^{\mathrm{e}}$ 唯一解的，除非增加足够的约束条件。

二、桁架单元的刚度矩阵

平面桁架中的杆单元，如图 11-5 所示，其两端仅有轴力作用，剪力和弯矩均为零，由式（11-2）可知，其单元刚度方程为：

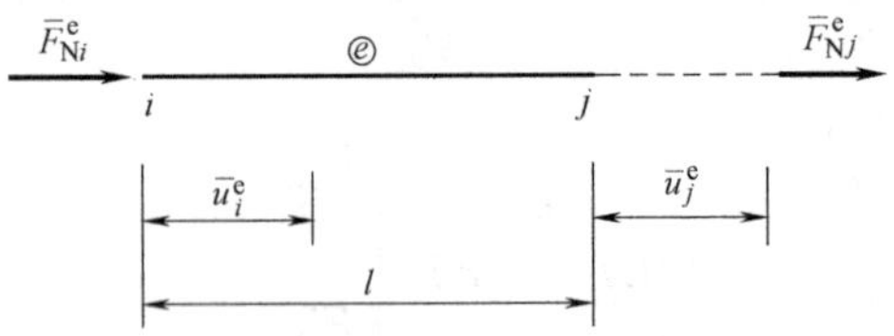

图 11-5　桁架单元

$$\begin{bmatrix} \bar{F}_{\mathrm{N}i}^{\mathrm{e}} \\ \bar{F}_{\mathrm{N}j}^{\mathrm{e}} \end{bmatrix} = \begin{bmatrix} \dfrac{EA}{l} & -\dfrac{EA}{l} \\ -\dfrac{EA}{l} & \dfrac{EA}{l} \end{bmatrix} \begin{bmatrix} \bar{u}_i^{\mathrm{e}} \\ \bar{u}_j^{\mathrm{e}} \end{bmatrix} \quad (11\text{-}6)$$

相应的单元刚度矩阵为：

$$\bar{\boldsymbol{k}}^{\mathrm{e}} = \begin{matrix} \bar{u}_i^{\mathrm{e}} & \bar{u}_j^{\mathrm{e}} \\ \begin{bmatrix} \dfrac{EA}{l} & -\dfrac{EA}{l} \\ -\dfrac{EA}{l} & \dfrac{EA}{l} \end{bmatrix} & \begin{matrix} \bar{F}_{\mathrm{N}i}^{\mathrm{e}} \\ \bar{F}_{\mathrm{N}j}^{\mathrm{e}} \end{matrix} \end{matrix} \quad (11\text{-}7)$$

其实，桁架单元刚度矩阵可以由一般单元刚度矩阵修改得到，即从式（11-5）中删去与杆端剪力、弯矩对应的行，以及与杆端 $\bar{y}$ 向线位移、转角位移对应的列而得到。

在结构整体坐标系中，桁架单元的结点可能会有 x 向和 y 向两个方向的线位移，为了便于整体分析，可以在式（11-7）中添加零元素的行和列，把平面桁架单元刚度矩阵扩大成 4×4 阶的矩阵，使每个结点对应 $\bar{x}$ 轴和 $\bar{y}$ 轴两个方向的线位移，以便于将来进行坐标转换计算，即：

$$\bar{\boldsymbol{k}}^{\mathrm{e}} = \begin{matrix} \bar{u}_i^{\mathrm{e}} & \bar{v}_i^{\mathrm{e}} & \bar{u}_j^{\mathrm{e}} & \bar{v}_j^{\mathrm{e}} \\ \begin{pmatrix} \dfrac{EA}{l} & 0 & -\dfrac{EA}{l} & 0 \\ 0 & 0 & 0 & 0 \\ -\dfrac{EA}{l} & 0 & \dfrac{EA}{l} & 0 \\ 0 & 0 & 0 & 0 \end{pmatrix} & \begin{matrix} \bar{F}_{\mathrm{N}i}^{\mathrm{e}} \\ \bar{F}_{\mathrm{S}i}^{\mathrm{e}} \\ \bar{F}_{\mathrm{N}j}^{\mathrm{e}} \\ \bar{F}_{\mathrm{S}j}^{\mathrm{e}} \end{matrix} \end{matrix} \quad (11\text{-}8)$$

对于其他特殊的杆单元，同样可由式（11-5）所示一般单元的刚度矩阵经过修改得到其相应的单元刚度矩阵。

第三节　单元刚度矩阵（整体坐标系）

上一节介绍的单元刚度矩阵和单元刚度方程是在单元局部坐标系中推导出的。一个结构中各单元的局部坐标系可能不相同，在研究整体结构的几何条件和平衡条件时，必须在统一的整体坐标系中讨论。因此，在进行结构整体分析之前，需要把在单元局部坐标系中建立的单元刚度矩阵和单元刚度方程转换到整体坐标系中，建立整体坐标系中的单元刚度矩阵和单元刚度方程。

一、单元坐标转换矩阵

如图 11-6 所示杆单元ⓔ，局部坐标系为 $\overline{xoy}$，整体坐标系为 xoy，设两种坐标系间的夹角为 α，α 定义为：从整体坐标系 x 轴沿逆时针方向转至局部坐标系 $\bar{x}$ 轴的角度。在局部坐标系 $\overline{xoy}$ 中，仍按式（11-4）以 $\overline{\boldsymbol{F}}^e$、$\overline{\boldsymbol{\delta}}^e$ 分别表示杆端力列向量和杆端位移列向量。

码 11-4　单元坐标转换矩阵

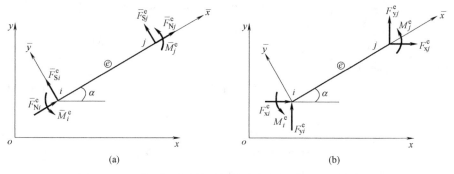

(a)　　　　　　　　　　(b)

图 11-6　两种坐标系中单元杆端力之间的关系（一般单元）

（a）局部坐标系下的单元杆端力；（b）整体坐标系下的单元杆端力

在整体坐标系 xoy 中，则以 $\boldsymbol{F}^e$ 和 $\boldsymbol{\delta}^e$ 分别表示杆端力列向量和杆端位移列向量，即：

$$\boldsymbol{F}^e = \begin{Bmatrix} F^e_{xi} \\ F^e_{yi} \\ M^e_i \\ \hline F^e_{xj} \\ F^e_{yj} \\ M^e_j \end{Bmatrix}, \quad \boldsymbol{\delta}^e = \begin{Bmatrix} u^e_i \\ v^e_i \\ \varphi^e_i \\ u^e_j \\ v^e_j \\ \varphi^e_j \end{Bmatrix} \tag{11-9}$$

在整体坐标系中，杆端力与杆端位移均以与整体坐标系的坐标轴方向一致为正，方向相反为负。如图 11-6 中所示的局部坐标系和整体坐标系中的杆端力均为正方向。

先讨论两种坐标系中杆端力之间的转换关系。

在两种坐标系中，杆端弯矩的方向相同，故不受平面内坐标变换的影响，即：

$$\begin{cases} \overline{M}^e_i = M^e_i \\ \overline{M}^e_j = M^e_j \end{cases} \tag{11-10}$$

局部坐标系中杆端的轴力 $\overline{F}_{\mathrm{N}}^{\mathrm{e}}$ 和剪力 $\overline{F}_{\mathrm{S}}^{\mathrm{e}}$，则将随坐标转换而重新组合为沿整体坐标轴方向的分力 $F_{\mathrm{x}}^{\mathrm{e}}$ 和 $F_{\mathrm{y}}^{\mathrm{e}}$，由力的投影关系可得：

$$\begin{cases} \overline{F}_{\mathrm{N}i}^{\mathrm{e}} = F_{\mathrm{x}i}^{\mathrm{e}} \cos\alpha + F_{\mathrm{y}i}^{\mathrm{e}} \sin\alpha \\ \overline{F}_{\mathrm{S}i}^{\mathrm{e}} = -F_{\mathrm{x}i}^{\mathrm{e}} \sin\alpha + F_{\mathrm{y}i}^{\mathrm{e}} \cos\alpha \\ \overline{F}_{\mathrm{N}j}^{\mathrm{e}} = F_{\mathrm{x}j}^{\mathrm{e}} \cos\alpha + F_{\mathrm{y}j}^{\mathrm{e}} \sin\alpha \\ \overline{F}_{\mathrm{S}j}^{\mathrm{e}} = -F_{\mathrm{x}j}^{\mathrm{e}} \sin\alpha + F_{\mathrm{y}j}^{\mathrm{e}} \cos\alpha \end{cases} \tag{11-11}$$

将式（11-10）、式（11-11）两式联合写成矩阵的形式，则有：

$$\begin{Bmatrix} \overline{F}_{\mathrm{N}i}^{\mathrm{e}} \\ \overline{F}_{\mathrm{S}i}^{\mathrm{e}} \\ \overline{M}_{i}^{\mathrm{e}} \\ \overline{F}_{\mathrm{N}j}^{\mathrm{e}} \\ \overline{F}_{\mathrm{S}j}^{\mathrm{e}} \\ \overline{M}_{j}^{\mathrm{e}} \end{Bmatrix} = \begin{bmatrix} \cos\alpha & \sin\alpha & 0 & 0 & 0 & 0 \\ -\sin\alpha & \cos\alpha & 0 & 0 & 0 & 0 \\ 0 & 0 & 1 & 0 & 0 & 0 \\ 0 & 0 & 0 & \cos\alpha & \sin\alpha & 0 \\ 0 & 0 & 0 & -\sin\alpha & \cos\alpha & 0 \\ 0 & 0 & 0 & 0 & 0 & 1 \end{bmatrix} \begin{Bmatrix} F_{\mathrm{x}i}^{\mathrm{e}} \\ F_{\mathrm{y}i}^{\mathrm{e}} \\ M_{i}^{\mathrm{e}} \\ F_{\mathrm{x}j}^{\mathrm{e}} \\ F_{\mathrm{y}j}^{\mathrm{e}} \\ M_{j}^{\mathrm{e}} \end{Bmatrix} \tag{11-12}$$

式（11-12）可简写为：

$$\overline{F}^{\mathrm{e}} = TF^{\mathrm{e}} \tag{11-13}$$

式中

$$T = \begin{bmatrix} \cos\alpha & \sin\alpha & 0 & & & \\ -\sin\alpha & \cos\alpha & 0 & & \mathbf{0} & \\ 0 & 0 & 1 & & & \\ & & & \cos\alpha & \sin\alpha & 0 \\ & \mathbf{0} & & -\sin\alpha & \cos\alpha & 0 \\ & & & 0 & 0 & 1 \end{bmatrix} \tag{11-14}$$

T 称为坐标转换矩阵，式（11-13）是两种坐标系中单元杆端力的转换式。

可以证明，T 是一个正交矩阵，其逆矩阵等于其转置矩阵，即：

$$T^{-1} = T^{\mathrm{T}} \tag{11-15}$$

因此，式（11-13）的逆转换式可写成：

$$F^{\mathrm{e}} = T^{\mathrm{T}} \overline{F}^{\mathrm{e}} \tag{11-16}$$

显然，上述杆端力之间的这种转换关系，也同样适用于杆端位移之间的转换，即：

$$\overline{\boldsymbol{\delta}}^{\mathrm{e}} = T\boldsymbol{\delta}^{\mathrm{e}} \tag{11-17a}$$

或

$$\boldsymbol{\delta}^{\mathrm{e}} = T^{\mathrm{T}} \overline{\boldsymbol{\delta}}^{\mathrm{e}} \tag{11-17b}$$

二、整体坐标系中的单元刚度矩阵

根据式（11-3）有 $\overline{F}^{\mathrm{e}} = \overline{k}^{\mathrm{e}} \overline{\boldsymbol{\delta}}^{\mathrm{e}}$，并将式（11-13）和式（11-17a）代入，则有：

码 11-5　单元刚度
矩阵（整体坐标系）

$$TF^{\mathrm{e}} = \overline{k}^{\mathrm{e}} T\boldsymbol{\delta}^{\mathrm{e}}$$

将上式两边同时左乘 T^{-1}，并根据式（11-15）得：

8

$$\boldsymbol{F}^{e}=\boldsymbol{T}^{-1}\overline{\boldsymbol{k}}{}^{e}\boldsymbol{T}\boldsymbol{\delta}^{e}=\boldsymbol{T}^{T}\overline{\boldsymbol{k}}{}^{e}\boldsymbol{T}\boldsymbol{\delta}^{e}$$

上式即为整体坐标系中的单元刚度方程，即：

$$\boldsymbol{F}^{e}=\boldsymbol{k}^{e}\boldsymbol{\delta}^{e} \tag{11-18}$$

其中

$$\boldsymbol{k}^{e}=\boldsymbol{T}^{T}\overline{\boldsymbol{k}}{}^{e}\boldsymbol{T} \tag{11-19}$$

$\boldsymbol{k}^{e}$ 即为整体坐标系中的单元刚度矩阵，式（11-19）为单元刚度矩阵由局部坐标系向整体坐标系转换的公式。

由

$$(\boldsymbol{k}^{e})^{T}=(\boldsymbol{T}^{T}\overline{\boldsymbol{k}}{}^{e}\boldsymbol{T})^{T}=\boldsymbol{T}^{T}(\overline{\boldsymbol{k}}{}^{e})^{T}(\boldsymbol{T}^{T})^{T}=\boldsymbol{T}^{T}\overline{\boldsymbol{k}}{}^{e}\boldsymbol{T}=\boldsymbol{k}^{e}$$

可知：整体坐标系中的单元刚度矩阵仍然是对称矩阵（符合反力互等定理）和奇异矩阵（对无约束的自由单元，单刚不可求逆）。

在结构整体分析中，将对结构的每个结点分别建立平衡方程，为了讨论方便，可将式（11-18）按单元的起止端结点 i、j 进行分块，写成如下的分块形式：

$$\begin{bmatrix} \boldsymbol{F}_{i}^{e} \\ \hline \boldsymbol{F}_{j}^{e} \end{bmatrix} = \begin{bmatrix} \boldsymbol{k}_{ii}^{e} & \boldsymbol{k}_{ij}^{e} \\ \hline \boldsymbol{k}_{ji}^{e} & \boldsymbol{k}_{jj}^{e} \end{bmatrix} \begin{bmatrix} \boldsymbol{\delta}_{i}^{e} \\ \hline \boldsymbol{\delta}_{j}^{e} \end{bmatrix} \tag{11-20}$$

式中

$$\boldsymbol{F}_{i}^{e}=\begin{bmatrix} F_{xi}^{e} \\ F_{yi}^{e} \\ M_{i}^{e} \end{bmatrix}, \quad \boldsymbol{F}_{j}^{e}=\begin{bmatrix} F_{xj}^{e} \\ F_{yj}^{e} \\ M_{j}^{e} \end{bmatrix}, \quad \boldsymbol{\delta}_{i}^{e}=\begin{bmatrix} u_{i}^{e} \\ v_{i}^{e} \\ \varphi_{i}^{e} \end{bmatrix}, \quad \boldsymbol{\delta}_{j}^{e}=\begin{bmatrix} u_{j}^{e} \\ v_{j}^{e} \\ \varphi_{j}^{e} \end{bmatrix}$$

分别为起始端 i 和终止端 j 的杆端力和杆端位移列向量。

$\boldsymbol{k}_{ii}^{e}$、$\boldsymbol{k}_{ij}^{e}$、$\boldsymbol{k}_{ji}^{e}$、$\boldsymbol{k}_{jj}^{e}$ 为单元刚度矩阵 $\boldsymbol{k}^{e}$ 的 4 个子块，即：

$$\boldsymbol{k}^{e}=\begin{matrix} & i & j & \\ \begin{bmatrix} \boldsymbol{k}_{ii}^{e} & \boldsymbol{k}_{ij}^{e} \\ \hline \boldsymbol{k}_{ji}^{e} & \boldsymbol{k}_{jj}^{e} \end{bmatrix} & \begin{matrix} i \\ j \end{matrix} \end{matrix} \tag{11-21}$$

每个子块都是 3×3 阶方阵。由式（11-20）可知：

$$\begin{cases} \boldsymbol{F}_{i}^{e}=\boldsymbol{k}_{ii}^{e}\boldsymbol{\delta}_{i}^{e}+\boldsymbol{k}_{ij}^{e}\boldsymbol{\delta}_{j}^{e} \\ \boldsymbol{F}_{j}^{e}=\boldsymbol{k}_{ji}^{e}\boldsymbol{\delta}_{i}^{e}+\boldsymbol{k}_{jj}^{e}\boldsymbol{\delta}_{j}^{e} \end{cases} \tag{11-22}$$

对于平面桁架杆单元，单元两端只承受轴力（图 11-7），在整体坐标系中的杆端力和相应的杆端位移列向量分别为：

$$\boldsymbol{F}^{e}=\begin{bmatrix} \boldsymbol{F}_{i}^{e} \\ \hline \boldsymbol{F}_{j}^{e} \end{bmatrix}=\begin{bmatrix} F_{xi}^{e} \\ F_{yi}^{e} \\ F_{xj}^{e} \\ F_{yj}^{e} \end{bmatrix} \qquad \boldsymbol{\delta}^{e}=\begin{bmatrix} \boldsymbol{\delta}_{i}^{e} \\ \hline \boldsymbol{\delta}_{j}^{e} \end{bmatrix}=\begin{bmatrix} u_{i}^{e} \\ v_{i}^{e} \\ u_{j}^{e} \\ v_{j}^{e} \end{bmatrix} \tag{11-23}$$

桁架单元在局部坐标系中的单元刚度矩阵 $\overline{\boldsymbol{k}}{}^{e}$ 如式（11-8）所示，对应的坐标转换矩阵 $\boldsymbol{T}$ 为：

$$T = \begin{bmatrix} \cos\alpha & \sin\alpha & 0 & 0 \\ -\sin\alpha & \cos\alpha & 0 & 0 \\ 0 & 0 & \cos\alpha & \sin\alpha \\ 0 & 0 & -\sin\alpha & \cos\alpha \end{bmatrix} \tag{11-24}$$

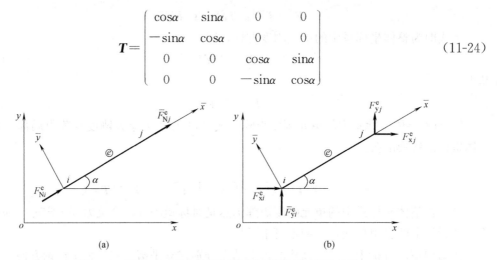

图 11-7 两种坐标系中单元杆端力间的关系（桁架单元）

（a）局部坐标系下的单元杆端力；（b）整体坐标系下的单元杆端力

通过单元分析在整体坐标系下建立了单元杆端力和杆端位移之间的关系，得到了整体坐标系下的单元刚度方程，为下一步结构整体分析打下基础。

【例 11-1】 求如图 11-8（a）所示刚架中各单元的刚度矩阵。已知各杆的 E、I、A 均相同，$E = 2.1 \times 10^8 \text{kN/m}^2$，$A = 0.4\text{m}^2$，$I = 0.04\text{m}^4$。

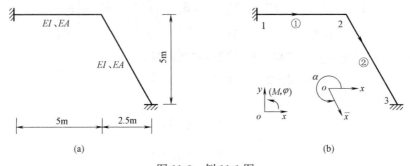

图 11-8 例 11-1 图

【解】 划分单元，对单元、结点进行编号，建立整体坐标系和局部坐标系，如图 11-8（b）所示，其中杆件上箭头表示单元方向。

（1）按式（11-5）计算局部坐标系下单元刚度矩阵

对单元①，计算单刚内各元素数值如下：

$$\frac{EA}{l} = \frac{2.1 \times 10^8 \times 0.4}{5} = 168 \times 10^5 \text{kN/m},$$

$$\frac{12EI}{l^3} = \frac{12 \times 2.1 \times 10^8 \times 0.04}{5^3} = 8.064 \times 10^5 \text{kN/m}$$

$$\frac{6EI}{l^2} = \frac{6 \times 2.1 \times 10^8 \times 0.04}{5^2} = 20.16 \times 10^5 \text{kN}$$

$$\frac{4EI}{l} = \frac{4 \times 2.1 \times 10^8 \times 0.04}{5} = 67.2 \times 10^5 \text{kN} \cdot \text{m}$$

$$\frac{2EI}{l} = \frac{2 \times 2.1 \times 10^8 \times 0.04}{5} = 33.6 \times 10^5 \text{kN} \cdot \text{m}$$

将以上数据代入式（11-5），可得单元①在局部坐标系下的单元刚度矩阵为：

$$\bar{k}^{①} = 10^5 \times \begin{pmatrix} 168\text{kN/m} & 0 & 0 & -168\text{kN/m} & 0 & 0 \\ 0 & 8.064\text{kN/m} & 20.16\text{kN} & 0 & -8.064\text{kN/m} & 20.16\text{kN} \\ 0 & 20.16\text{kN} & 67.2\text{kN} \cdot \text{m} & 0 & -20.16\text{kN} & 33.6\text{kN} \cdot \text{m} \\ -168\text{kN/m} & 0 & 0 & 168\text{kN/m} & 0 & 0 \\ 0 & -8.064\text{kN/m} & -20.16\text{kN} & 0 & 8.064\text{kN/m} & -20.16\text{kN} \\ 0 & 20.16\text{kN} & 33.6\text{kN} \cdot \text{m} & 0 & -20.16\text{kN} & 67.2\text{kN} \cdot \text{m} \end{pmatrix}$$

对单元②，计算单刚内各元素数值如下：

$$\frac{EA}{l} = \frac{2.1 \times 10^8 \times 0.4}{5.59} = 150.3 \times 10^5 \text{kN/m}$$

$$\frac{12EI}{l^3} = \frac{12 \times 2.1 \times 10^8 \times 0.04}{5.59^3} = 5.771 \times 10^5 \text{kN/m}$$

$$\frac{6EI}{l^2} = \frac{6 \times 2.1 \times 10^8 \times 0.04}{5.59^2} = 16.13 \times 10^5 \text{kN}$$

$$\frac{4EI}{l} = \frac{4 \times 2.1 \times 10^8 \times 0.04}{5.59} = 60.1 \times 10^5 \text{kN} \cdot \text{m}$$

$$\frac{2EI}{l} = \frac{2 \times 2.1 \times 10^8 \times 0.04}{5.59} = 30.1 \times 10^5 \text{kN} \cdot \text{m}$$

将以上数据代入式（11-5），可得单元②在局部坐标系下的单元刚度矩阵为：

$$\bar{k}^{②} = 10^5 \times \begin{pmatrix} 150.3\text{kN/m} & 0 & 0 & -150.3\text{kN/m} & 0 & 0 \\ 0 & 5.771\text{kN/m} & 16.13\text{kN} & 0 & -5.771\text{kN/m} & 16.13\text{kN} \\ 0 & 16.13\text{kN} & 60.1\text{kN} \cdot \text{m} & 0 & -16.13\text{kN} & 30.1\text{kN} \cdot \text{m} \\ -150.3\text{kN/m} & 0 & 0 & 150.3\text{kN/m} & 0 & 0 \\ 0 & -5.771\text{kN/m} & -16.13\text{kN} & 0 & 5.771\text{kN/m} & -16.13\text{kN} \\ 0 & 16.13\text{kN} & 30.1\text{kN} \cdot \text{m} & 0 & -16.13\text{kN} & 60.1\text{kN} \cdot \text{m} \end{pmatrix}$$

（2）将局部坐标系下的单元刚度矩阵转换到整体坐标系中

单元①局部坐标系与整体坐标系相同，局部坐标系下的单元刚度矩阵即等于整体坐标系下的单元刚度矩阵，即：

$$k^{①} = \bar{k}^{①} = 10^5 \times \begin{pmatrix} 168\text{kN/m} & 0 & 0 & -168\text{kN/m} & 0 & 0 \\ 0 & 8.064\text{kN/m} & 20.16\text{kN} & 0 & -8.064\text{kN/m} & 20.16\text{kN} \\ 0 & 20.16\text{kN} & 67.2\text{kN} \cdot \text{m} & 0 & -20.16\text{kN} & 33.6\text{kN} \cdot \text{m} \\ -168\text{kN/m} & 0 & 0 & 168\text{kN/m} & 0 & 0 \\ 0 & -8.064\text{kN/m} & -20.16\text{kN} & 0 & 8.064\text{kN/m} & -20.16\text{kN} \\ 0 & 20.16\text{kN} & 33.6\text{kN} \cdot \text{m} & 0 & -20.16\text{kN} & 67.2\text{kN} \cdot \text{m} \end{pmatrix}$$

单元②局部坐标系与整体坐标系不同，应按式（11-19）将局部坐标系下的单元刚度矩阵转换到整体坐标系中。先根据式（11-14）求坐标转换矩阵 T，其中 $\sin\alpha = -\dfrac{2}{\sqrt{5}} = -0.894$，$\cos\alpha = \dfrac{1}{\sqrt{5}} = 0.447$，则有：

$$
\boldsymbol{T}^{②} =
\begin{bmatrix}
\cos\alpha & \sin\alpha & 0 & 0 & 0 & 0 \\
-\sin\alpha & \cos\alpha & 0 & 0 & 0 & 0 \\
0 & 0 & 1 & 0 & 0 & 0 \\
0 & 0 & 0 & \cos\alpha & \sin\alpha & 0 \\
0 & 0 & 0 & -\sin\alpha & \cos\alpha & 0 \\
0 & 0 & 0 & 0 & 0 & 1
\end{bmatrix}
$$

$$
=
\begin{bmatrix}
0.447 & -0.894 & 0 & 0 & 0 & 0 \\
0.894 & 0.447 & 0 & 0 & 0 & 0 \\
0 & 0 & 1 & 0 & 0 & 0 \\
0 & 0 & 0 & 0.447 & -0.894 & 0 \\
0 & 0 & 0 & 0.894 & 0.447 & 0 \\
0 & 0 & 0 & 0 & 0 & 1
\end{bmatrix}
$$

因此，单元②的单元刚度矩阵可计算如下：

$$
\boldsymbol{k}^{②} = \boldsymbol{T}^{②\mathrm{T}} \overline{\boldsymbol{k}}^{②} \boldsymbol{T}^{②} =
\begin{bmatrix}
0.447 & 0.894 & 0 & 0 & 0 & 0 \\
-0.894 & 0.447 & 0 & 0 & 0 & 0 \\
0 & 0 & 1 & 0 & 0 & 0 \\
0 & 0 & 0 & 0.447 & 0.894 & 0 \\
0 & 0 & 0 & -0.894 & 0.447 & 0 \\
0 & 0 & 0 & 0 & 0 & 1
\end{bmatrix}
\times 10^{5} \times
$$

$$
\begin{bmatrix}
150.3 & 0 & 0 & -150.3 & 0 & 0 \\
0 & 5.771 & 16.13 & 0 & -5.771 & 16.13 \\
0 & 16.13 & 60.1 & 0 & -16.13 & 30.1 \\
-150.3 & 0 & 0 & 150.3 & 0 & 0 \\
0 & -5.771 & -16.13 & 0 & 5.771 & -16.13 \\
0 & 16.13 & 30.1 & 0 & -16.13 & 60.1
\end{bmatrix}
\times
$$

$$
\begin{bmatrix}
0.447 & -0.894 & 0 & 0 & 0 & 0 \\
0.894 & 0.447 & 0 & 0 & 0 & 0 \\
0 & 0 & 1 & 0 & 0 & 0 \\
0 & 0 & 0 & 0.447 & -0.894 & 0 \\
0 & 0 & 0 & 0.894 & 0.447 & 0 \\
0 & 0 & 0 & 0 & 0 & 1
\end{bmatrix}
$$

$$=10^5 \times \begin{bmatrix} 34.67\text{kN/m} & -57.79\text{kN/m} & 14.43\text{kN} & -34.67\text{kN/m} & 57.79\text{kN/m} & 14.43\text{kN} \\ -57.79\text{kN/m} & 121.36\text{kN/m} & 7.212\text{kN} & 57.79\text{kN/m} & -121.36\text{kN/m} & 7.21\text{kN} \\ 14.43\text{kN} & 7.21\text{kN} & 60.11\text{kN·m} & -14.43\text{kN} & -7.21\text{kN} & 30.05\text{kN·m} \\ -34.67\text{kN/m} & 57.79\text{kN/m} & -14.43\text{kN} & 34.67\text{kN/m} & -57.79\text{kN/m} & -14.43\text{kN} \\ 57.79\text{kN/m} & -121.36\text{kN/m} & -7.21\text{kN} & -57.79\text{kN/m} & 121.36\text{kN/m} & -7.212\text{kN} \\ 14.43\text{kN} & 7.21\text{kN} & 30.05\text{kN·m} & -14.43\text{kN} & -7.21\text{kN} & 60.11\text{kN·m} \end{bmatrix}$$

第四节　后处理法建立结构刚度方程

单元分析完成后的下一步工作是整体分析，即以整体结构为研究对象，利用单元分析的结果，考虑结构的几何条件和平衡条件，建立表达结构中结点力和结点位移关系的结构刚度方程，通过求解结构刚度方程，得到结点位移。

建立结构刚度方程时，根据对结构支承约束条件的处理时机可分为后处理法和先处理法两种方法。本节先介绍后处理法。

一、直接刚度法建立结构原始刚度方程

如图 11-9（a）所示的刚架结构，结构标识如图 11-9（b）所示。按式（11-21），各单元刚度矩阵以分块的形式可分别写成：

$$\boldsymbol{k}^{①} = \begin{bmatrix} \boldsymbol{k}^{①}_{11} & \boldsymbol{k}^{①}_{12} \\ \boldsymbol{k}^{①}_{21} & \boldsymbol{k}^{①}_{22} \end{bmatrix} \begin{matrix} 1 \\ 2 \end{matrix}, \quad \boldsymbol{k}^{②} = \begin{bmatrix} \boldsymbol{k}^{②}_{22} & \boldsymbol{k}^{②}_{23} \\ \boldsymbol{k}^{②}_{32} & \boldsymbol{k}^{②}_{33} \end{bmatrix} \begin{matrix} 2 \\ 3 \end{matrix}, \quad \boldsymbol{k}^{③} = \begin{bmatrix} \boldsymbol{k}^{③}_{33} & \boldsymbol{k}^{③}_{34} \\ \boldsymbol{k}^{③}_{43} & \boldsymbol{k}^{③}_{44} \end{bmatrix} \begin{matrix} 3 \\ 4 \end{matrix} \quad (11\text{-}25)$$

（结点号：1 2、2 3、3 4）

码 11-6　直接刚度法建立结构原始刚度方程

平面刚架结构中，每个刚结点有 2 个线位移和 1 个角位移，共 3 个位移分量。如图 11-9（a）所示刚架有 4 个刚结点，共有 12 个结点位移分量，将全部结点位移分量按顺序排成一列，称为该结构的结点位移列向量，即：

$$\boldsymbol{\Delta}^0 = \begin{bmatrix} \boldsymbol{\Delta}_1 \\ \boldsymbol{\Delta}_2 \\ \boldsymbol{\Delta}_3 \\ \boldsymbol{\Delta}_4 \end{bmatrix} \quad (11\text{-}26)$$

$$\boldsymbol{\Delta}_1 = \begin{bmatrix} u_1 \\ v_1 \\ \varphi_1 \end{bmatrix}, \quad \boldsymbol{\Delta}_2 = \begin{bmatrix} u_2 \\ v_2 \\ \varphi_2 \end{bmatrix}, \quad \boldsymbol{\Delta}_3 = \begin{bmatrix} u_3 \\ v_3 \\ \varphi_3 \end{bmatrix}, \quad \boldsymbol{\Delta}_4 = \begin{bmatrix} u_4 \\ v_4 \\ \varphi_4 \end{bmatrix}$$

式中，$\boldsymbol{\Delta}^0$ 表示结构的结点位移列向量；$\boldsymbol{\Delta}_i$ 表示结点 i 的位移列向量；u_i、v_i 和 φ_i 分别为结点 i 沿整体坐标系 x、y 方向的线位移及 z 方向的角位移（$i=1$，2，3，4）。规定结点位移分量与整体坐标系坐标轴方向一致为正，相反为负。

与结点位移列向量相对应的结点力（结点力包括结点外荷载和支座反力，若存在非点荷载，则需要转化为等效结点荷载，具体的转化方法见本章第六节）列向量为：

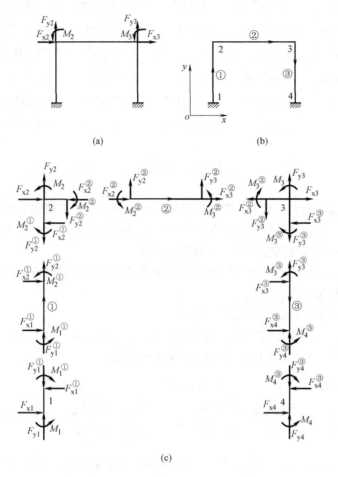

图 11-9 原始刚度方程的建立方法

(a) 计算简图；(b) 结构标识；(c) 单元及结点的平衡条件

$$\boldsymbol{F}^0 = \begin{Bmatrix} \boldsymbol{F}_1 \\ \boldsymbol{F}_2 \\ \boldsymbol{F}_3 \\ \boldsymbol{F}_4 \end{Bmatrix} \tag{11-27}$$

$$\boldsymbol{F}_1 = \begin{bmatrix} F_{x1} \\ F_{y1} \\ M_1 \end{bmatrix}, \quad \boldsymbol{F}_2 = \begin{bmatrix} F_{x2} \\ F_{y2} \\ M_2 \end{bmatrix}, \quad \boldsymbol{F}_3 = \begin{bmatrix} F_{x3} \\ F_{y3} \\ M_3 \end{bmatrix}, \quad \boldsymbol{F}_4 = \begin{bmatrix} F_{x4} \\ F_{y4} \\ M_4 \end{bmatrix}$$

式中，$\boldsymbol{F}^0$ 表示结构的结点力列向量；$\boldsymbol{F}_i$ 表示结点 i 的结点力列向量；F_{xi}、F_{yi} 和 M_i 分别为作用于结点 i 的沿整体坐标系 x、y 方向的力和 z 方向的力矩，结点力的正负号规定与结点位移相同。在结点 2、3 处，结点力 $\boldsymbol{F}_2$、$\boldsymbol{F}_3$ 即为作用在结点上的外荷载，它们通常是给定的。在结点 1、4 处，当无给定的结点荷载作用时，结点力 $\boldsymbol{F}_1$、$\boldsymbol{F}_4$ 即为结构的支座反力；当支座处还有给定的结点荷载作用时，则 $\boldsymbol{F}_1$、$\boldsymbol{F}_4$ 应为结点荷载与支座反力的代数和。

下面根据结构的平衡条件和几何条件分析结点力和结点位移之间的关系。图 11-9（a）所示结构中各单元和各结点的隔离体受力情况如图 11-9（c）所示。在单元分析中，已考虑了各单元本身的受力平衡和变形连续，现在只需分析各单元连接处即结点的平衡和几何条件。以结点 2 隔离体为例，由平衡条件 $\sum F_x = 0$、$\sum F_y = 0$ 和 $\sum M = 0$ 有：

$$\begin{cases} F_{x2} = F_{x2}^{①} + F_{x2}^{②} \\ F_{y2} = F_{y2}^{①} + F_{y2}^{②} \\ M_2 = M_2^{①} + M_2^{②} \end{cases} \tag{11-28a}$$

写成矩阵的形式为：

$$\begin{bmatrix} F_{x2} \\ F_{y2} \\ M_2 \end{bmatrix} = \begin{bmatrix} F_{x2}^{①} \\ F_{y2}^{①} \\ M_2^{①} \end{bmatrix} + \begin{bmatrix} F_{x2}^{②} \\ F_{y2}^{②} \\ M_2^{②} \end{bmatrix} \tag{11-28b}$$

式（11-28b）左边项即为结点 2 的结点力列向量，右边两项分别为单元①、②在 2 结点处的杆端力列向量，故式（11-28b）可简写为：

$$\boldsymbol{F}_2 = \boldsymbol{F}_2^{①} + \boldsymbol{F}_2^{②} \tag{11-28c}$$

根据式（11-22）及式（11-25），杆端力列向量 $\boldsymbol{F}_2^{①}$（$\boldsymbol{F}_2^{②}$）可分别用杆端位移列向量 $\boldsymbol{\delta}_1^{①}$、$\boldsymbol{\delta}_2^{①}$（$\boldsymbol{\delta}_2^{②}$、$\boldsymbol{\delta}_3^{②}$）来表示：

$$\begin{cases} \boldsymbol{F}_2^{①} = \boldsymbol{k}_{21}^{①} \boldsymbol{\delta}_1^{①} + \boldsymbol{k}_{22}^{①} \boldsymbol{\delta}_2^{①} \\ \boldsymbol{F}_2^{②} = \boldsymbol{k}_{22}^{②} \boldsymbol{\delta}_2^{②} + \boldsymbol{k}_{23}^{②} \boldsymbol{\delta}_3^{②} \end{cases} \tag{11-29}$$

根据几何条件，对于刚结点，与结点相连的杆端位移等于该结点的结点位移，因此有：

$$\left.\begin{matrix} \boldsymbol{\delta}_2^{①} = \boldsymbol{\delta}_2^{②} = \boldsymbol{\Delta}_2 \\ \boldsymbol{\delta}_1^{①} = \boldsymbol{\Delta}_1 \\ \boldsymbol{\delta}_3^{②} = \boldsymbol{\Delta}_3 \end{matrix}\right\} \tag{11-30}$$

将式（11-29）、式（11-30）代入式（11-28c），可得结点 2 的平衡方程为：

$$\boldsymbol{F}_2 = \boldsymbol{k}_{21}^{①} \boldsymbol{\Delta}_1 + (\boldsymbol{k}_{22}^{①} + \boldsymbol{k}_{22}^{②}) \boldsymbol{\Delta}_2 + \boldsymbol{k}_{23}^{②} \boldsymbol{\Delta}_3 \tag{11-31}$$

同理，对于结点 1、3、4 都可以写出类似的平衡方程，即：

$$\begin{cases} \boldsymbol{F}_1 = \boldsymbol{k}_{11}^{①} \boldsymbol{\Delta}_1 + \boldsymbol{k}_{12}^{①} \boldsymbol{\Delta}_2 \\ \boldsymbol{F}_3 = \boldsymbol{k}_{32}^{②} \boldsymbol{\Delta}_2 + (\boldsymbol{k}_{33}^{②} + \boldsymbol{k}_{33}^{③}) \boldsymbol{\Delta}_3 + \boldsymbol{k}_{34}^{③} \boldsymbol{\Delta}_4 \\ \boldsymbol{F}_4 = \boldsymbol{k}_{43}^{③} \boldsymbol{\Delta}_3 + \boldsymbol{k}_{44}^{③} \boldsymbol{\Delta}_4 \end{cases} \tag{11-32}$$

将式（11-31）、式（11-32）写成矩阵的形式，有：

$$\left\{ \begin{matrix} \boldsymbol{F}_1 = \begin{bmatrix} F_{x1} \\ F_{y1} \\ M_1 \end{bmatrix} \\ \boldsymbol{F}_2 = \begin{bmatrix} F_{x2} \\ F_{y2} \\ M_2 \end{bmatrix} \\ \boldsymbol{F}_3 = \begin{bmatrix} F_{x3} \\ F_{y3} \\ M_3 \end{bmatrix} \\ \boldsymbol{F}_4 = \begin{bmatrix} F_{x4} \\ F_{y4} \\ M_4 \end{bmatrix} \end{matrix} \right\} = \left(\begin{matrix} \boldsymbol{k}_{11}^{①} & \boldsymbol{k}_{12}^{①} & \boldsymbol{0} & \boldsymbol{0} \\ \boldsymbol{k}_{21}^{①} & \boldsymbol{k}_{22}^{①}+\boldsymbol{k}_{22}^{②} & \boldsymbol{k}_{23}^{②} & \boldsymbol{0} \\ \boldsymbol{0} & \boldsymbol{k}_{32}^{②} & \boldsymbol{k}_{33}^{②}+\boldsymbol{k}_{33}^{③} & \boldsymbol{k}_{34}^{③} \\ \boldsymbol{0} & \boldsymbol{0} & \boldsymbol{k}_{43}^{③} & \boldsymbol{k}_{44}^{③} \end{matrix} \right) \left\{ \begin{matrix} \boldsymbol{\Delta}_1 = \begin{bmatrix} u_1 \\ v_1 \\ \varphi_1 \end{bmatrix} \\ \boldsymbol{\Delta}_2 = \begin{bmatrix} u_2 \\ v_2 \\ \varphi_2 \end{bmatrix} \\ \boldsymbol{\Delta}_3 = \begin{bmatrix} u_3 \\ v_3 \\ \varphi_3 \end{bmatrix} \\ \boldsymbol{\Delta}_4 = \begin{bmatrix} u_4 \\ v_4 \\ \varphi_4 \end{bmatrix} \end{matrix} \right. \tag{11-33}$$

式（11-33）就是用结点位移表示的所有结点的平衡方程，它表明了结点力与结点位移之间的关系，通常称为结构的原始刚度方程。所谓"原始"是指该方程尚未考虑结构支承约束条件。

式（11-33）可简写为：

$$\boldsymbol{F}^0 = \boldsymbol{K}^0 \boldsymbol{\Delta}^0 \tag{11-34}$$

式中

$$\boldsymbol{K}^0 = \left(\begin{matrix} \boldsymbol{k}_{11}^{①} & \boldsymbol{k}_{12}^{①} & \boldsymbol{0} & \boldsymbol{0} \\ \boldsymbol{k}_{21}^{①} & \boldsymbol{k}_{22}^{①}+\boldsymbol{k}_{22}^{②} & \boldsymbol{k}_{23}^{②} & \boldsymbol{0} \\ \boldsymbol{0} & \boldsymbol{k}_{32}^{②} & \boldsymbol{k}_{33}^{②}+\boldsymbol{k}_{33}^{③} & \boldsymbol{k}_{34}^{③} \\ \boldsymbol{0} & \boldsymbol{0} & \boldsymbol{k}_{43}^{③} & \boldsymbol{k}_{44}^{③} \end{matrix} \right) \tag{11-35}$$

称为该结构的原始刚度矩阵，也称结构的总刚度矩阵（简称总刚），其中每个子块都是 3×3 阶方阵，故 $\boldsymbol{K}^0$ 为 12×12 阶方阵。

以上以如图 11-9（a）所示结构为例，通过各结点的平衡条件和几何条件推导出了结构原始刚度方程，下面讨论原始刚度矩阵的组成规律。

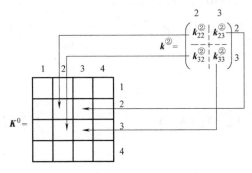

图 11-10 原始刚度矩阵的形成（以单元②为例）

根据式（11-25）、式（11-35），不难看出：只需将各单元刚度矩阵中 4 个子块按照其对应的 2 个结点码逐一送到结构原始刚度矩阵中对应的行和列的位置上去，即可得结构原始刚度矩阵，这种由单刚子块直接组装形成总刚的方法称为直接刚度法。该方法可简单地概括为"子块搬家，对号入座"。以单元②刚度矩阵的四个子块为例，其在总刚中对号入座的位置如图 11-10 所示。

若结构具有 n 个结点，则结点位移向量和结点力向量可分别表示为：

$$\boldsymbol{\Delta}^0 = \begin{Bmatrix} \boldsymbol{\Delta}_1 \\ \boldsymbol{\Delta}_2 \\ \cdots \\ \boldsymbol{\Delta}_i \\ \cdots \\ \boldsymbol{\Delta}_n \end{Bmatrix}, \quad \boldsymbol{F}^0 = \begin{Bmatrix} \boldsymbol{F}_1 \\ \boldsymbol{F}_2 \\ \cdots \\ \boldsymbol{F}_i \\ \cdots \\ \boldsymbol{F}_n \end{Bmatrix} \tag{11-36}$$

式中，$\boldsymbol{\Delta}_i$ 为第 i 个结点的位移子向量，包括 x、y 方向的线位移和 z 方向的角位移；$\boldsymbol{F}_i$ 为第 i 个结点的结点力子向量，包括 F_{xi}、F_{yi} 和 M_i，这些都是结构坐标系中的量。

以子块形式表达的总刚度方程为：

$$\begin{bmatrix} \boldsymbol{K}_{11} & \boldsymbol{K}_{12} & \cdots & \boldsymbol{K}_{1i} & \cdots & \boldsymbol{K}_{1n} \\ \boldsymbol{K}_{21} & \boldsymbol{K}_{22} & \cdots & \boldsymbol{K}_{2i} & \cdots & \boldsymbol{K}_{2n} \\ \cdots & \cdots & \cdots & \cdots & \cdots & \cdots \\ \boldsymbol{K}_{i1} & \boldsymbol{K}_{i2} & \cdots & \boldsymbol{K}_{ii} & \cdots & \boldsymbol{K}_{in} \\ \cdots & \cdots & \cdots & \cdots & \cdots & \cdots \\ \boldsymbol{K}_{n1} & \boldsymbol{K}_{n2} & \cdots & \boldsymbol{K}_{ni} & \cdots & \boldsymbol{K}_{nn} \end{bmatrix} \begin{Bmatrix} \boldsymbol{\Delta}_1 \\ \boldsymbol{\Delta}_2 \\ \cdots \\ \boldsymbol{\Delta}_i \\ \cdots \\ \boldsymbol{\Delta}_n \end{Bmatrix} = \begin{Bmatrix} \boldsymbol{F}_1 \\ \boldsymbol{F}_2 \\ \cdots \\ \boldsymbol{F}_i \\ \cdots \\ \boldsymbol{F}_n \end{Bmatrix} \tag{11-37}$$

其中，

$$\boldsymbol{K}^0 = \begin{bmatrix} \boldsymbol{K}_{11} & \boldsymbol{K}_{12} & \cdots & \boldsymbol{K}_{1i} & \cdots & \boldsymbol{K}_{1n} \\ \boldsymbol{K}_{21} & \boldsymbol{K}_{22} & \cdots & \boldsymbol{K}_{2i} & \cdots & \boldsymbol{K}_{2n} \\ \cdots & \cdots & \cdots & \cdots & \cdots & \cdots \\ \boldsymbol{K}_{i1} & \boldsymbol{K}_{i2} & \cdots & \boldsymbol{K}_{ii} & \cdots & \boldsymbol{K}_{in} \\ \cdots & \cdots & \cdots & \cdots & \cdots & \cdots \\ \boldsymbol{K}_{n1} & \boldsymbol{K}_{n2} & \cdots & \boldsymbol{K}_{ni} & \cdots & \boldsymbol{K}_{nn} \end{bmatrix} \tag{11-38}$$

即为总刚度矩阵，按子块计算应是 $n \times n$ 阶。对全刚结点的刚架结构，n 个结点对应有 $3n$ 个结点位移分量，其原始刚度矩阵按元素计算应是 $3n \times 3n$ 阶。对桁架结构，n 个结点对应有 $2n$ 个结点位移分量，其原始刚度矩阵按元素计算应是 $2n \times 2n$ 阶。

总刚度矩阵中子块 $\boldsymbol{K}_{ij}$ 称为结点子矩阵，其物理意义是：第 j 号结点分别发生各单位位移（该结点的各位移分量均等于单位位移）而其余的结点位移均为零时第 i 号结点上产生的相应各结点力。由此可见，结点子矩阵与单元刚度矩阵中相应子块的物理含义是相同的。

其实，若某一个单元两端的结点号分别为 i、j，则该单元刚度矩阵中的各子块在总刚中的位置可以由结点号 i 和 j 完全确定，即单刚子块 $\boldsymbol{k}_{ij}^e$ 应该被送到总刚（以子块形式表示）中第 i 行、第 j 列的位置上去，如图 11-11 所示。

在单刚子块对号入座时，具有相同下标的各单刚子块，将被送入总刚中的同一位置。总刚中同一位置如果有多个单刚子块，各子块要进行叠加；而在总刚中没有单刚子块对号入座的位置则要置为零子块。

利用"子块搬家，对号入座"的直接刚度法可以由单刚直接装配形成总刚，进而写出结构原始刚度方程，不需要再对结构的各结点进行受力分析和列平衡方程了。

结构总刚度矩阵的构成有一定的特点，为了讨论方便，将主对角线上的子块称为主子

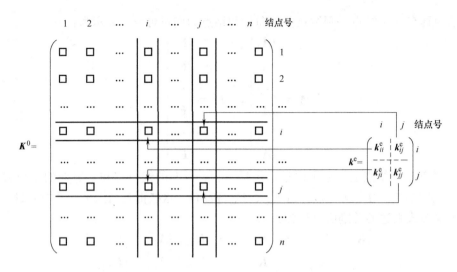

$$
\mathbf{K}^0 =
$$

图 11-11　总刚度矩阵的形成规则

块，其余子块称为副子块。不难看出：

1）总刚中的主子块 $\mathbf{K}_{ii}$ 是由与结点 i 相连的各相关单元的主子块叠加而得，即 $\mathbf{K}_{ii} = \sum \mathbf{k}_{ii}^{\mathrm{e}}$。

2）总刚中的副子块 $\mathbf{K}_{ij}$，当 i、j 为相关结点时，$\mathbf{K}_{ij}$ 即为连接它们的单元的相应副子块，即 $\mathbf{K}_{ij} = \mathbf{k}_{ij}^{\mathrm{e}}$；当 i、j 为非相关结点时即为零子块。

结构的原始刚度矩阵具有如下性质：

（1）固有性

结构的原始刚度矩阵只与结构本身的几何、物理特性有关，与外荷载无关。

（2）对称性

结构的原始刚度矩阵中的第 i 行、第 j 列元素与第 j 行、第 i 列元素相等（$i \neq j$），可由反力互等定理证明此结论。

（3）奇异性

在建立方程式（11-34）时，尚未考虑结构的支承约束条件，结构可以有任意的刚体位移，故在给定结点力的情况下，结点位移的解答不是唯一的。这表明结构原始刚度矩阵是奇异的，其逆矩阵不存在。只有引入支承约束条件，对结构的原始刚度方程进行修改之后，才能由给定的结点力求解未知的结点位移。

码 11-7　引入支承条件
建立结构刚度方程

二、引入支承条件建立结构刚度方程

前面利用直接刚度法建立了如图 11-9（a）所示刚架结构的原始刚度方程为：

$$
\begin{array}{l}
未知 \\
已知 \\
已知 \\
未知
\end{array}
\begin{Bmatrix}
\mathbf{F}_1 \\
\mathbf{F}_2 \\
\mathbf{F}_3 \\
\mathbf{F}_4
\end{Bmatrix}
=
\begin{bmatrix}
\mathbf{k}_{11}^{①} & \mathbf{k}_{12}^{①} & \mathbf{0} & \mathbf{0} \\
\mathbf{k}_{21}^{①} & \mathbf{k}_{22}^{①}+\mathbf{k}_{22}^{②} & \mathbf{k}_{23}^{②} & \mathbf{0} \\
\mathbf{0} & \mathbf{k}_{32}^{②} & \mathbf{k}_{33}^{②}+\mathbf{k}_{33}^{③} & \mathbf{k}_{34}^{③} \\
\mathbf{0} & \mathbf{0} & \mathbf{k}_{43}^{③} & \mathbf{k}_{44}^{③}
\end{bmatrix}
\begin{Bmatrix}
\mathbf{\Delta}_1 \\
\mathbf{\Delta}_2 \\
\mathbf{\Delta}_3 \\
\mathbf{\Delta}_4
\end{Bmatrix}
\begin{array}{l}
已知 \\
未知 \\
未知 \\
已知
\end{array}
\qquad (11\text{-}39)
$$

由于建立结构原始刚度方程时尚未考虑结构的支承约束条件，结构还可以有任意的刚体位移，因而原始刚度矩阵是奇异的，其逆矩阵不存在，故不能根据式（11-39）由已知的结点力求解结点位移。

在式（11-39）中，F_2、F_3 是已知的结点荷载，与之相应的 Δ_2、Δ_3 是待求的未知结点位移；F_1、F_4 是未知的支座反力，与之相应的 Δ_1、Δ_4 则是已知的结点位移。由于结点 1、4 均为固定支座，故支承约束条件为：

$$\begin{bmatrix} \Delta_1 \\ \Delta_4 \end{bmatrix} = \begin{bmatrix} 0 \\ 0 \end{bmatrix} \tag{11-40}$$

将上述约束条件代入式（11-39），可得：

$$\begin{bmatrix} F_2 \\ \hdashline F_3 \end{bmatrix} = \begin{bmatrix} k_{22}^① + k_{22}^② & \vdots & k_{23}^② \\ \hdashline k_{32}^② & \vdots & k_{33}^② + k_{33}^③ \end{bmatrix} \begin{bmatrix} \Delta_2 \\ \hdashline \Delta_3 \end{bmatrix} \tag{11-41a}$$

和

$$\begin{bmatrix} F_1 \\ \hdashline F_4 \end{bmatrix} = \begin{bmatrix} k_{12}^① & \vdots & 0 \\ \hdashline 0 & \vdots & k_{43}^③ \end{bmatrix} \begin{bmatrix} \Delta_2 \\ \hdashline \Delta_3 \end{bmatrix} \tag{11-41b}$$

式（11-41a）就是引入支承约束条件后的结构刚度方程，它可简写为下面的形式：

$$F = K\Delta \tag{11-42}$$

此时的结点力 F 只包括已知结点荷载（F_2 和 F_3），结点位移 Δ 只包括未知结点位移（Δ_2 和 Δ_3），此时的矩阵 K 即为从结构的原始刚度矩阵中删去与已知为零的结点位移所对应的行和列而得到的新刚度矩阵，称为结构刚度矩阵，或称缩减的总刚，即：

$$K = \begin{bmatrix} k_{22}^① + k_{22}^② & \vdots & k_{23}^② \\ \hdashline k_{32}^② & \vdots & k_{33}^② + k_{33}^③ \end{bmatrix}$$

当原结构为几何不变体系时，引入支承约束条件后即消除了结构的任意刚体位移，因而结构刚度矩阵为非奇异矩阵，可求逆。反之，若引入支承约束条件处理后的结构刚度矩阵仍为奇异矩阵，则表明原体系是几何可变的。

根据式（11-13），就可以由给定的结点力 F 求出未知的结点位移 Δ。

结点位移一旦求出，便可根据单元刚度方程计算各单元的杆端力。先将式（11-18）中的杆端位移 δ^e 改用单元两端的结点位移 Δ^e 表示，则整体坐标系中单元杆端力的计算公式为：

$$F^e = k^e \Delta^e \tag{11-43}$$

再根据式（11-3）的坐标转换可求得局部坐标系中的杆端力为：

$$\overline{F}^e = TF^e = Tk^e \Delta^e \tag{11-44}$$

或者，由式（11-17a）先求得局部坐标系中的杆端结点位移为：

$$\overline{\Delta}^e = T\Delta^e \tag{11-45}$$

再由式（11-13）可求得局部坐标系中的杆端力为：

$$\overline{\boldsymbol{F}}^e = \overline{\boldsymbol{k}}^c \overline{\boldsymbol{\Delta}}^c = \overline{\boldsymbol{k}}^e \boldsymbol{T} \boldsymbol{\Delta}^e \tag{11-46}$$

在求出未知的结点位移后，理论上可以利用式（11-41b）来计算支座反力。其实，在全部杆件的内力都求出后，一般没有必要再求支座反力。若要求支座反力，一般也可由支座结点的静力平衡条件求得，比用式（11-41b）求解支座反力更为方便。

【例 11-2】 用后处理法对如图 11-12 所示刚架结构建立总刚度方程，已知各杆的 EI、EA 均与例 11-1 相同。

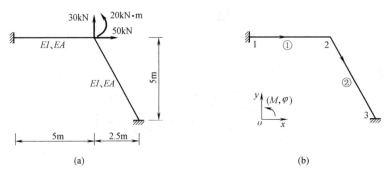

图 11-12 例 11-2 图

【解】 （1）划分单元，对单元、结点进行编号，建立整体坐标系和局部坐标系，如图 11-12（b）所示。

（2）在例 11-1 中，已计算得到整体坐标系下各单元的刚度矩阵，这里以分块的形式表示如下：

$$
\boldsymbol{k}^{\textcircled{1}} = \begin{bmatrix} \boldsymbol{k}_{11}^{\textcircled{1}} & \boldsymbol{k}_{12}^{\textcircled{1}} \\ \boldsymbol{k}_{21}^{\textcircled{1}} & \boldsymbol{k}_{22}^{\textcircled{1}} \end{bmatrix} =
\begin{pmatrix}
168\text{kN/m} & 0 & 0 & -168\text{kN/m} & 0 & 0 \\
0 & 8.064\text{kN/m} & 20.16\text{kN} & 0 & -8.064\text{kN/m} & 20.16\text{kN} \\
0 & 20.16\text{kN} & 67.2\text{kN}\cdot\text{m} & 0 & -20.16\text{kN} & 33.6\text{kN}\cdot\text{m} \\
-168\text{kN/m} & 0 & 0 & 168\text{kN/m} & 0 & 0 \\
0 & -8.064\text{kN/m} & -20.16\text{kN} & 0 & 8.064\text{kN/m} & -20.16\text{kN} \\
0 & 20.16\text{kN} & 33.6\text{kN}\cdot\text{m} & 0 & -20.16\text{kN} & 67.2\text{kN}\cdot\text{m}
\end{pmatrix}
\begin{matrix} \\ 1 \\ \\ \\ 2 \\ \end{matrix}
$$

$$
\boldsymbol{k}^{\textcircled{2}} = \begin{bmatrix} \boldsymbol{k}_{22}^{\textcircled{2}} & \boldsymbol{k}_{23}^{\textcircled{2}} \\ \boldsymbol{k}_{32}^{\textcircled{2}} & \boldsymbol{k}_{33}^{\textcircled{2}} \end{bmatrix} = 10^5 \times
\begin{pmatrix}
34.67\text{kN/m} & -57.79\text{kN/m} & 14.43\text{kN} & -34.67\text{kN/m} & 57.79\text{kN/m} & 14.43\text{kN} \\
-57.79\text{kN/m} & 121.36\text{kN/m} & 7.212\text{kN} & 57.79\text{kN/m} & -121.36\text{kN/m} & 7.21\text{kN} \\
14.43\text{kN} & 7.21\text{kN} & 60.11\text{kN}\cdot\text{m} & -14.43\text{kN} & -7.21\text{kN} & 30.05\text{kN}\cdot\text{m} \\
-34.67\text{kN/m} & 57.79\text{kN/m} & -14.43\text{kN} & 34.67\text{kN/m} & -57.79\text{kN/m} & -14.43\text{kN} \\
57.79\text{kN/m} & -121.36\text{kN/m} & -7.21\text{kN} & -57.79\text{kN/m} & 121.36\text{kN/m} & -7.212\text{kN} \\
14.43\text{kN} & 7.21\text{kN} & 30.05\text{kN}\cdot\text{m} & -14.43\text{kN} & -7.21\text{kN} & 60.11\text{kN}\cdot\text{m}
\end{pmatrix}
\begin{matrix} \\ 2 \\ \\ \\ 3 \\ \end{matrix}
$$

（3）建立结构原始刚度方程

按照先处理法"子块搬家，对号入座"的原则，由单刚子块装配形成结构原始刚度矩阵 $\boldsymbol{K}^0$，下面按单元①、②的次序依次考虑。

首先，考虑单元①：将 $\boldsymbol{k}^{\textcircled{1}}$ 中子块 $\boldsymbol{k}_{ij}^{\textcircled{1}}$ 送到总刚（以子块形式表示）中第 i 行 j 列的位置，即得 $\boldsymbol{K}^0$ 的阶段结果，如下所示：

$$
\boldsymbol{K}^0\text{ 的阶段结果}=10^5\times
\begin{array}{ccc|ccc|ccc}
 & 1 & & & 2 & & & 3 & \\
\hline
168\text{kN/m} & 0 & 0 & -168\text{kN/m} & 0 & 0 & 0 & 0 & 0 \\
0 & 8.064\text{kN/m} & 20.16\text{kN} & 0 & -8.064\text{kN/m} & 20.16\text{kN} & 0 & 0 & 0 \\
0 & 20.16\text{kN} & 67.2\text{kN·m} & 0 & -20.16\text{kN} & 33.6\text{kN·m} & 0 & 0 & 0 \\
\hline
-168\text{kN/m} & 0 & 0 & 168\text{kN/m} & 0 & 0 & 0 & 0 & 0 \\
0 & -8.064\text{kN/m} & -20.16\text{kN} & 0 & 8.064\text{kN/m} & -20.16\text{kN} & 0 & 0 & 0 \\
0 & 20.16\text{kN} & 33.6\text{kN·m} & 0 & -20.16\text{kN} & 67.2\text{kN·m} & 0 & 0 & 0 \\
\hline
0 & 0 & 0 & 0 & 0 & 0 & 0 & 0 & 0 \\
0 & 0 & 0 & 0 & 0 & 0 & 0 & 0 & 0 \\
0 & 0 & 0 & 0 & 0 & 0 & 0 & 0 & 0 \\
\end{array}
\begin{array}{c} \\ \\ 1 \\ \\ \\ 2 \\ \\ \\ 3 \end{array}
$$

其次，考虑单元②：将 $k^{②}$ 中子块 $k_{ij}^{②}$ 送到总刚（以子块形式表示）中第 i 行 j 列的位置，并与前面得到的阶段结果累加，得 $\boldsymbol{K}^0$ 的最后结果如下：

$$
\boldsymbol{K}^0=10^5\times
\begin{array}{ccc|ccc|ccc}
 & 1 & & & 2 & & & 3 & \\
\hline
168 & 0 & 0 & -168 & 0 & 0 & 0 & 0 & 0 \\
0 & 8.064 & 20.16 & 0 & -8.064 & 20.16 & 0 & 0 & 0 \\
0 & 20.16 & 67.2 & 0 & -20.16 & 33.6 & 0 & 0 & 0 \\
\hline
-168 & 0 & 0 & (168+34.67) & -57.79 & 14.43 & -34.67 & 57.79 & 14.43 \\
0 & -8.064 & -20.16 & -57.79 & (8.064+121.36) & (-20.16+7.212) & 57.79 & -121.36 & 7.21 \\
0 & 20.16 & 33.6 & 14.43 & (-20.16+7.21) & (67.2+60.11) & -14.43 & -7.21 & 30.05 \\
\hline
0 & 0 & 0 & -34.67 & 57.79 & -14.43 & 34.67 & -57.79 & -14.43 \\
0 & 0 & 0 & 57.79 & -121.36 & -7.21 & -57.79 & 121.36 & -7.212 \\
0 & 0 & 0 & 14.43 & 7.21 & 30.05 & -14.43 & -7.21 & 60.11 \\
\end{array}
\begin{array}{c} \\ \\ 1 \\ \\ \\ 2 \\ \\ \\ 3 \end{array}
$$

$$
=10^5\times
\begin{array}{ccc|ccc|ccc}
 & 1 & & & 2 & & & 3 & \\
\hline
168\text{kN/m} & 0 & 0 & -168\text{kN/m} & 0 & 0 & 0 & 0 & 0 \\
0 & 8.064\text{kN/m} & 20.16\text{kN} & 0 & -8.064\text{kN/m} & 20.16\text{kN} & 0 & 0 & 0 \\
0 & 20.16\text{kN} & 67.2\text{kN·m} & 0 & -20.16\text{kN} & 33.6\text{kN·m} & 0 & 0 & 0 \\
\hline
-168\text{kN/m} & 0 & 0 & 202.67\text{kN/m} & -57.79\text{kN/m} & 14.43\text{kN} & -34.67\text{kN/m} & 57.79\text{kN/m} & 14.43\text{kN} \\
0 & -8.064\text{kN/m} & -20.16\text{kN} & -57.79\text{kN/m} & 129.42\text{kN/m} & -12.95\text{kN} & 57.79\text{kN/m} & -121.36\text{kN/m} & 7.21\text{kN} \\
0 & 20.16\text{kN} & 33.6\text{kN·m} & 14.43\text{kN} & -12.95\text{kN} & 127.31\text{kN·m} & -14.43\text{kN} & -7.21\text{kN} & 30.05\text{kN·m} \\
\hline
0 & 0 & 0 & -34.67\text{kN/m} & 57.79\text{kN/m} & -14.43\text{kN} & 34.67\text{kN/m} & -57.79\text{kN/m} & -14.43\text{kN} \\
0 & 0 & 0 & 57.79\text{kN/m} & -121.36\text{kN/m} & -7.21\text{kN} & -57.79\text{kN/m} & 121.36\text{kN/m} & -7.212\text{kN} \\
0 & 0 & 0 & 14.43\text{kN} & 7.21\text{kN} & 30.05\text{kN·m} & -14.43\text{kN} & -7.21\text{kN} & 60.11\text{kN·m} \\
\end{array}
\begin{array}{c} \\ \\ 1 \\ \\ \\ 2 \\ \\ \\ 3 \end{array}
$$

除结点 2 外，1、3 结点均为固定端，结点力未知，结点位移均为零。因此，原结构的结点力列向量和结点位移列向量分别为：

$$
\boldsymbol{F}^0=\begin{bmatrix}\boldsymbol{F}_1\\\boldsymbol{F}_2\\\boldsymbol{F}_3\end{bmatrix}=\begin{bmatrix}F_{x1}\\F_{y1}\\M_1\\F_{x2}\\F_{y2}\\M_2\\F_{x3}\\F_{y3}\\M_3\end{bmatrix}=\begin{Bmatrix}F_{x1}\\F_{y1}\\M_1\\50\text{kN}\\30\text{kN}\\20\text{kN·m}\\F_{x3}\\F_{y3}\\M_3\end{Bmatrix}
\qquad
\boldsymbol{\Delta}^0=\begin{bmatrix}\boldsymbol{\Delta}_1\\\boldsymbol{\Delta}_2\\\boldsymbol{\Delta}_3\end{bmatrix}=\begin{Bmatrix}u_1\\v_1\\\varphi_1\\u_2\\v_2\\\varphi_2\\u_3\\v_3\\\varphi_3\end{Bmatrix}=\begin{Bmatrix}0\\0\\0\\u_2\\v_2\\\varphi_2\\0\\0\\0\end{Bmatrix}
$$

因此，原始刚度方程为：

$$\boldsymbol{F}^0 = \boldsymbol{K}^0 \boldsymbol{\Delta}^0$$

（4）引入支撑条件，建立结构刚度方程

原始刚度矩阵是奇异的，需要引入边界条件，将原始刚度矩阵处理成结构刚度矩阵。处理的方法是：在原始刚度矩阵中划去与零结点位移对应的行与列，保留剩下的元素形成缩减的总刚，即结构刚度矩阵。这里，在原始刚度矩阵中要划去第 1，2，3，7，8，9 行及第 1，2，3，7，8，9 列，剩下的元素形成的矩阵即为结构刚度矩阵：

$$\boldsymbol{K} = 10^5 \times \begin{bmatrix} 202.67\text{kN/m} & -57.79\text{kN/m} & 14.43\text{kN} \\ -57.79\text{kN/m} & 129.42\text{kN/m} & -12.95\text{kN} \\ 14.43\text{kN} & -12.95\text{kN} & 127.31\text{kN} \cdot \text{m} \end{bmatrix}$$

相应的结构刚度方程为：

$$\begin{bmatrix} 50\text{kN} \\ 30\text{kN} \\ 20\text{kN} \cdot \text{m} \end{bmatrix} = 10^5 \times \begin{bmatrix} 202.67\text{kN/m} & -57.79\text{kN/m} & 14.43\text{kN} \\ -57.79\text{kN/m} & 129.42\text{kN/m} & -12.95\text{kN} \\ 14.43\text{kN} & -12.95\text{kN} & 127.31\text{kN} \cdot \text{m} \end{bmatrix} \begin{bmatrix} u_2 \\ v_2 \\ \varphi_2 \end{bmatrix}$$

求解刚度方程，得结点位移为：

$$\begin{bmatrix} u_2 \\ v_2 \\ \varphi_2 \end{bmatrix} = 10^{-6} \times \begin{bmatrix} 3.51\text{m} \\ 4.04\text{m} \\ 1.58\text{rad} \end{bmatrix}$$

根据结点位移，从而求得结构内力（略）。

第五节　先处理法建立结构刚度方程

码 11-8　直接刚度法建立结构整体刚度方程

上一节介绍了利用直接刚度法建立结构刚度方程，直接刚度法中结构的支承约束条件是在生成结构原始总刚度矩阵之后引入的，所以也称为后处理法。采用后处理法时，结构中每个结点的位移分量个数和单元刚度矩阵的阶数都是相同的，总刚度矩阵的阶数很容易根据结点数和每个结点的位移分量数确定，求解过程规则、统一，便于编制计算程序。但采用后处理法形成原始刚度矩阵时，没有考虑支承约束条件，使原始刚度矩阵的阶数较多，这会降低计算效率。另外，有些结构分析时可以忽略杆件轴向变形的影响，结构独立的结点位移数会大幅减少。如果能够事先考虑这些因素，将会使计算效率提高，因此，便出现了另外一种建立结构刚度方程的方法——先处理法。

所谓先处理法就是在生成结构总刚度矩阵时事先就考虑结构支承约束条件和不计轴向变形等因素。比如，对于支承约束条件，已知为零的支座位移分量在进行结点位移分量编号时就不需要再给出独立的编号，可统一编为 0 号位移分量；对不计杆件轴向变形的条件，结点位移分量编号时要考虑不同结点位移分量之间的牵连关系，具有相同位移的结点位移分量可编为同一号码，这样会使独立的结点位移分量数大幅减少。

采用先处理法时，结构的结点位移列向量只要列入独立的未知结点位移分量，相应的结点力列向量也只要列出与独立的未知结点位移分量相对应的结点力分量。此时，将各单元单刚中的元素按照结点位移分量的编号，对号入座送入总刚度矩阵的相应位置并叠加，就可以直接形成总刚度矩阵。因为在形成总刚度矩阵时已考虑了结构支承约束条件，所以先处理法形成的总刚度矩阵已经是非奇异矩阵，可以求逆。根据先处理法装配形成的总刚度矩阵（实际上已经是非奇异的结构刚度矩阵了）可以写出结构刚度方程，就可直接由已知的结点力求解未知的结点位移。

下面结合如图 11-13（a）所示结构说明先处理法的基本思路。

一、结点位移分量的统一编码——总码

每个结点位移的编码按 x 向线位移、y 向线位移及角位移的顺序，逐个进行。如图 11-13（a）所示刚架结构，结构标识如图 11-13（b）所示。结点 1、4 为固定支座，它们的结点位移分量均为 0，因此其总码编为（0，0，0）。结点 2 有三个位移分量：沿 x 向线位移 u_2、y 向线位移 v_2 及角位移 φ_2，其总码编为（1，2，3）。结点 3 有三个位移分量：沿 x 向线位移 u_3、y 向线位移 v_3 及角位移 φ_3，其总码编为（4，5，6）。

考虑支承约束条件后，该刚架独立的结点位移分量数有 6 个，因此该结构的刚度矩阵是 6×6 阶的矩阵，结点位移列向量和结点力列向量分别为：

$$\boldsymbol{\Delta} = \begin{Bmatrix} u_2 \\ v_2 \\ \varphi_2 \\ u_3 \\ v_3 \\ \varphi_3 \end{Bmatrix} \qquad \boldsymbol{F} = \begin{Bmatrix} F_{x2} \\ F_{y2} \\ M_2 \\ F_{x3} \\ F_{y3} \\ M_3 \end{Bmatrix} \qquad (11\text{-}47)$$

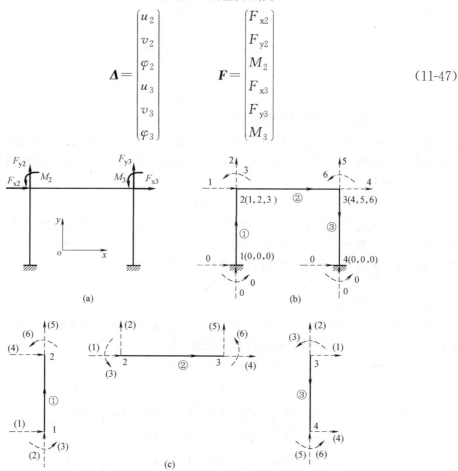

图 11-13　位移分量编码（先处理法）

（a）计算简图；（b）结构位移总码；（c）杆端位移局部码

二、单元定位向量

在整体坐标系中，单元①、②、③在始末两端的六个位移分量的局部码（1），（2），…，（6）如图 11-13（c）所示。在整体坐标系中，各单元的结点位移分量局部码与总码之间的对应关系如下：

单元①：	单元②：	单元③：
局部码→总码	局部码→总码	局部码→总码
(1)→0	(1)→1	(1)→4
(2)→0	(2)→2	(2)→5
(3)→0	(3)→3	(3)→6
(4)→1	(4)→4	(4)→0
(5)→2	(5)→5	(5)→0
(6)→3	(6)→6	(6)→0

单元定位向量 $\boldsymbol{\lambda}^e$ 就是由单元结点位移总码组成的向量，它是以后进行单元换码的依据。这里，①、②、③三个单元在整体坐标系下的定位向量分别为：

$$\boldsymbol{\lambda}^{①} = \begin{Bmatrix} 0 \\ 0 \\ 0 \\ 1 \\ 2 \\ 3 \end{Bmatrix}, \quad \boldsymbol{\lambda}^{②} = \begin{Bmatrix} 1 \\ 2 \\ 3 \\ 4 \\ 5 \\ 6 \end{Bmatrix}, \quad \boldsymbol{\lambda}^{③} = \begin{Bmatrix} 4 \\ 5 \\ 6 \\ 0 \\ 0 \\ 0 \end{Bmatrix} \tag{11-48}$$

三、单元集成法形成整体刚度矩阵

按单元集成法由单元刚度矩阵 $\boldsymbol{k}^e$ 形成整体刚度矩阵 $\boldsymbol{K}$，就是将各单元刚度矩阵中的元素按照"元素搬家，对号入座"的原则，根据定位向量码搬入总刚度矩阵中相应的位置，定位原则为：

$$k_{ij}^e \rightarrow K_{\lambda_i \lambda_j} \tag{11-49}$$

即根据单元定位向量 $\boldsymbol{\lambda}^e$ 将单刚中第 i 行、j 列的元素 k_{ij}^e 搬入总刚中第 λ_i 行、λ_j 列的位置。其中，单刚中定位向量码 0 对应的元素不搬家；总刚中若同一位置出现多个元素，应将各元素叠加；若某位置没有元素搬入，则置 0。

下面按单元①、②、③的次序依次集成。

首先，考虑单元①：

根据第三节的知识，可求得单元①在整体坐标系下的单元刚度矩阵，这里写出其一般形式，并将位移分量的局部码标注在单刚旁边，即：

$$\boldsymbol{k}^{①} = \begin{matrix} & (1) & (2) & (3) & (4) & (5) & (6) \\ & \begin{bmatrix} k_{11}^{①} & k_{12}^{①} & k_{13}^{①} & k_{14}^{①} & k_{15}^{①} & k_{16}^{①} \\ k_{21}^{①} & k_{22}^{①} & k_{23}^{①} & k_{24}^{①} & k_{25}^{①} & k_{26}^{①} \\ k_{31}^{①} & k_{32}^{①} & k_{33}^{①} & k_{34}^{①} & k_{35}^{①} & k_{36}^{①} \\ k_{41}^{①} & k_{42}^{①} & k_{43}^{①} & k_{44}^{①} & k_{45}^{①} & k_{46}^{①} \\ k_{51}^{①} & k_{52}^{①} & k_{53}^{①} & k_{54}^{①} & k_{55}^{①} & k_{56}^{①} \\ k_{61}^{①} & k_{62}^{①} & k_{63}^{①} & k_{64}^{①} & k_{65}^{①} & k_{66}^{①} \end{bmatrix} & \begin{matrix} (1) \\ (2) \\ (3) \\ (4) \\ (5) \\ (6) \end{matrix} \end{matrix}$$

根据单元定位向量 $\boldsymbol{\lambda}^{①}$ 及换码关系，将 $k^{①}$ 中第 i 行 j 列的元素在 $\boldsymbol{K}$ 中定位于第 λ_i 行 λ_j 列，即得 $\boldsymbol{K}$ 的阶段结果如下：

$$\boldsymbol{K}\text{的阶段结果}=\begin{array}{c}\\ \\ \\ \\ \\ \\ \end{array}\begin{pmatrix} k_{44}^{①} & k_{45}^{①} & k_{46}^{①} & 0 & 0 & 0 \\ k_{54}^{①} & k_{55}^{①} & k_{56}^{①} & 0 & 0 & 0 \\ k_{64}^{①} & k_{65}^{①} & k_{66}^{①} & 0 & 0 & 0 \\ 0 & 0 & 0 & 0 & 0 & 0 \\ 0 & 0 & 0 & 0 & 0 & 0 \\ 0 & 0 & 0 & 0 & 0 & 0 \end{pmatrix}\begin{array}{c}1\\2\\3\\4\\5\\6\end{array}$$

再考虑单元②：

单元②在整体坐标系下的单元刚度矩阵一般形式可表示为：

$$\boldsymbol{k}^{②}=\begin{pmatrix} k_{11}^{②} & k_{12}^{②} & k_{13}^{②} & k_{14}^{②} & k_{15}^{②} & k_{16}^{②} \\ k_{21}^{②} & k_{22}^{②} & k_{23}^{②} & k_{24}^{②} & k_{25}^{②} & k_{26}^{②} \\ k_{31}^{②} & k_{32}^{②} & k_{33}^{②} & k_{34}^{②} & k_{35}^{②} & k_{36}^{②} \\ k_{41}^{②} & k_{42}^{②} & k_{43}^{②} & k_{44}^{②} & k_{45}^{②} & k_{46}^{②} \\ k_{51}^{②} & k_{52}^{②} & k_{53}^{②} & k_{54}^{②} & k_{55}^{②} & k_{56}^{②} \\ k_{61}^{②} & k_{62}^{②} & k_{63}^{②} & k_{64}^{②} & k_{65}^{②} & k_{66}^{②} \end{pmatrix}\begin{array}{c}(1)\\(2)\\(3)\\(4)\\(5)\\(6)\end{array}$$

根据单元定位向量 $\boldsymbol{\lambda}^{②}$ 及换码关系，将 $\boldsymbol{k}^{②}$ 中第 i 行 j 列的元素在 $\boldsymbol{K}$ 中定位于第 λ_i 行 λ_j 列，并与前面的阶段结果累加，即得 $\boldsymbol{K}$ 的阶段结果如下：

$$\boldsymbol{K}\text{的阶段结果}=\begin{pmatrix} k_{44}^{①}+k_{11}^{②} & k_{45}^{①}+k_{12}^{②} & k_{45}^{①}+k_{13}^{②} & k_{14}^{②} & k_{15}^{②} & k_{16}^{②} \\ k_{54}^{①}+k_{21}^{②} & k_{55}^{①}+k_{22}^{②} & k_{56}^{①}+k_{23}^{②} & k_{24}^{②} & k_{25}^{②} & k_{26}^{②} \\ k_{64}^{①}+k_{31}^{②} & k_{65}^{①}+k_{32}^{②} & k_{66}^{①}+k_{33}^{②} & k_{34}^{②} & k_{35}^{②} & k_{36}^{②} \\ k_{41}^{②} & k_{42}^{②} & k_{43}^{②} & k_{44}^{②} & k_{45}^{②} & k_{46}^{②} \\ k_{51}^{②} & k_{52}^{②} & k_{53}^{②} & k_{54}^{②} & k_{55}^{②} & k_{56}^{②} \\ k_{61}^{②} & k_{62}^{②} & k_{63}^{②} & k_{64}^{②} & k_{65}^{②} & k_{66}^{②} \end{pmatrix}\begin{array}{c}1\\2\\3\\4\\5\\6\end{array}$$

最后，考虑单元③：

在整体坐标系中，单元③的刚度矩阵可表示为：

$$\boldsymbol{k}^{③}=\begin{pmatrix} k_{11}^{③} & k_{12}^{③} & k_{13}^{③} & k_{14}^{③} & k_{15}^{③} & k_{16}^{③} \\ k_{21}^{③} & k_{22}^{③} & k_{23}^{③} & k_{24}^{③} & k_{25}^{③} & k_{26}^{③} \\ k_{31}^{③} & k_{32}^{③} & k_{33}^{③} & k_{34}^{③} & k_{35}^{③} & k_{36}^{③} \\ k_{41}^{③} & k_{42}^{③} & k_{43}^{③} & k_{44}^{③} & k_{45}^{③} & k_{46}^{③} \\ k_{51}^{③} & k_{52}^{③} & k_{53}^{③} & k_{54}^{③} & k_{55}^{③} & k_{56}^{③} \\ k_{61}^{③} & k_{62}^{③} & k_{63}^{③} & k_{64}^{③} & k_{65}^{③} & k_{66}^{③} \end{pmatrix}\begin{array}{c}(1)\\(2)\\(3)\\(4)\\(5)\\(6)\end{array}$$

根据单元定位向量 $\boldsymbol{\lambda}^{③}$ 及换码关系，将 $\boldsymbol{k}^{③}$ 中第 i 行 j 列的元素在 $\boldsymbol{K}$ 中定位于第 λ_i 行 λ_j 列，并与前面的阶段结果累加，即得 $\boldsymbol{K}$ 的最后结果如下：

$$
\boldsymbol{K}=\begin{matrix}
 & 1 & 2 & 3 & 4 & 5 & 6 \\
\begin{pmatrix}
k_{44}^{①}+k_{11}^{②} & k_{45}^{①}+k_{12}^{②} & k_{45}^{①}+k_{13}^{②} & k_{14}^{②} & k_{15}^{②} & k_{16}^{②} \\
k_{54}^{①}+k_{21}^{②} & k_{55}^{①}+k_{22}^{②} & k_{55}^{①}+k_{23}^{②} & k_{24}^{②} & k_{25}^{②} & k_{26}^{②} \\
k_{64}^{①}+k_{31}^{②} & k_{65}^{①}+k_{32}^{②} & k_{65}^{①}+k_{33}^{②} & k_{34}^{②} & k_{35}^{②} & k_{36}^{②} \\
k_{41}^{②} & k_{42}^{②} & k_{43}^{②} & k_{44}^{②}+k_{11}^{③} & k_{45}^{②}+k_{12}^{③} & k_{46}^{②}+k_{13}^{③} \\
k_{51}^{②} & k_{52}^{②} & k_{53}^{②} & k_{54}^{②}+k_{21}^{③} & k_{55}^{②}+k_{22}^{③} & k_{56}^{②}+k_{23}^{③} \\
k_{61}^{②} & k_{62}^{②} & k_{63}^{②} & k_{64}^{②}+k_{31}^{③} & k_{65}^{②}+k_{32}^{③} & k_{66}^{②}+k_{33}^{③}
\end{pmatrix} & \begin{matrix} 1\\2\\3\\4\\5\\6 \end{matrix}
\end{matrix}
$$

采用这种方法由单刚装配形成的总刚即为结构刚度矩阵，由于已考虑了支承约束条件，结构刚度矩阵已是非奇异的。结合前面给出的结点位移列向量和结点力列向量（式 11-47），即可得结构刚度方程为：

$$
\begin{Bmatrix}
F_{x2} \\ F_{y2} \\ M_2 \\ F_{x3} \\ F_{y3} \\ M_3
\end{Bmatrix}=\boldsymbol{K}\begin{Bmatrix}
u_2 \\ v_2 \\ \varphi_2 \\ u_3 \\ v_3 \\ \varphi_3
\end{Bmatrix}\tag{11-50}
$$

利用上述结构刚度方程，根据已知的结点力就可以求出未知的结点位移，再根据式（11-43）～式（11-46）可求得结构内力。

对比上一节的后处理法，对如图 11-12（a）所示的刚架，采用后处理法装配形成的结构原始刚度矩阵为 12×12 阶，而采用先处理法装配形成的结构刚度矩阵为 6×6 阶，若忽略轴向变形则仅为 3×3 阶。因此，采用先处理法在某些情况下可以提高计算效率。

【例 11-3】 采用先处理法建立如图 11-14（a）所示刚架结构的刚度方程。已知各杆的 EI、EA 均与例 11-1 相同。

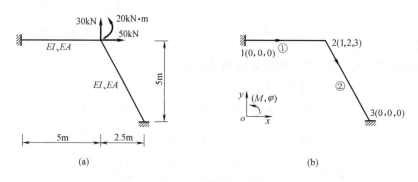

图 11-14 例 11-3 图

【解】 （1）划分单元，对单元、结点及结点位移分量进行编号，建立整体坐标系和局部坐标系，如图 11-14（b）所示。单元定位向量分别为：

$$\boldsymbol{\lambda}^{①}=\begin{Bmatrix}0\\0\\0\\1\\2\\3\end{Bmatrix} \qquad \boldsymbol{\lambda}^{②}=\begin{Bmatrix}1\\2\\3\\0\\0\\0\end{Bmatrix}$$

（2）在例 11-1 中，已计算得到整体坐标系下各单元刚度矩阵如下：

$$\boldsymbol{k}^{①}=10^{5}\times\begin{bmatrix} 168\text{kN/m} & 0 & 0 & -168\text{kN/m} & 0 & 0 \\ 0 & 8.064\text{kN/m} & 20.16\text{kN} & 0 & -8.064\text{kN/m} & 20.16\text{kN} \\ 0 & 20.16\text{kN} & 67.2\text{kN·m} & 0 & -20.16\text{kN} & 33.6\text{kN·m} \\ -168\text{kN/m} & 0 & 0 & 168\text{kN/m} & 0 & 0 \\ 0 & -8.064\text{kN/m} & -20.16\text{kN} & 0 & 8.064\text{kN/m} & -20.16\text{kN} \\ 0 & 20.16\text{kN} & 33.6\text{kN·m} & 0 & -20.16\text{kN} & 67.2\text{kN·m} \end{bmatrix}\begin{matrix}(1)\\(2)\\(3)\\(4)\\(5)\\(6)\end{matrix}$$

$$\boldsymbol{k}^{②}=10^{5}\times\begin{bmatrix} 34.67\text{kN/m} & -57.79\text{kN/m} & 14.43\text{kN} & -34.67\text{kN/m} & 57.79\text{kN/m} & 14.43\text{kN} \\ -57.79\text{kN/m} & 121.36\text{kN/m} & 7.212\text{kN} & 57.79\text{kN/m} & -121.36\text{kN/m} & 7.21\text{kN} \\ 14.43\text{kN} & 7.21\text{kN} & 60.11\text{kN·m} & -14.43\text{kN} & -7.21\text{kN} & 30.05\text{kN·m} \\ -34.67\text{kN/m} & 57.79\text{kN/m} & -14.43\text{kN} & 34.67\text{kN/m} & -57.79\text{kN/m} & -14.43\text{kN} \\ 57.79\text{kN/m} & -121.36\text{kN/m} & -7.21\text{kN} & -57.79\text{kN/m} & 121.36\text{kN/m} & -7.212\text{kN} \\ 14.43\text{kN} & 7.21\text{kN} & 30.05\text{kN·m} & -14.43\text{kN} & -7.21\text{kN} & 60.11\text{kN·m} \end{bmatrix}\begin{matrix}(1)\\(2)\\(3)\\(4)\\(5)\\(6)\end{matrix}$$

（3）用单元集成法形成整体刚度矩阵

按单元定位向量 $\boldsymbol{\lambda}^{\mathrm{e}}$，依次将各单元 $\boldsymbol{k}^{\mathrm{e}}$ 中的元素在 $\boldsymbol{K}$ 中定位并累加，即得结构刚度矩阵为：

$$\boldsymbol{K}=10^{5}\times\begin{bmatrix} 168+34.67 & -57.79 & 14.43 \\ -57.79 & 8.064+121.36 & -20.16+7.212 \\ 14.43 & -20.16+7.21 & 67.2+60.11 \end{bmatrix}\begin{matrix}1\\2\\3\end{matrix}$$

$$=10^{5}\times\begin{bmatrix} 202.67\text{kN/m} & -57.79\text{kN/m} & 14.43\text{kN} \\ -57.79\text{kN/m} & 129.42\text{kN/m} & -12.95\text{kN} \\ 14.43\text{kN} & -12.95\text{kN} & 127.31\text{kN·m} \end{bmatrix}\begin{matrix}1\\2\\3\end{matrix}$$

从而可建立结构刚度方程，并求得结点位移（见例 11-2）。

第六节　等效结点荷载

前两节讨论了结点荷载作用下的矩阵分析问题。当结构上作用有非结点荷载（指作用在杆件上的结间荷载）时，先要将结间荷载转化为等效结点荷载，然后就可以利用前面介绍的矩阵位移法进行分析。

码 11-9　等效结点荷载

先说明下等效结点荷载的概念。如图 11-15（a）所示刚架承受均布荷载 q 及集中荷载 F_1、F_2 的作用，结构标识如图 11-15（a）所示。如果计及杆件的轴向变形，该结构共有 6 个未知结点位移，即结点 2、3 沿 x、y 方向的线位移以及角位移。现需要把非结点荷载转化为等效结点荷载，可以分以下两步处理。

第一步，给结构施加上附加约束（包括支座链杆和刚臂）以阻止所有结点位移（包括线位移和角位移），如图 11-15（b）所示。此时，在非结点荷载作用下，各单元的杆端力称为杆端固端力，这可通过载常数确定。此时，根据结点 2、3 的平衡条件（图 11-15d），可求得附加约束中的附加约束力（包括附加反力和反力矩）。

第二步，为了消除增设附加约束带来的影响，将上述附加约束中的约束力反向后作为结点荷载加于原结构结点上，如图 11-15（c）所示。不难看出，如图 11-15（a）所示结构的结点位移和内力均等于图 11-15（b）与图 11-15（c）两种情况的叠加。如图 11-15（b）所示结构没有结点位移，因此图 11-15（a）与图 11-15（c）两种情况下结构的结点位移是相等的，即单就结点位移来说这两种情况所对应的荷载是等效的，因此把如图 11-15（c）所示的结点荷载称为原非结点荷载的等效结点荷载。如图 11-15（c）所示的状态可以采用前面介绍的矩阵位移法求解，而原结构的内力需要将图 11-15（b）、（c）两种状态下的求解结果叠加得到。

这里要注意，所谓等效结点荷载中的"等效"，就是指等效结点荷载与非结点荷载引起的结构结点位移是相等的。

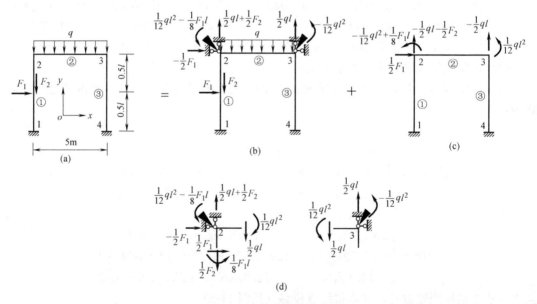

图 11-15　等效结点荷载

(a) 原结构的计算简图；(b) 固定结点；(c) 等效结点荷载；(d) 附加约束力的求解

下面讨论等效结点荷载的确定方法。

由图 11-15（d）中结点的平衡条件可知，附加约束（支座链杆和刚臂）中产生的附加约束力（附加反力和反力矩）的数值等于汇交于该结点的各杆端固端力的代数和。一般情况下，单元ⓔ上有非结点荷载作用，在单元局部坐标系中杆端产生的固端力可表示为：

$$\overline{\boldsymbol{F}}^{\text{fe}}=\left[\dfrac{\overline{\boldsymbol{F}}_i^{\text{fe}}}{\overline{\boldsymbol{F}}_j^{\text{fe}}}\right]=\begin{bmatrix}\overline{F}_{\text{N}i}^{\text{fe}}\\[4pt]\overline{F}_{\text{S}i}^{\text{fe}}\\[4pt]\overline{M}_i^{\text{fe}}\\[4pt]\hline\overline{F}_{\text{N}j}^{\text{fe}}\\[4pt]\overline{F}_{\text{S}j}^{\text{fe}}\\[4pt]\overline{M}_j^{\text{fe}}\end{bmatrix} \tag{11-51}$$

式中，上标"f"表示固端情况，这些固端力可以根据载常数确定。

由式（11-16）可知，在整体坐标系中单元ⓒ的杆端固端力可表示为：

$$\boldsymbol{F}^{\text{fe}}=\boldsymbol{T}^{\text{T}}\overline{\boldsymbol{F}}^{\text{fe}}=\left[\dfrac{\boldsymbol{F}_i^{\text{fe}}}{\boldsymbol{F}_j^{\text{fe}}}\right]=\begin{bmatrix}F_{xi}^{\text{fe}}\\[4pt]F_{yi}^{\text{fe}}\\[4pt]M_i^{\text{fe}}\\[4pt]\hline F_{xj}^{\text{fe}}\\[4pt]F_{yj}^{\text{fe}}\\[4pt]M_j^{\text{fe}}\end{bmatrix} \tag{11-52}$$

将整体坐标系中单元ⓒ的杆端固端力反号后，并按对应的结点力分量编号排成一列，就成为该单元非结点荷载产生的等效结点荷载列向量 $\boldsymbol{F}_{\text{E}}^{\text{e}}$（这里下标"E"表示等效），即：

$$\boldsymbol{F}_{\text{E}}^{\text{e}}=-\boldsymbol{F}^{\text{fe}} \tag{11-53}$$

各单元上的非结点荷载均作如上处理后，任一结点 i 上的等效结点荷载 $\boldsymbol{F}_{\text{E}i}$ 为：

$$\boldsymbol{F}_{\text{E}i}=\begin{bmatrix}F_{\text{E}xi}\\[4pt]F_{\text{E}yi}\\[4pt]M_{\text{E}i}\end{bmatrix}=\begin{bmatrix}-\sum F_{xi}^{\text{fe}}\\[4pt]-\sum F_{yi}^{\text{fe}}\\[4pt]-\sum M_i^{\text{fe}}\end{bmatrix}=-\sum\boldsymbol{F}_i^{\text{fe}} \tag{11-54}$$

式中，$\sum\boldsymbol{F}_i^{\text{fe}}$ 为结点 i 的相关单元 i 端固端力之和。

若原结构除了非结点荷载外，还有直接作用在结点 i 上的荷载 $\boldsymbol{F}_{\text{D}i}$（下标"D"表示直接），则 i 结点上总的结点荷载 $\boldsymbol{F}_i$（也称为综合结点荷载）为：

$$\boldsymbol{F}_i=\boldsymbol{F}_{\text{D}i}+\boldsymbol{F}_{\text{E}i} \tag{11-55}$$

如图 11-16（a）所示结构，其综合结点荷载（图 11-16f）为等效结点荷载（图 11-16c）与直接结点荷载（图 11-16d）叠加得到的。

整个结构的综合结点荷载列向量 $\boldsymbol{F}$ 为：

$$\boldsymbol{F}=\boldsymbol{F}_{\text{D}}+\boldsymbol{F}_{\text{E}} \tag{11-56}$$

式中，$\boldsymbol{F}_{\text{D}}$ 是直接结点荷载列向量；$\boldsymbol{F}_{\text{E}}$ 是等效结点荷载列向量。

在先处理法中，得出单元非结点荷载产生的等效结点荷载列向量 $\boldsymbol{F}_{\text{E}}^{\text{e}}$ 后，也可以按单元定位向量 $\boldsymbol{\lambda}^{\text{e}}$ 依次将 $\boldsymbol{F}_{\text{E}}^{\text{e}}$ 中的元素在整体结构的等效结点荷载向量 $\boldsymbol{F}_{\text{E}}$ 中进行定位并累加。

各单元的最终杆端力，如图 11-16（a）所示结构，将是固端力（图 11-16e）与综合结

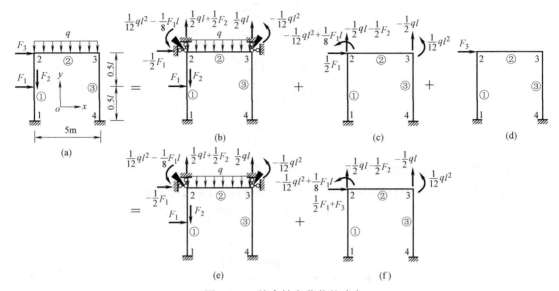

图 11-16 综合结点荷载的确定

(a) 原结构的计算简图；(b) 固定结点；(c) 等效结点荷载；(d) 直接结点荷载；
(e) 固端力（固定结点情况下）；(f) 综合结点荷载作用

点荷载作用（图 11-16f）下产生的杆端力之和，即：

$$\boldsymbol{F}^{e} = \boldsymbol{F}^{fe} + \boldsymbol{k}^{e} \boldsymbol{\Delta}^{e} \tag{11-57}$$

固端力可以通过载常数求解，综合结点荷载作用下杆端力则需要通过矩阵位移法求解。

如果需要求各杆在局部坐标系下的最终杆端力，则可以利用下面的公式求得：

$$\overline{\boldsymbol{F}}^{e} = \overline{\boldsymbol{F}}^{fe} + \boldsymbol{T}\boldsymbol{k}^{e}\boldsymbol{\Delta}^{e} \tag{11-58}$$

或

$$\overline{\boldsymbol{F}}^{e} = \overline{\boldsymbol{F}}^{fe} + \overline{\boldsymbol{k}}^{e}\boldsymbol{T}\boldsymbol{\Delta}^{e} \tag{11-59}$$

结构如果受到温度变化或支座位移的影响，可以把温度变化和支座位移看作非结点荷载，同样可以按上述方法处理得到其等效的结点荷载。只要确定了各杆在温度变化或支座位移下的固端力，即可由式（11-53）及式（11-54）计算相应的等效结点荷载。

第七节　矩阵位移法计算步骤及示例

码 11-10　矩阵位移法计算步骤及示例

采用后处理法进行矩阵位移法的计算步骤总结如下：

（1）结构标识：对单元、结点、结点位移分量进行编号，建立整体和局部坐标系；

（2）单元分析：建立局部坐标系的单元刚度矩阵 $\overline{\boldsymbol{k}}^{e}$（式 11-5），以及整体坐标系的单元刚度矩阵 $\boldsymbol{k}^{e}$（式 11-19）；

（3）整体分析：按照"子块搬家，对号入座"的原则，由单元刚度矩阵 $\boldsymbol{k}^{e}$ 形成结构原始刚度矩阵 $\boldsymbol{K}^{0}$；

（4）计算等效结点荷载（式 11-54）和综合结点荷载（式 11-56），建立结构原始刚度

方程 $\boldsymbol{F}^0 = \boldsymbol{K}^0 \boldsymbol{\Delta}^0$；

（5）引入支承条件，修改结构原始刚度方程得到结构刚度方程 $\boldsymbol{F} = \boldsymbol{K\Delta}$；

（6）求解结构刚度方程，得到结点位移 $\boldsymbol{\Delta}$；

（7）根据结点位移，由式（11-57）～式（11-59）计算各单元杆端力，并可绘制内力图。

采用先处理法进行矩阵位移法的计算步骤总结如下：

（1）结构标识：对单元、结点、结点位移分量进行编号，建立整体和局部坐标系；

（2）单元分析：建立局部坐标系的单元刚度矩阵 $\overline{\boldsymbol{k}}^{e}$（式 11-5），以及整体坐标系的单元刚度矩阵 $\boldsymbol{k}^{e}$（式 11-19）；

（3）整体分析：按照"元素搬家，对号入座"的原则，根据单元定位向量 $\boldsymbol{\lambda}^{e}$ 将单刚 $\boldsymbol{k}^{e}$ 内的元素装配形成总刚 $\boldsymbol{K}$；

（4）计算等效结点荷载（式 11-54）和综合结点荷载（式 11-56），建立结构刚度方程 $\boldsymbol{F} = \boldsymbol{K\Delta}$；

（5）求解结构刚度方程，得到结点位移 $\boldsymbol{\Delta}$；

（6）根据结点位移，由式（11-57）～式（11-59）计算各单元杆端力，并可绘制内力图。

码 11-11　例 11-4

【例 11-4】 用后处理法求如图 11-17（a）所示刚架的内力图，已知各杆的 EI、EA 均与例 11-1 相同。

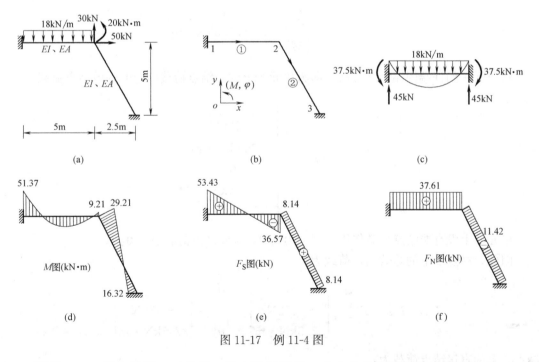

图 11-17　例 11-4 图

【解】 （1）划分单元，对单元、结点进行编号，建立整体坐标系和局部坐标系，如图 11-17（b）所示。

（2）在例 11-1 中，已建立了局部坐标系和整体坐标系下的单元刚度矩阵。

（3）在例 11-2 中，已计算得到该结构原始刚度矩阵为：

$$\boldsymbol{K}^0=10^5\times\begin{pmatrix} 168\text{kN/m} & 0 & 0 & -168\text{kN/m} & 0 & 0 & 0 & 0 & 0 \\ 0 & 8.064\text{kN/m} & 20.16\text{kN} & 0 & -8.064\text{kN/m} & 20.16\text{kN} & 0 & 0 & 0 \\ 0 & 20.16\text{kN} & 67.2\text{kN}\cdot\text{m} & 0 & -20.16\text{kN} & 33.6\text{kN}\cdot\text{m} & 0 & 0 & 0 \\ -168\text{kN/m} & 0 & 0 & 202.67\text{kN/m} & -57.79\text{kN/m} & 14.43\text{kN} & -34.67\text{kN/m} & 57.79\text{kN/m} & 14.43\text{kN} \\ 0 & -8.064\text{kN/m} & -20.16\text{kN} & -57.79\text{kN/m} & 129.42\text{kN/m} & -12.95\text{kN} & 57.79\text{kN/m} & -121.36\text{kN/m} & 7.21\text{kN} \\ 0 & 20.16\text{kN} & 33.6\text{kN}\cdot\text{m} & 14.43\text{kN} & -12.95\text{kN} & 127.31\text{kN}\cdot\text{m} & -14.43\text{kN} & -7.21\text{kN} & 30.05\text{kN}\cdot\text{m} \\ 0 & 0 & 0 & -34.67\text{kN/m} & 57.79\text{kN/m} & -14.43\text{kN} & 34.67\text{kN/m} & -57.79\text{kN/m} & -14.43\text{kN} \\ 0 & 0 & 0 & 57.79\text{kN/m} & -121.36\text{kN/m} & -7.21\text{kN} & -57.79\text{kN/m} & 121.36\text{kN/m} & -7.212\text{kN} \\ 0 & 0 & 0 & 14.43\text{kN} & 7.21\text{kN} & 30.05\text{kN}\cdot\text{m} & -14.43\text{kN} & -7.21\text{kN} & 60.11\text{kN}\cdot\text{m} \end{pmatrix}\begin{matrix}\\1\\ \\ \\2\\ \\ \\3\\ \end{matrix}$$

（4）计算等效结点荷载和综合结点荷载

单元①上有非结点荷载作用，需要转化成等效节点荷载，然后与原有的结点荷载直接叠加，得到结构综合结点荷载。

如图 11-17（c）所示，单元①的杆端固端力可表示为：

$$\boldsymbol{F}^{\text{f}①}=\overline{\boldsymbol{F}}^{\text{f}①}=\begin{bmatrix}\overline{F}^{\text{f}}_{x1}\\ \overline{F}^{\text{f}}_{y1}\\ \overline{M}^{\text{f}}_1\\ \overline{F}^{\text{f}}_{x2}\\ \overline{F}^{\text{f}}_{y2}\\ \overline{M}^{\text{f}}_2\end{bmatrix}=\begin{pmatrix}0\\ 45\text{kN}\\ 37.5\text{kN}\cdot\text{m}\\ 0\\ 45\text{kN}\\ -37.5\text{kN}\cdot\text{m}\end{pmatrix}$$

将单元①的杆端固端力反号后，即为单元①上的非结点荷载引起的等效结点荷载：

$$\boldsymbol{F}^①_{\text{E}}=-\boldsymbol{F}^{\text{f}①}=\begin{pmatrix}0\\ -45\text{kN}\\ -37.5\text{kN}\cdot\text{m}\\ 0\\ -45\text{kN}\\ 37.5\text{kN}\cdot\text{m}\end{pmatrix}$$

单元②上没有非结点荷载作用，固端力为 **0**，等效结点荷载也为 **0**。

因此，结点 2 上的等效结点荷载为：

$$\boldsymbol{F}_{\text{E2}}=\boldsymbol{F}^①_{\text{E2}}+\boldsymbol{F}^②_{\text{E2}}=\begin{bmatrix}0\\ -45\text{kN}\\ 37.5\text{kN}\cdot\text{m}\end{bmatrix}+\begin{bmatrix}0\\ 0\\ 0\end{bmatrix}=\begin{bmatrix}0\\ -45\text{kN}\\ 37.5\text{kN}\cdot\text{m}\end{bmatrix}$$

结点 2 上的直接结点荷载为：

$$\boldsymbol{F}_{\text{D2}}=\begin{bmatrix}50\text{kN}\\ 30\text{kN}\\ 20\text{kN}\cdot\text{m}\end{bmatrix}$$

因此，结点 2 上的综合结点荷载为：

$$\boldsymbol{F}_2 = \boldsymbol{F}_{E2} + \boldsymbol{F}_{D2} = \begin{bmatrix} 50\text{kN} \\ -15\text{kN} \\ 57.5\text{kN} \cdot \text{m} \end{bmatrix}$$

除了 2 结点以外，1、3 结点均为固定端，结点力未知，因此原结构的结点力列向量为：

$$\boldsymbol{F}^0 = \begin{bmatrix} \boldsymbol{F}_1 \\ \boldsymbol{F}_2 \\ \boldsymbol{F}_3 \end{bmatrix} = \begin{Bmatrix} F_{x1} \\ F_{y1} \\ M_1 \\ F_{x2} \\ F_{y2} \\ M_2 \\ F_{x3} \\ F_{y3} \\ M_3 \end{Bmatrix} = \begin{Bmatrix} F_{x1} \\ F_{y1} \\ M_1 \\ 50\text{kN} \\ -15\text{kN} \\ 57.5\text{kN} \cdot \text{m} \\ F_{x3} \\ F_{y3} \\ M_3 \end{Bmatrix}$$

（5）引入支撑条件，建立结构刚度方程

原结构的结点位移列向量为：

$$\boldsymbol{\Delta}^0 = \begin{bmatrix} \boldsymbol{\Delta}_1 \\ \boldsymbol{\Delta}_2 \\ \boldsymbol{\Delta}_3 \end{bmatrix} = \begin{Bmatrix} 0 \\ 0 \\ 0 \\ u_2 \\ v_2 \\ \varphi_2 \\ 0 \\ 0 \\ 0 \end{Bmatrix}$$

原始刚度方程为：

$$\boldsymbol{F}^0 = \boldsymbol{K}^0 \boldsymbol{\Delta}^0$$

在原始刚度方程中要划去第 1、2、3、7、8、9 行及第 1、2、3、7、8、9 列，从而得到结构刚度方程为：

$$\begin{bmatrix} 50\text{kN} \\ -15\text{kN} \\ 57.5\text{kN} \cdot \text{m} \end{bmatrix} = 10^5 \times \begin{bmatrix} 202.67\text{kN/m} & -57.79\text{kN/m} & 14.43\text{kN} \\ -57.79\text{kN/m} & 129.42\text{kN/m} & -12.95\text{kN} \\ 14.43\text{kN} & -12.95\text{kN} & 127.31\text{kN} \cdot \text{m} \end{bmatrix} \begin{bmatrix} u_2 \\ v_2 \\ \phi_2 \end{bmatrix}$$

（6）求解结构刚度方程，得到结点位移为：

$$\begin{bmatrix} u_2 \\ v_2 \\ \varphi_2 \end{bmatrix} = 10^{-7} \times \begin{bmatrix} 22.387\text{m} \\ 2.6993\text{m} \\ 42.905\text{rad} \end{bmatrix}$$

（7）根据结点位移，计算各单元杆端力，并绘制内力图。

由于结构上有非结点荷载作用，各单元的最终杆端力应等于综合结点荷载引起的杆端力加上非结点荷载引起的固端力。

单元①上有非结点荷载作用，局部坐标系与整体坐标系相同，局部坐标系下的杆端力为：

$$
\overline{\boldsymbol{F}}^{①}=\begin{pmatrix} \overline{F}_{N1} \\ \overline{F}_{S1} \\ \overline{M}_1 \\ \overline{F}_{N2} \\ \overline{F}_{S2} \\ \overline{M}_2 \end{pmatrix}^{①}=\boldsymbol{F}^{①}=\begin{pmatrix} \overline{F}_{x1} \\ \overline{F}_{y1} \\ M_1 \\ \overline{F}_{x2} \\ \overline{F}_{y2} \\ M_2 \end{pmatrix}^{①}=\boldsymbol{k}^{①}\boldsymbol{\Delta}^{①}+\boldsymbol{F}^{f①}
$$

$$
=10^5\times\begin{pmatrix} 168 & 0 & 0 & -168 & 0 & 0 \\ 0 & 8.06 & 20.16 & 0 & -8.06 & 20.16 \\ 0 & 20.16 & 67.2 & 0 & -20.16 & 33.6 \\ -168 & 0 & 0 & 168 & 0 & 0 \\ 0 & -8.06 & -20.16 & 0 & 8.06 & -20.16 \\ 0 & 20.16 & 33.6 & 0 & -20.16 & 67.2 \end{pmatrix}\times 10^{-7}\times
$$

$$
\begin{pmatrix} 0 \\ 0 \\ 0 \\ 22.387 \\ 2.6993 \\ 42.905 \end{pmatrix}+\begin{pmatrix} 0 \\ 45 \\ 37.5 \\ 0 \\ 45 \\ -37.5 \end{pmatrix}=\begin{pmatrix} -37.61\text{kN} \\ 53.43\text{kN} \\ 51.37\text{kN}\cdot\text{m} \\ 37.61\text{kN} \\ 36.57\text{kN} \\ -9.21\text{kN}\cdot\text{m} \end{pmatrix}
$$

单元②上没有非结点荷载作用，局部坐标系与整体坐标系不同，整体坐标系下杆端力为：

$$
\boldsymbol{F}^{②}=\begin{pmatrix} F_{x1} \\ F_{y1} \\ M_1 \\ F_{x2} \\ F_{y2} \\ M_2 \end{pmatrix}^{②}=\boldsymbol{k}^{②}\boldsymbol{\Delta}^{②}=10^5\times\begin{pmatrix} 34.67 & -57.79 & 14.43 & -34.67 & 57.79 & 14.43 \\ -57.79 & 121.36 & 7.212 & 57.79 & -121.36 & 7.21 \\ 14.43 & 7.21 & 60.11 & -14.43 & -7.21 & 30.05 \\ -34.67 & 57.79 & -14.43 & 34.67 & -57.79 & -14.43 \\ 57.79 & -121.36 & -7.21 & -57.79 & 121.36 & -7.212 \\ 14.43 & 7.21 & 30.05 & -14.43 & -7.21 & 60.11 \end{pmatrix}\times
$$

$$
10^{-7}\times\begin{pmatrix} 22.387 \\ 2.6993 \\ 42.905 \\ 0 \\ 0 \\ 0 \end{pmatrix}=\begin{pmatrix} 12.39\text{kN} \\ -6.57\text{kN} \\ 29.21\text{kN}\cdot\text{m} \\ -12.39\text{kN} \\ 6.57\text{kN} \\ 16.32\text{kN}\cdot\text{m} \end{pmatrix}
$$

为了绘制内力图方便，还需将整体坐标系下单元②的杆端力转换到局部坐标系下，可以利用坐标转换公式计算。

$$\overline{\boldsymbol{F}}^{②} = \begin{bmatrix} \overline{F}_{N2} \\ \overline{F}_{S2} \\ \overline{M}_2 \\ \overline{F}_{N3} \\ \overline{F}_{S3} \\ \overline{M}_3 \end{bmatrix}^{②} = \boldsymbol{T}^{②} \boldsymbol{F}^{②} = \begin{bmatrix} 0.4472 & -0.8944 & 0 & 0 & 0 & 0 \\ 0.8944 & 0.4472 & 0 & 0 & 0 & 0 \\ 0 & 0 & 1 & 0 & 0 & 0 \\ 0 & 0 & 0 & 0.4472 & -0.8944 & 0 \\ 0 & 0 & 0 & 0.8944 & 0.4472 & 0 \\ 0 & 0 & 0 & 0 & 0 & 1 \end{bmatrix} \begin{bmatrix} 12.39 \\ -6.57 \\ 29.21 \\ -12.39 \\ 6.57 \\ 16.32 \end{bmatrix}$$

$$= \begin{bmatrix} 11.42\text{kN} \\ 8.14\text{kN} \\ 29.21\text{kN} \cdot \text{m} \\ -11.42\text{kN} \\ -8.14\text{kN} \\ 16.32\text{kN} \cdot \text{m} \end{bmatrix}$$

根据局部坐标系下最终杆端力，可绘出结构内力图，分别如图 11-17（d）、（e）、（f）所示。

【例 11-5】 用先处理法作如图 11-18（a）所示连续梁的弯矩图，忽略杆件轴向变形。

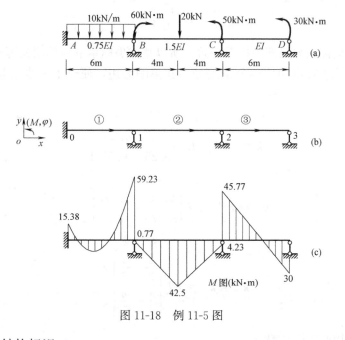

图 11-18　例 11-5 图

【解】 （1）结构标识

划分单元，对单元、结点和结点位移分量编号，考虑到支座约束和忽略杆件轴向变形的条件，原结构中独立的未知结点位移分量只有 3 个，分别是 B、C、D 结点的角位移。

结构标识如图 11-18（b）所示。

（2）计算单元刚度矩阵

对忽略杆件轴向变形的连续梁单元，每个单元杆端只有一个角位移，线位移均为零，因此连续梁的单元刚度矩阵是 2×2 阶矩阵。可以由一般单元刚度矩阵（式 11-5）修改得到，即只保留与两个杆端转角对应的行与列上的元素，即：

$$\bar{\pmb{k}}^{\mathrm{e}} = \begin{bmatrix} \dfrac{4EI}{l} & \dfrac{2EI}{l} \\ \dfrac{2EI}{l} & \dfrac{4EI}{l} \end{bmatrix}$$

本例中 3 个单元在局部坐标系下的单元刚度矩阵分别为：

$$\bar{\pmb{k}}^{①} = \begin{bmatrix} 4\times\dfrac{0.75EI}{6} & 2\times\dfrac{0.75EI}{6} \\ 2\times\dfrac{0.75EI}{6} & 4\times\dfrac{0.75EI}{6} \end{bmatrix} = EI \begin{bmatrix} 0.5 & 0.25 \\ 0.25 & 0.5 \end{bmatrix}$$

$$\bar{\pmb{k}}^{②} = \begin{bmatrix} 4\times\dfrac{1.5EI}{8} & 2\times\dfrac{1.5EI}{8} \\ 2\times\dfrac{1.5EI}{8} & 4\times\dfrac{1.5EI}{8} \end{bmatrix} = EI \begin{bmatrix} 0.75 & 0.375 \\ 0.375 & 0.75 \end{bmatrix}$$

$$\bar{\pmb{k}}^{③} = \begin{bmatrix} 4\times\dfrac{EI}{6} & 2\times\dfrac{EI}{6} \\ 2\times\dfrac{EI}{6} & 4\times\dfrac{EI}{6} \end{bmatrix} = EI \begin{bmatrix} \dfrac{2}{3} & \dfrac{1}{3} \\ \dfrac{1}{3} & \dfrac{2}{3} \end{bmatrix}$$

这里，整体坐标系与局部坐标系一致，所以整体坐标系下的单刚就等于局部坐标系下的单刚，将单刚元素对应的位移分量编号写在单刚旁边，便于下一步组装总刚度矩阵时定位。

$$\pmb{k}^{①} = \bar{\pmb{k}}^{①} = EI \begin{bmatrix} 0.5 & 0.25 \\ 0.25 & 0.5 \end{bmatrix} \begin{matrix} 0 \\ 1 \end{matrix} \quad \begin{matrix} 0 & 1 \end{matrix}$$

$$\pmb{k}^{②} = \bar{\pmb{k}}^{②} = EI \begin{bmatrix} 0.75 & 0.375 \\ 0.375 & 0.75 \end{bmatrix} \begin{matrix} 1 \\ 2 \end{matrix} \quad \begin{matrix} 1 & 2 \end{matrix}$$

$$\pmb{k}^{③} = \bar{\pmb{k}}^{③} = EI \begin{bmatrix} \dfrac{2}{3} & \dfrac{1}{3} \\ \dfrac{1}{3} & \dfrac{2}{3} \end{bmatrix} \begin{matrix} 2 \\ 3 \end{matrix} \quad \begin{matrix} 2 & 3 \end{matrix}$$

（3）建立结构总刚度矩阵

3 个单元的定位向量分别为：

$$\pmb{\lambda}^{①} = \begin{bmatrix} 0 \\ 1 \end{bmatrix}, \quad \pmb{\lambda}^{②} = \begin{bmatrix} 1 \\ 2 \end{bmatrix}, \quad \pmb{\lambda}^{③} = \begin{bmatrix} 2 \\ 3 \end{bmatrix}$$

按照先处理法的"元素搬家，对号入座"的原则，根据单元定位向量 $\boldsymbol{\lambda}^e$ 将单刚内的元素装配形成总刚如下：

$$
\boldsymbol{K}=EI\begin{array}{ccc} 1 & 2 & 3 \end{array}\begin{bmatrix} 0.5+0.75 & 0.375 & 0 \\ 0.375 & 0.75+0.667 & 0.333 \\ 0 & 0.333 & 0.667 \end{bmatrix}\begin{array}{c} 1 \\ 2 \\ 3 \end{array}=EI\begin{array}{ccc} 1 & 2 & 3 \end{array}\begin{bmatrix} 1.25 & 0.375 & 0 \\ 0.375 & 1.417 & 0.333 \\ 0 & 0.333 & 0.667 \end{bmatrix}\begin{array}{c} 1 \\ 2 \\ 3 \end{array}
$$

（4）计算等效结点荷载和综合结点荷载

各单元固端弯矩分别为：

$$
\boldsymbol{F}^{\mathrm{f}①}=\begin{bmatrix} 30\mathrm{kN}\cdot\mathrm{m} \\ -30\mathrm{kN}\cdot\mathrm{m} \end{bmatrix}, \quad \boldsymbol{F}^{\mathrm{f}②}=\begin{bmatrix} 20\mathrm{kN}\cdot\mathrm{m} \\ -20\mathrm{kN}\cdot\mathrm{m} \end{bmatrix}, \quad \boldsymbol{F}^{\mathrm{f}③}=\begin{bmatrix} 0 \\ 0 \end{bmatrix}
$$

各单元非结点荷载产生的等效结点荷载分别为：

$$
\boldsymbol{F}_{\mathrm{E}}^{①}=\begin{bmatrix} -30\mathrm{kN}\cdot\mathrm{m} \\ 30\mathrm{kN}\cdot\mathrm{m} \end{bmatrix} \quad \boldsymbol{F}_{\mathrm{E}}^{②}=\begin{bmatrix} -20\mathrm{kN}\cdot\mathrm{m} \\ 20\mathrm{kN}\cdot\mathrm{m} \end{bmatrix} \quad \boldsymbol{F}_{\mathrm{E}}^{③}=\begin{bmatrix} 0 \\ 0 \end{bmatrix}
$$

按单元定位向量形成结构的等效结点荷载为：

$$
\boldsymbol{F}_{\mathrm{E}}=\begin{bmatrix} 30-20 \\ 20 \\ 0 \end{bmatrix}=\begin{bmatrix} 10\mathrm{kN}\cdot\mathrm{m} \\ 20\mathrm{kN}\cdot\mathrm{m} \\ 0 \end{bmatrix}
$$

则总的结点荷载列阵为：

$$
\boldsymbol{F}=\boldsymbol{F}_{\mathrm{E}}+\boldsymbol{F}_{\mathrm{D}}=\begin{bmatrix} 10\mathrm{kN}\cdot\mathrm{m} \\ 20\mathrm{kN}\cdot\mathrm{m} \\ 0 \end{bmatrix}+\begin{bmatrix} -60\mathrm{kN}\cdot\mathrm{m} \\ 50\mathrm{kN}\cdot\mathrm{m} \\ 30\mathrm{kN}\cdot\mathrm{m} \end{bmatrix}=\begin{bmatrix} -50\mathrm{kN}\cdot\mathrm{m} \\ 70\mathrm{kN}\cdot\mathrm{m} \\ 30\mathrm{kN}\cdot\mathrm{m} \end{bmatrix}
$$

（5）建立结构刚度方程，并求解结点位移

结构刚度方程为：

$$
EI\begin{bmatrix} 1.25 & 0.375 & 0 \\ 0.375 & 1.417 & 0.333 \\ 0 & 0.333 & 0.667 \end{bmatrix}\begin{bmatrix} \varphi_{\mathrm{B}} \\ \varphi_{\mathrm{C}} \\ \varphi_{\mathrm{D}} \end{bmatrix}=\begin{bmatrix} -50\mathrm{kN}\cdot\mathrm{m} \\ 70\mathrm{kN}\cdot\mathrm{m} \\ 30\mathrm{kN}\cdot\mathrm{m} \end{bmatrix}
$$

求解结构刚度方程，得到结点位移如下：

$$
\begin{bmatrix} \varphi_{\mathrm{B}} \\ \varphi_{\mathrm{C}} \\ \varphi_{\mathrm{D}} \end{bmatrix}=\frac{1}{EI}\begin{bmatrix} -58.46 \\ 61.54 \\ 14.23 \end{bmatrix}
$$

（6）计算杆端力，并绘制 M 图

由于本例题整体坐标系和各单元的局部坐标系均相同，局部坐标系下的单元杆端力即等于整体坐标系下的杆端力。

$$
\begin{bmatrix} M_{\mathrm{A}} \\ M_{\mathrm{B}} \end{bmatrix}^{①}=\boldsymbol{k}^{①}\begin{bmatrix} \varphi_{\mathrm{A}} \\ \varphi_{\mathrm{B}} \end{bmatrix}+\boldsymbol{F}^{\mathrm{f}①}=EI\begin{bmatrix} 0.5 & 0.25 \\ 0.25 & 0.5 \end{bmatrix}\times
$$

$$
\frac{1}{EI}\begin{bmatrix} 0 \\ -58.46 \end{bmatrix}+\begin{bmatrix} 30\mathrm{kN}\cdot\mathrm{m} \\ -30\mathrm{kN}\cdot\mathrm{m} \end{bmatrix}=\begin{bmatrix} 15.38\mathrm{kN}\cdot\mathrm{m} \\ -59.23\mathrm{kN}\cdot\mathrm{m} \end{bmatrix}
$$

$$\begin{bmatrix} M_B \\ M_C \end{bmatrix}^{②} = \boldsymbol{k}^{②}\begin{bmatrix} \varphi_B \\ \varphi_C \end{bmatrix} + \boldsymbol{F}^{f②} = EI\begin{bmatrix} 0.75 & 0.375 \\ 0.375 & 0.75 \end{bmatrix} \times$$

$$\frac{1}{EI}\begin{bmatrix} -58.46 \\ 61.54 \end{bmatrix} + \begin{bmatrix} 20\text{kN}\cdot\text{m} \\ -20\text{kN}\cdot\text{m} \end{bmatrix} = \begin{bmatrix} -0.77\text{kN}\cdot\text{m} \\ 4.23\text{kN}\cdot\text{m} \end{bmatrix}$$

$$\begin{bmatrix} M_C \\ M_D \end{bmatrix}^{③} = \boldsymbol{k}^{③}\begin{bmatrix} \varphi_C \\ \varphi_D \end{bmatrix} = EI\begin{bmatrix} \dfrac{2}{3} & \dfrac{1}{3} \\ \dfrac{1}{3} & \dfrac{2}{3} \end{bmatrix} \times \frac{1}{EI}\begin{bmatrix} 61.54 \\ 14.23 \end{bmatrix} = \begin{bmatrix} 45.77\text{kN}\cdot\text{m} \\ 30\text{kN}\cdot\text{m} \end{bmatrix}$$

根据各单元的杆端弯矩可绘制原结构的弯矩图，如图 11-18（c）所示。

【例 11-6】 如图 11-19（a）所示刚架，分别在考虑轴向变形及不考虑轴向变形的情况下，利用矩阵位移法作内力图。已知各杆的 EI、EA 均为常数，$EA = \dfrac{EI}{4}$。

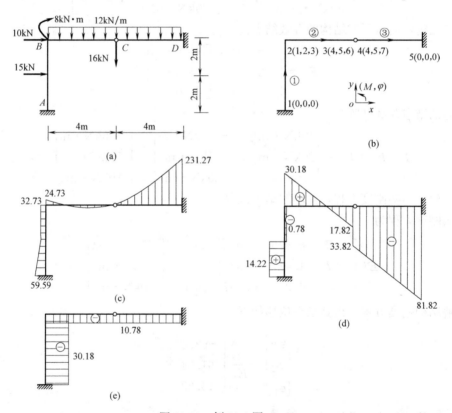

图 11-19 例 11-6 图（一）

（a）计算简图；（b）结构标识；（c）M 图（kN·m）；（d）F_S 图（kN）；（e）F_N 图（kN）

【解】 方法一：考虑轴向变形的情况。

（1）划分单元，对单元、结点及结点位移分量进行编号，建立整体坐标系和局部坐标系，如图 11-19（b）所示。

（2）单元分析

局部坐标系下的单元刚度矩阵均为：

$$\bar{k}^{①}=\bar{k}^{②}=\bar{k}^{③}=\begin{bmatrix}\dfrac{EA}{l} & 0 & 0 & -\dfrac{EA}{l} & 0 & 0 \\ 0 & \dfrac{12EI}{l^3} & \dfrac{6EI}{l^2} & 0 & -\dfrac{12EI}{l^3} & \dfrac{6EI}{l^2} \\ 0 & \dfrac{6EI}{l^2} & \dfrac{4EI}{l} & 0 & -\dfrac{6EI}{l^2} & \dfrac{2EI}{l} \\ -\dfrac{EA}{l} & 0 & 0 & \dfrac{EA}{l} & 0 & 0 \\ 0 & -\dfrac{12EI}{l^3} & -\dfrac{6EI}{l^2} & 0 & \dfrac{12EI}{l^3} & -\dfrac{6EI}{l^2} \\ 0 & \dfrac{6EI}{l^2} & \dfrac{2EI}{l} & 0 & -\dfrac{6EI}{l^2} & \dfrac{4EI}{l}\end{bmatrix}$$

$$=\frac{EI}{16}\begin{bmatrix}1 & 0 & 0 & -1 & 0 & 0 \\ 0 & 3 & 6 & 0 & -3 & 6 \\ 0 & 6 & 16 & 0 & -6 & 8 \\ -1 & 0 & 0 & 1 & 0 & 0 \\ 0 & -3 & -6 & 0 & 3 & -6 \\ 0 & 6 & 8 & 0 & -6 & 16\end{bmatrix}$$

单元②、③局部坐标系与整体坐标系相同，局部坐标系下的单元刚度矩阵等于整体坐标系下的单元刚度矩阵。

单元①的局部坐标系与整体坐标系不同，应将局部坐标系下的单元刚度矩阵转换到整体坐标系中。这里取 $\alpha=90°$，则有：

$$T^{①}=\begin{bmatrix}\cos\alpha & \sin\alpha & 0 & 0 & 0 & 0 \\ -\sin\alpha & \cos\alpha & 0 & 0 & 0 & 0 \\ 0 & 0 & 1 & 0 & 0 & 0 \\ 0 & 0 & 0 & \cos\alpha & \sin\alpha & 0 \\ 0 & 0 & 0 & -\sin\alpha & \cos\alpha & 0 \\ 0 & 0 & 0 & 0 & 0 & 1\end{bmatrix}=\begin{bmatrix}0 & 1 & 0 & 0 & 0 & 0 \\ -1 & 0 & 0 & 0 & 0 & 0 \\ 0 & 0 & 1 & 0 & 0 & 0 \\ 0 & 0 & 0 & 0 & 1 & 0 \\ 0 & 0 & 0 & -1 & 0 & 0 \\ 0 & 0 & 0 & 0 & 0 & 1\end{bmatrix}$$

$$k^{①}=T^{①\mathrm{T}}\bar{k}^{①}T^{①}=\begin{bmatrix}0 & -1 & 0 & 0 & 0 & 0 \\ 1 & 0 & 0 & 0 & 0 & 0 \\ 0 & 0 & 1 & 0 & 0 & 0 \\ 0 & 0 & 0 & 0 & -1 & 0 \\ 0 & 0 & 0 & 1 & 0 & 0 \\ 0 & 0 & 0 & 0 & 0 & 1\end{bmatrix}\times\frac{EI}{16}\begin{bmatrix}1 & 0 & 0 & -1 & 0 & 0 \\ 0 & 3 & 6 & 0 & -3 & 6 \\ 0 & 6 & 16 & 0 & -6 & 8 \\ -1 & 0 & 0 & 1 & 0 & 0 \\ 0 & -3 & -6 & 0 & 3 & -6 \\ 0 & 6 & 8 & 0 & -6 & 16\end{bmatrix}$$

$$\begin{bmatrix}0 & 1 & 0 & 0 & 0 & 0 \\ -1 & 0 & 0 & 0 & 0 & 0 \\ 0 & 0 & 1 & 0 & 0 & 0 \\ 0 & 0 & 0 & 0 & 1 & 0 \\ 0 & 0 & 0 & -1 & 0 & 0 \\ 0 & 0 & 0 & 0 & 0 & 1\end{bmatrix}=\frac{EI}{16}\begin{bmatrix}3 & 0 & -6 & 3 & 0 & -6 \\ 0 & 1 & 0 & 0 & -1 & 0 \\ -6 & 0 & 16 & 6 & 0 & 8 \\ -3 & 0 & 6 & 3 & 0 & 6 \\ 0 & -1 & 0 & 0 & 1 & 0 \\ -6 & 0 & 8 & 6 & 0 & 16\end{bmatrix}$$

（3）整体分析：用单元集成法形成整体刚度矩阵
单元定位向量分别为：

$$\boldsymbol{\lambda}^{①}=\begin{bmatrix}0\\0\\0\\1\\2\\3\end{bmatrix}\qquad \boldsymbol{\lambda}^{②}=\begin{bmatrix}1\\2\\3\\4\\5\\6\end{bmatrix}\qquad \boldsymbol{\lambda}^{③}=\begin{bmatrix}4\\5\\7\\0\\0\\0\end{bmatrix}$$

根据各单元定位向量 $\boldsymbol{\lambda}^{e}$，形成整体刚度矩阵为：

$$\boldsymbol{K}=\frac{EI}{16}\begin{bmatrix}4&0&6&-1&0&0&0\\0&4&6&0&-3&6&0\\6&6&32&0&-6&8&0\\-1&0&0&2&0&0&0\\0&-3&-6&0&6&-6&-6\\0&6&8&0&-6&16&0\\0&0&0&0&6&0&16\end{bmatrix}$$

（4）计算等效结点荷载及综合结点荷载
各单元的固端力（局部坐标系）分别为：

$$\overline{\boldsymbol{F}}^{f①}=\begin{Bmatrix}0\\7.5kN\\7.5kN\cdot m\\0\\7.5kN\\-7.5kN\cdot m\end{Bmatrix},\quad \overline{\boldsymbol{F}}^{f②}=\overline{\boldsymbol{F}}^{f③}=\begin{Bmatrix}0\\24kN\\16kN\cdot m\\0\\24kN\\-16kN\cdot m\end{Bmatrix}$$

各单元的固端力（整体坐标系）分别为：

$$\boldsymbol{F}^{f①}=\boldsymbol{T}^{①T}\overline{\boldsymbol{F}}^{f①}=\begin{pmatrix}0&-1&0&0&0&0\\1&0&0&0&0&0\\0&0&1&0&0&0\\0&0&0&0&-1&0\\0&0&0&1&0&0\\0&0&0&0&0&1\end{pmatrix}\begin{Bmatrix}0\\7.5kN\\7.5kN\cdot m\\0\\7.5kN\\-7.5kN\cdot m\end{Bmatrix}=\begin{Bmatrix}-7.5kN\\0\\7.5kN\cdot m\\-7.5kN\\0\\-7.5kN\cdot m\end{Bmatrix}$$

$$\boldsymbol{F}^{f②}=\boldsymbol{F}^{f③}=\begin{Bmatrix}0\\24kN\\16kN\cdot m\\0\\24kN\\-16kN\cdot m\end{Bmatrix}$$

各单元非结点荷载产生的等效结点荷载分别为：

$$\boldsymbol{F}_E^{①}=-\boldsymbol{F}^{f①}=\begin{Bmatrix} 7.5\text{kN} \\ 0 \\ -7.5\text{kN}\cdot\text{m} \\ 7.5\text{kN} \\ 0 \\ 7.5\text{kN}\cdot\text{m} \end{Bmatrix}, \qquad \boldsymbol{F}_E^{②}=\boldsymbol{F}_E^{③}=-\boldsymbol{F}^{f②}=-\boldsymbol{F}^{f③}=\begin{Bmatrix} 0 \\ -24\text{kN} \\ -16\text{kN}\cdot\text{m} \\ 0 \\ -24\text{kN} \\ 16\text{kN}\cdot\text{m} \end{Bmatrix}$$

根据各单元定位向量 $\boldsymbol{\lambda}^e$，形成等效结点荷载列向量为：

$$\boldsymbol{F}_E=\begin{Bmatrix} 7.5 \\ -24 \\ 7.5-16 \\ 0 \\ -24-24 \\ 16 \\ -16 \end{Bmatrix}=\begin{Bmatrix} 7.5\text{kN} \\ -24\text{kN} \\ -8.5\text{kN}\cdot\text{m} \\ 0 \\ -48\text{kN} \\ 16\text{kN}\cdot\text{m} \\ -16\text{kN}\cdot\text{m} \end{Bmatrix}$$

综合结点荷载为：

$$\boldsymbol{F}=\boldsymbol{F}_E+\boldsymbol{F}_D=\begin{Bmatrix} (7.5+10)\text{kN} \\ -24\text{kN} \\ (-8.5-8)\text{kN}\cdot\text{m} \\ 0 \\ (-48-16)\text{kN} \\ 16\text{kN}\cdot\text{m} \\ -16\text{kN}\cdot\text{m} \end{Bmatrix}=\begin{Bmatrix} 17.5\text{kN} \\ -24\text{kN} \\ -16.5\text{kN}\cdot\text{m} \\ 0 \\ -64\text{kN} \\ 16\text{kN}\cdot\text{m} \\ -16\text{kN}\cdot\text{m} \end{Bmatrix}$$

（5）建立结构刚度方程，并求得结点位移

结构刚度方程为：

$$\frac{EI}{16}\begin{pmatrix} 4 & 0 & 6 & -1 & 0 & 0 & 0 \\ 0 & 4 & 6 & 0 & -3 & 6 & 0 \\ 6 & 6 & 32 & 0 & -6 & 8 & 0 \\ -1 & 0 & 0 & 2 & 0 & 0 & 0 \\ 0 & -3 & -6 & 0 & 6 & -6 & -6 \\ 0 & 6 & 8 & 0 & -6 & 16 & 0 \\ 0 & 0 & 0 & 0 & 6 & 0 & 16 \end{pmatrix}\begin{Bmatrix} u_B \\ v_B \\ \varphi_B \\ u_C \\ v_C \\ \varphi_C \\ \varphi_{C'} \end{Bmatrix}=\begin{Bmatrix} 17.5\text{kN} \\ -24\text{kN} \\ -16.5\text{kN}\cdot\text{m} \\ 0 \\ -64\text{kN} \\ 16\text{kN}\cdot\text{m} \\ -16\text{kN}\cdot\text{m} \end{Bmatrix}$$

解刚度方程，求得结点位移为：

$$\begin{Bmatrix} u_B \\ v_B \\ \varphi_B \\ u_C \\ v_C \\ \varphi_C \\ \varphi_{C'} \end{Bmatrix}=\frac{1}{EI}\begin{Bmatrix} 345.11 \\ -482.93 \\ -154.65 \\ 172.56 \\ -1105.43 \\ -140.11 \\ 398.54 \end{Bmatrix}$$

（6）求杆端内力

$$\boldsymbol{\overline{F}}^{①}=\boldsymbol{T}^{①}\boldsymbol{F}^{①}+\boldsymbol{\overline{F}}^{f①}=\boldsymbol{T}^{①}\boldsymbol{k}^{①}\boldsymbol{\Delta}^{①}+\boldsymbol{\overline{F}}^{f①}=\begin{pmatrix} 0 & 1 & 0 & 0 & 0 & 0 \\ -1 & 0 & 0 & 0 & 0 & 0 \\ 0 & 0 & 1 & 0 & 0 & 0 \\ 0 & 0 & 0 & 0 & 1 & 0 \\ 0 & 0 & 0 & -1 & 0 & 0 \\ 0 & 0 & 0 & 0 & 0 & 1 \end{pmatrix}\times$$

$$\frac{EI}{16}\begin{pmatrix} 3 & 0 & -6 & -3 & 0 & -6 \\ 0 & 1 & 0 & 0 & -1 & 0 \\ -6 & 0 & 16 & 6 & 0 & 8 \\ -3 & 0 & 6 & 3 & 0 & 6 \\ 0 & -1 & 0 & 0 & 1 & 0 \\ -6 & 0 & 8 & 6 & 0 & 16 \end{pmatrix}\times$$

$$\frac{1}{EI}\begin{pmatrix} 0 \\ 0 \\ 0 \\ 345.11 \\ -482.93 \\ -154.65 \end{pmatrix}+\begin{pmatrix} 0 \\ 7.5\text{kN} \\ 7.5\text{kN}\cdot\text{m} \\ 0 \\ 7.5\text{kN} \\ -7.5\text{kN}\cdot\text{m} \end{pmatrix}=\begin{pmatrix} 30.18\text{kN} \\ 14.22\text{kN} \\ 59.59\text{kN}\cdot\text{m} \\ -30.18\text{kN} \\ 0.78\text{kN} \\ -32.73\text{kN}\cdot\text{m} \end{pmatrix}$$

$$\boldsymbol{\overline{F}}^{②}=\boldsymbol{F}^{②}=\boldsymbol{k}^{②}\boldsymbol{\Delta}^{②}+\boldsymbol{\overline{F}}^{f②}=\frac{EI}{16}\begin{pmatrix} 1 & 0 & 0 & -1 & 0 & 0 \\ 0 & 3 & 6 & 0 & -3 & 6 \\ 0 & 6 & 16 & 0 & -6 & 8 \\ -1 & 0 & 0 & 1 & 0 & 0 \\ 0 & -3 & -6 & 0 & 3 & -6 \\ 0 & 6 & 8 & 0 & -6 & 16 \end{pmatrix}\times$$

$$\frac{1}{EI}\begin{pmatrix} 345.11 \\ -482.93 \\ -154.65 \\ 172.56 \\ -1105.43 \\ -140.11 \end{pmatrix}+\begin{pmatrix} 0 \\ 24\text{kN} \\ 16\text{kN}\cdot\text{m} \\ 0 \\ 24\text{kN} \\ -16\text{kN}\cdot\text{m} \end{pmatrix}=\begin{pmatrix} 10.78\text{kN} \\ 30.18\text{kN} \\ 24.73\text{kN}\cdot\text{m} \\ -10.78\text{kN} \\ 17.82\text{kN} \\ 0 \end{pmatrix}$$

$$\boldsymbol{\overline{F}}^{③}=\boldsymbol{F}^{③}=\boldsymbol{k}^{③}\boldsymbol{\Delta}^{③}+\boldsymbol{\overline{F}}^{f③}=\frac{EI}{16}\begin{pmatrix} 1 & 0 & 0 & -1 & 0 & 0 \\ 0 & 3 & 6 & 0 & -3 & 6 \\ 0 & 6 & 16 & 0 & -6 & 8 \\ -1 & 0 & 0 & 1 & 0 & 0 \\ 0 & -3 & -6 & 0 & 3 & -6 \\ 0 & 6 & 8 & 0 & -6 & 16 \end{pmatrix}\times$$

$$\frac{1}{EI}\begin{pmatrix} 172.56 \\ -1105.43 \\ 398.54 \\ 0 \\ 0 \\ 0 \end{pmatrix} + \begin{pmatrix} 0 \\ 24kN \\ 16kN \cdot m \\ 0 \\ 24kN \\ -16kN \cdot m \end{pmatrix} = \begin{pmatrix} 10.78kN \\ -33.82kN \\ 0 \\ -10.78kN \\ 81.82kN \\ -231.27kN \cdot m \end{pmatrix}$$

根据杆端内力作内力图，分别如图 11-19（c）、（d）、（e）所示。

方法二：不考虑轴向变形的情况

（1）整体坐标系、局部坐标系及结点位移分量的统一编码如图 11-20（a）所示。

（2）单元分析

在不考虑轴向变形的情况下，单元刚度矩阵的计算与考虑单元轴向变形时一致。

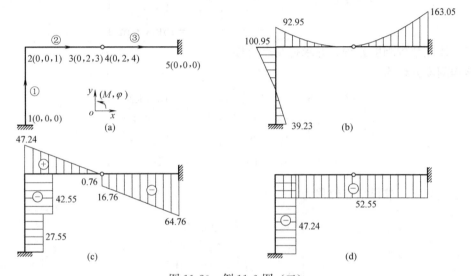

图 11-20　例 11-6 图（二）

（a）结构标识；（b）M 图（kN·m）；（c）F_S 图（kN）；（d）F_N 图（kN）

（3）整体分析

在不考虑轴向变形时，单元定位向量分别为：

$$\boldsymbol{\lambda}^{①} = \begin{bmatrix} 0 \\ 0 \\ 0 \\ 0 \\ 0 \\ 1 \end{bmatrix} \quad \boldsymbol{\lambda}^{②} = \begin{bmatrix} 0 \\ 0 \\ 1 \\ 0 \\ 2 \\ 3 \end{bmatrix} \quad \boldsymbol{\lambda}^{③} = \begin{bmatrix} 0 \\ 2 \\ 4 \\ 0 \\ 0 \\ 0 \end{bmatrix}$$

根据各单元定位向量 $\boldsymbol{\lambda}^e$，形成整体刚度矩阵为：

$$\boldsymbol{K} = \frac{EI}{16}\begin{bmatrix} 32 & -6 & 8 & 0 \\ -6 & 6 & -6 & 6 \\ 8 & -6 & 16 & 0 \\ 0 & 6 & 0 & 16 \end{bmatrix}$$

（4）计算等效结点荷载及综合结点荷载

在不考虑轴向变形的情况下，各单元非结点荷载产生的等效结点荷载同方法一。根据各单元定位向量 $\boldsymbol{\lambda}^e$，形成等效结点荷载列向量为：

$$\boldsymbol{F}_{\mathrm{E}}=\begin{pmatrix}7.5-16\\-24-24\\16\\-16\end{pmatrix}=\begin{pmatrix}-8.5\mathrm{kN}\cdot\mathrm{m}\\-48\mathrm{kN}\\16\mathrm{kN}\cdot\mathrm{m}\\-16\mathrm{kN}\cdot\mathrm{m}\end{pmatrix}$$

综合结点荷载为：

$$\boldsymbol{F}=\boldsymbol{F}_{\mathrm{E}}+\boldsymbol{F}_{\mathrm{D}}=\begin{pmatrix}-8.5-8\\-48-16\\16\\-16\end{pmatrix}=\begin{pmatrix}-16.5\mathrm{kN}\cdot\mathrm{m}\\-64\mathrm{kN}\\16\mathrm{kN}\cdot\mathrm{m}\\-16\mathrm{kN}\cdot\mathrm{m}\end{pmatrix}$$

（5）建立结构刚度方程，并求得结点位移

结构刚度方程为：

$$\frac{EI}{16}\begin{pmatrix}32&-6&8&0\\-6&6&-6&6\\8&-6&16&0\\0&6&0&16\end{pmatrix}\begin{pmatrix}\varphi_{\mathrm{B}}\\v_{\mathrm{C}}\\\varphi_{\mathrm{C}}\\\varphi_{\mathrm{C'}}\end{pmatrix}=\begin{pmatrix}-16.5\mathrm{kN}\cdot\mathrm{m}\\-64\mathrm{kN}\\16\mathrm{kN}\cdot\mathrm{m}\\-16\mathrm{kN}\cdot\mathrm{m}\end{pmatrix}$$

解刚度方程，求得结点位移为：

$$\begin{pmatrix}\varphi_{\mathrm{B}}\\v_{\mathrm{C}}\\\varphi_{\mathrm{C}}\\\varphi_{\mathrm{C'}}\end{pmatrix}=\frac{1}{EI}\begin{pmatrix}-93.45\\-741.58\\-215.36\\262.09\end{pmatrix}$$

（6）求杆端内力

$$\overline{\boldsymbol{F}}^{①}=\boldsymbol{T}^{①}\boldsymbol{F}^{①}+\overline{\boldsymbol{F}}^{\mathrm{f}①}=\boldsymbol{T}^{①}\boldsymbol{k}^{①}\boldsymbol{\Delta}^{①}+\overline{\boldsymbol{F}}^{\mathrm{f}①}=\begin{pmatrix}0&1&0&0&0&0\\-1&0&0&0&0&0\\0&0&1&0&0&0\\0&0&0&0&1&0\\0&0&0&-1&0&0\\0&0&0&0&0&1\end{pmatrix}\times$$

$$\frac{EI}{16}\begin{pmatrix}3&0&-6&-3&0&-6\\0&1&0&0&-1&0\\-6&0&16&6&0&8\\-3&0&6&3&0&6\\0&-1&0&0&1&0\\-6&0&8&6&0&16\end{pmatrix}\times\frac{1}{EI}\begin{pmatrix}0\\0\\0\\0\\0\\-93.45\end{pmatrix}+\begin{pmatrix}0\\7.5\\7.5\\0\\7.5\\-7.5\end{pmatrix}=\begin{pmatrix}0\\-27.55\mathrm{kN}\\-39.23\mathrm{kN}\cdot\mathrm{m}\\0\\42.55\mathrm{kN}\\-100.95\mathrm{kN}\cdot\mathrm{m}\end{pmatrix}$$

44

$$\overline{\boldsymbol{F}}^{②}=\boldsymbol{F}^{②}=\boldsymbol{k}^{②}\boldsymbol{\varDelta}^{②}+\overline{\boldsymbol{F}}^{f②}=\frac{EI}{16}=\begin{pmatrix} 1 & 0 & 0 & -1 & 0 & 0 \\ 0 & 3 & 6 & 0 & -3 & 6 \\ 0 & 6 & 16 & 0 & -6 & 8 \\ -1 & 0 & 0 & 1 & 0 & 0 \\ 0 & -3 & -6 & 0 & 3 & -6 \\ 0 & 6 & 8 & 0 & -6 & 16 \end{pmatrix} \times$$

$$\frac{1}{EI}\begin{Bmatrix} 0 \\ 0 \\ -93.45 \\ 0 \\ -741.58 \\ -215.36 \end{Bmatrix} + \begin{Bmatrix} 0 \\ 24 \\ 16 \\ 0 \\ 24 \\ -16 \end{Bmatrix} = \begin{Bmatrix} 0 \\ 47.24\text{kN} \\ 92.95\text{kN}\cdot\text{m} \\ 0 \\ 0.76\text{kN} \\ 0 \end{Bmatrix}$$

$$\overline{\boldsymbol{F}}^{③}=\boldsymbol{F}^{③}=\boldsymbol{k}^{③}\boldsymbol{\varDelta}^{③}+\overline{\boldsymbol{F}}^{f③}=\frac{EI}{16}=\begin{pmatrix} 1 & 0 & 0 & -1 & 0 & 0 \\ 0 & 3 & 6 & 0 & -3 & 6 \\ 0 & 6 & 16 & 0 & -6 & 8 \\ -1 & 0 & 0 & 1 & 0 & 0 \\ 0 & -3 & -6 & 0 & 3 & -6 \\ 0 & 6 & 8 & 0 & -6 & 16 \end{pmatrix} \times$$

$$\frac{1}{EI}\begin{Bmatrix} 0 \\ -741.58 \\ 262.09 \\ 0 \\ 0 \\ 0 \end{Bmatrix} + \begin{Bmatrix} 0 \\ 24 \\ 16 \\ 0 \\ 24 \\ -16 \end{Bmatrix} = \begin{Bmatrix} 0 \\ -16.76\text{kN} \\ 0 \\ 0 \\ 64.76\text{kN} \\ -163.05\text{kN}\cdot\text{m} \end{Bmatrix}$$

由于忽略了各单元的轴向变形，由矩阵位移法求出各杆的杆端轴力均为零，而杆端轴力可以根据结点的平衡条件确定。根据杆端内力作内力图，分别如图 11-20 (b)、(c)、(d) 所示。

第十二章 结构的极限荷载

本章主要讨论结构中应力超过材料弹性极限 σ_s 以后结构的极限承载能力（极限荷载）的问题，它是结构塑性分析的重要内容。先介绍了极限弯矩、塑性铰及极限状态等基本概念，然后基于比例加载时有关极限荷载的几个定理，重点讨论了单跨梁、连续梁和刚架结构的极限荷载求解方法。

第一节 概 述

码 12-1 弹性分析
与塑性分析方法

前面各章主要讨论了结构的线弹性计算问题，即在计算中均假设材料服从胡克定律，应力与应变、荷载与结构位移的关系为理想线性关系，并认为当荷载全部卸除后结构仍能恢复原有的状态，没有残余变形。因此，在进行结构的内力和位移分析时，可以采用叠加法，将结构实际受力和位移状态分解为多个简单的力和位移状态的和，从而简化计算。据此，可以求得结构在弹性工作状态下各杆件内力，进而算出各杆件截面上的应力，这就是所谓的弹性分析方法。

在结构设计的早期阶段，将结构中最大应力达到材料的极限应力作为结构达到承载极限状态的标志，一般采用容许应力法进行构件和结构的安全性判断，即：结构构件的最大应力不超过材料的容许应力，其强度条件可表达为：

$$\sigma_{max} \leqslant [\sigma] = \frac{\sigma_u}{k} \tag{12-1}$$

式中　σ_{max}——结构的实际最大应力；

　　$[\sigma]$——材料的容许应力；

　　σ_u——材料的极限应力：对脆性材料（如铸铁等）为其强度极限 σ_b，对塑性材料（如软钢等）则为其屈服极限 σ_s；

　　k——安全系数。

容许应力法把结构当作理想的弹性体进行分析，由于概念明确、计算简单，至今在公路、铁路工程设计中仍广泛应用。

结构的弹性设计实际上是以个别截面上的局部应力来衡量整个结构的承载能力，是不够经济也不合理的。对于由弹塑性材料制成的结构，尤其是超静定结构，当个别截面的最大应力达到极限应力，甚至某一局部进入塑性状态时，结构一般并不会发生破坏，还能承受更大的荷载而进入塑性阶段继续工作。而弹性设计不考虑最大应力超过极限应力后结构的剩余承载能力，容易导致对结构承载力的预计过于保守，或者在进行结构设计中采用过大的构件截面而造成不经济。

如图 12-1（a）所示为简支梁在横向荷载下按弹性分析方法求得的 M 图，根据平截面假设，截面上正应力呈线性分布。当荷载增大至一定值时，C 截面最外边缘的应力将首先达到屈服极限σ_s（图 12-1b），但此时该截面其他部位的正应力仍小于σ_s，所以该结构还可以继续承受更大的荷载。直至C截面上的应力全部达到屈服极限σ_s（图 12-1c）时，截面C将丧失抵抗两侧截面发生相对转动的约束作用，即截面C相当于铰结点（称为塑性铰，承担的力矩称为截面极限弯矩M_u），此时结构转化为机构而破坏（图 12-1d）。

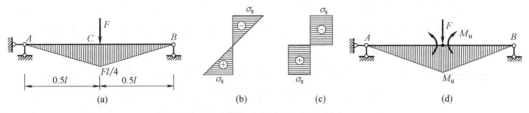

图 12-1　结构受力发展过程示例 1

(a) M 图（弹性状态）；(b) 截面弹性极限状态；(c) 全截面塑性状态；(d) 破坏机构形式

如图 12-2（a）所示连续梁，按弹性分析方法求得的M图如图 12-2（b）所示。随着荷载的逐渐增加，D截面上的应力首先全部达到屈服极限σ_s，截面D处出现第一个塑性铰（图 12-2c），但此时体系仍为几何不变的，能继续承受更大的荷载，直至截面B上的应力也全部达到屈服极限后失去抗转约束能力，结构才转化为机构而破坏（图 12-2d）。

由以上分析可知，不同的结构在最大应力达到屈服极限后的实际强度储备能力是不同的，而容许应力法采用一个单一的安全系数，不能反映实际结构的这种强度储备的差异。

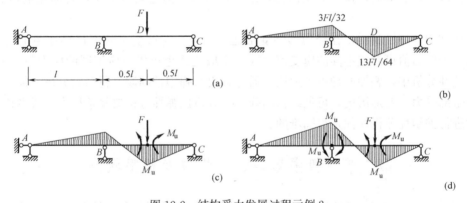

图 12-2　结构受力发展过程示例 2

(a) 连续梁；(b) M 图（弹性状态）；(c) 出现一个塑性铰；(d) 破坏机构形式

因此，为了克服容许应力法的上述缺点，塑性设计方法被逐步建立和发展起来。该方法以结构进入塑性阶段并最后丧失承载力时的极限状态作为结构破坏的标志，该极限状态对应的荷载称为结构（或构件）的极限荷载，然后将极限荷载除以安全系数得出结构的容许荷载，并以此为依据进行设计。其强度条件可表示为：

$$F \leqslant \frac{F_u}{K} \tag{12-2}$$

式中　F——设计荷载值；

　　　F_u——极限荷载；

　　　K——结构的整体安全系数。

与容许应力法相比，按极限荷载的方法设计结构将更为经济合理。而且，塑性设计法

中安全系数 K 是从整个结构所能承受的荷载来考虑的，故能反映整体结构的强度储备。但是塑性设计方法也有其局限性，它只能反映结构破坏时的状态，而不能反映结构由弹性阶段到塑性阶段再到极限状态的具体破坏过程，而且在给定安全系数 K 后，结构在实际荷载作用下处于什么样的工作状态也无法确定。

一般情况下，结构在设计荷载作用下，大多数处于弹性阶段，因此弹性分析方法对于研究结构的实际工作状态及其性能仍是很重要的。因此，在结构设计中，塑性分析计算与弹性计算是相辅相成的。

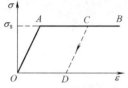

图 12-3　理想弹塑性材料的应力-应变关系

在结构的塑性分析中，为了使所建立的理论简便实用，材料通常采用如图 12-3 所示的理想弹塑性应力-应变模型，即：应力达到屈服极限 σ_s 以前，材料是理想弹性的，应力与应变成正比（图中 OA 段）；应力达到 σ_s 后，材料转变为理想塑性，应力保持不变，而应变可以任意增加，如图 12-3 中 AB 段所示。材料受拉和受压的性能相同。当材料到达塑性阶段的某点 C 时卸载，则应力和应变将沿着与 OA 平行的直线 CD 下降，应力降至零时，尚有残余应变 OD。也就是说，加载时应力增加，材料是弹塑性的；卸载时应力减小，材料是弹性的。

一般的建筑用钢具有相当长的屈服阶段，实际的钢结构在加载后其应变通常不至于超过这一阶段，故采用这种简化的应力-应变关系是适宜的。对钢筋混凝土受弯构件，在混凝土受拉区出现裂缝后，拉力完全由钢筋承受，所以一般也可以采用这种简化的应力-应变模型。

上述理想弹塑性材料，在经历塑性变形之后，应力与应变之间不再存在单值对应关系，同一个应力值可对应不同的应变值，同一个应变值也可以对应不同的应力值。因此，在结构塑性分析中，叠加原理不再适用。另外，要对弹塑性问题进行精确分析，需要追踪结构的全部受力、变形历史，可见结构的弹塑性分析比弹性分析要复杂得多，或者说对实际结构进行弹塑性分析往往是很困难的。

第二节　极限弯矩、塑性铰及极限状态

码 12-2　截面弹塑性发展过程

本节先以纯弯曲梁为例，介绍结构的弹塑性受力发展过程及相应的分析方法，以及受弯杆件的极限弯矩、塑性铰等基本概念；并讨论了结构的极限状态及极限荷载。

如图 12-4（a）、（b）所示为理想弹塑性材料的矩形截面梁处于纯弯曲状态，截面尺寸 $b \times h$。随着荷载的逐渐增加，该梁经历由弹性阶段到弹塑性阶段，最后达到塑性阶段的过程，梁截面在各个阶段的应力分布分别如图 12-4（c）～（f）所示。在上述各阶段，认为梁在弯曲变形时的平截面假设仍成立。

1. 弹性阶段

在加载初期，整个截面上的正应力均小于屈服极限 σ_s，并沿截面高度呈直线分布，如图 12-4（c）所示，任一点的应力可表示为：

$$\sigma = My / I \tag{12-3a}$$

式中　I——截面惯性矩；

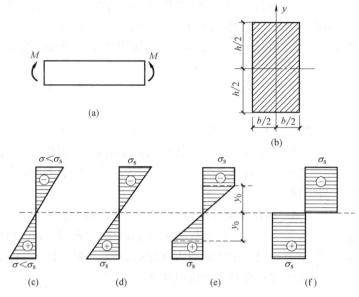

图 12-4　矩形截面上应力发展过程

（a）纯弯曲梁；（b）矩形截面；（c）弹性阶段；（d）弹性极限状态；（e）弹塑性阶段；（f）塑性流动阶段

y——任一点到中性轴的距离。

在弹性阶段的终点（图 12-4d），截面最外边缘（$y=\pm 0.5h$）的正应力首先达到屈服应力 σ_s，称为弹性极限状态。此时，截面弯矩称为屈服弯矩（弹性极限弯矩），用 M_e 表示，由式（12-3a）可计算得到：

$$M_e = \sigma_s \times \frac{bh^3}{12} \times \frac{1}{h/2} = \frac{bh^2}{6} \sigma_s = W_e \sigma_s \tag{12-3b}$$

式中，W_e 为截面弹性弯曲系数。

2. 弹塑性阶段（图 12-4e）

当 M 超过屈服弯矩 M_e 时，随着荷载的继续增加，梁截面由外向内将有更多区域的应力相继达到屈服应力 σ_s 而形成塑性区。塑性区内应力达到 σ_s 后保持不变，而靠近中性轴的部位（$|y| < y_0$）仍处于弹性阶段，此时整个截面处于弹塑性阶段。

截面上处于弹性状态的区域称为弹性核，其应力仍为线性分布，并有：

$$\sigma = \sigma_s y / y_0 \tag{12-4}$$

对于给定的 M 值，由截面的平衡条件可确定弹性核的高度 y_0。

3. 塑性流动阶段（图 12-4f）

在弹塑性阶段，随着 M 的继续增加，弹性核高度逐渐减小，塑性区域将由外向里逐渐扩展，最后扩展至整个截面（$y_0 \rightarrow 0$），即整个截面应力都达到屈服极限 σ_s，截面上的正应力分布图形为两个矩形。此时，截面弯矩达到该截面所能承受弯矩的最大值，称为该截面的极限弯矩，用 M_u 表示，通过对中性轴取矩可求出：

$$M_u = 2 \times \frac{bh}{2} \sigma_s \times \frac{1}{2} \times \frac{h}{2} = \frac{bh^2}{4} \sigma_s = W_u \sigma_s \tag{12-5}$$

式中，W_u 为塑性截面系数。

当截面达到完全塑性阶段时，截面承受的弯矩不能再增大，但弯曲变形可任意增加（实际上对于具体的结构来说是有限的，因为材料的极限应变值是有限的，但此时的弯曲变形已不再是小变形了），这相当于在该截面附近区域出现了一个铰，这样的截面称为塑性铰。

塑性铰与普通铰的共同之处是铰两侧的截面都可以产生有限的相对转动，但要注意它们间的两个重要区别：

（1）普通铰不能承受弯矩作用，而塑性铰两侧必作用有等于极限弯矩 M_u 的弯矩；

（2）塑性铰是单向铰，它只能沿着弯矩增大的方向自由产生相对转角；但普通铰为双向铰，它可以围绕着铰的两个方向自由产生相对转角。

码 12-3　极限弯矩、
塑性铰及破坏机构

4. 具有一根对称轴的任意截面的极限弯矩

对于具有一根对称轴的任意截面（图 12-5a），弹性阶段的应力分布为直线，中性轴即为截面形心轴，如图 12-5（b）、（c）所示分别为弹性状态及弹性极限状态。

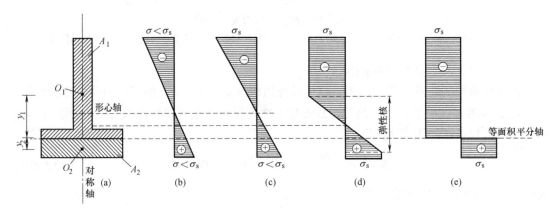

图 12-5　具有一根对称轴的任意截面上应力发展过程

(a) 一般截面形式；(b) 弹性阶段；(c) 弹性极限状态；(d) 弹塑性阶段；(e) 完全塑性阶段

在弹塑性阶段（图 12-5d），中性轴的位置将随着弯矩的逐渐增大而不断移动。对于给定的弯矩值，由截面的平衡条件可确定中性轴的位置及弹性核的高度。

在塑性流动阶段，截面受拉区和受压区的应力均为屈服极限 σ_s（图 12-5e），据此由平衡条件可确定截面极限弯矩 M_u。假设受压区和受拉区的截面面积分别为 A_1、A_2，根据截面法线方向的受力平衡有：

$$\sigma_s A_1 - \sigma_s A_2 = 0$$

因此有：

$$A_1 = A_2$$

这表明，当截面进入塑性流动阶段时，中性轴为等面积平分轴（将截面面积分为相等的两部分）。根据中性轴的力矩平衡条件可计算极限弯矩为：

$$M_u = \sigma_s A_1 \times y_1 + \sigma_s A_2 \times y_2 = \sigma_s (A_1 y_1 + A_2 y_2) = \sigma_s (S_1 + S_2) = \sigma_s W_u \quad (12\text{-}6)$$

式中　y_1、y_2——分别为面积 A_1、A_2 的形心到中性轴的距离；

　　　S_1、S_2——分别为面积 A_1、A_2 对中性轴的静矩；

$W_u = S_1 + S_2$ ——塑性截面系数。

截面极限弯矩 M_u 和屈服弯矩 M_e 的比值称为截面形状系数 α，即：

$$\alpha = \frac{M_u}{M_e} = \frac{W_u}{W_e} \tag{12-7}$$

α 与截面形状有关：对矩形截面 $\alpha = 1.5$，对圆形截面 $\alpha = \frac{16}{3\pi} \approx 1.7$，对工字形截面 $\alpha = 1.10 \sim 1.17$。由此可见，按塑性分析进行设计可以提高结构的承载能力，或者说在承载能力不变的情况下可以节约材料。

5. 极限状态与极限荷载

当梁承受横向荷载产生弯曲时，由于剪力对梁的承载能力影响很小，可以忽略不计，因此前面在讨论纯弯曲时得出的关于屈服弯矩、极限弯矩的结论在横向弯曲中仍可采用。

如图 12-6 （a）所示矩形等截面简支梁，随着荷载的逐渐增加，跨中截面的最外侧纤维首先达到屈服极限 σ_s，弹性阶段便告终结，此时承受的荷载称为弹性极限荷载 F_e。由平衡条件可得：$F_e = 4M_e/l$。

当荷载超过 F_e 时，在梁跨中即形成塑性区，并随着荷载的增大而逐渐扩大。最后，梁跨中截面处弯矩首先达到极限弯矩 M_u 而形成塑性铰，此时静定梁即成为几何可变体系（破坏机构）而破坏，如图 12-6 （b）所示，这种状态称为极限状态。结构在极限状态时所能承受的荷载称为极限荷载，记为 F_u。以结构进入塑性阶段并最终丧失承载能力时的极限状态作为结构破坏的标志，即为塑性分析方法，也称为极限状态分析方法。

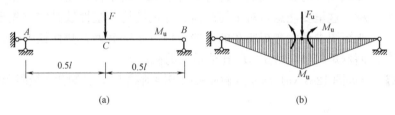

图 12-6　极限状态与极限荷载
（a）计算简图；（b）极限状态 M 图

【例 12-1】　求如图 12-7 所示截面的屈服弯矩 M_e 及极限弯矩 M_u，已知材料的屈服极限 $\sigma_s = 345$MPa。

【解】　（1）计算屈服弯矩 M_e

计算截面形心轴的位置 y_1：

$$y_1 = \frac{240 \times 60 \times 30 + 300 \times 60 \times (150 + 60)}{240 \times 60 + 300 \times 60} = 130\text{mm}$$

截面惯性矩为：

$$I = \frac{240 \times 60^3}{12} + 240 \times 60 \times (130 - 30)^2 + \frac{60 \times 300^3}{12} + 60 \times$$

$$300 \times (210 - 130)^2$$

$$= 3.99 \times 10^8 \text{mm}^4$$

由弹性阶段截面应力分布情况（式 12-3a）可得：

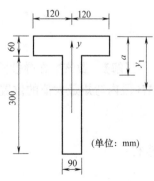

图 12-7　例 12-1 图

$$M_e = \frac{I}{|y|_{max}}\sigma_s = \frac{3.99\times10^8}{360-130}\times345 = 5.985\times10^8 \text{N}\cdot\text{mm} = 598.5\text{kN}\cdot\text{m}$$

（2）计算极限弯矩 M_u

计算截面等面积平分轴（塑性流动阶段的中性轴）的位置 a：

$$240\times60+60\times(a-60) = 60\times(360-a) \Rightarrow a = 90\text{mm}$$

拉、压区截面面积对中性轴的面积矩分别为：

$$S_1 = 60\times(360-90)\times\frac{360-90}{2} = 2.187\times10^6 \text{mm}^3$$

$$S_2 = 240\times60\times(90-30)+30\times60\times\frac{30}{2} = 0.891\times10^6 \text{mm}^3$$

由式（12-6）可得：

$$M_u = (S_1+S_2)\sigma_s = (2.187+0.891)\times10^6\times345$$
$$= 1061.91\times10^6 \text{N}\cdot\text{mm} = 1061.91\text{kN}\cdot\text{m}$$

第三节　静定结构的极限荷载

码 12-4　静定结构的极限荷载

静定结构没有多余约束，当某一个截面的弯矩达到极限弯矩 M_u 而形成塑性铰后，即由于约束不足而成为破坏机构，到达极限状态。根据极限状态时塑性铰截面的弯矩等于 M_u 的条件，便可求得相应的极限荷载。这里要注意，对于等截面的静定结构，塑性铰必定首先出现在弹性弯矩图中最大弯矩所在的位置；但对于变截面，塑性铰的位置出现在截面弯矩与极限弯矩 M_u 比值最大的截面处。

【例 12-2】　求如图 12-8（a）所示等截面梁的极限荷载 F_u，已知截面极限弯矩为 M_u。

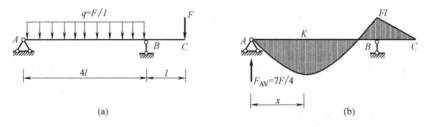

(a)　(b)

图 12-8　例 12-2 图

（a）计算简图；（b）弹性状态 M 图

【解】　做该梁在弹性阶段的 M 图，如图 12-8（b）所示，支座反力 $F_{AV} = 7F/4$。设 AB 段内弯矩最大值的位置 K 距离支座 A 为 x，由 $F_{SK}=0$ 有：

$$F_{SK} = F_{AV} - qx = \frac{7}{4}F - \frac{F}{l}x = 0$$

求得：

$$x = \frac{7}{4}l$$

截面 K 的弯矩即为 AB 段内的最大弯矩，由截面法有：

$$M_K = \frac{7}{4}F \times \frac{7}{4}l - \frac{1}{2} \times \frac{F}{l}\left(\frac{7}{4}l\right)^2 = \frac{49}{32}Fl$$

由于 $|M_K| > |M_B|$，因此 M_K 最先达到极限弯矩（截面 K 处首先出现塑性铰），即令：

$$M_K = \frac{49}{32}F_u l = M_u$$

求得极限荷载为：

$$F_u = \frac{32M_u}{49l}$$

【例 12-3】 求如图 12-9（a）所示变截面梁的极限荷载 F_u，已知 M_u 为常数。

【解】 图 12-9（a）所示梁的弹性弯矩图如图 12-9（b）所示。该梁的塑性铰不一定出现在弯矩最大处，而应该出现在 $|M/M_u|_{max}$ 处，即跨中截面 C 与变截面 D 处都有可能首先出现塑性铰。

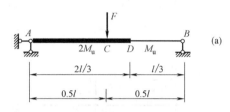

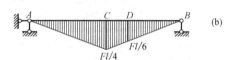

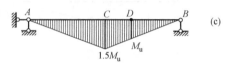

图 12-9 例 12-3 图

(a) 计算简图；(b) 弹性状态 M 图；
(c) 极限状态 M 图

对跨中截面 C：

$$\left|\frac{M}{M_u}\right|_C = \left|\frac{Fl/4}{2M_u}\right| = \frac{1}{8}\left|\frac{Fl}{M_u}\right|$$

对变截面 D：

$$\left|\frac{M}{M_u}\right|_D = \left|\frac{Fl/6}{M_u}\right| = \frac{1}{6}\left|\frac{Fl}{M_u}\right|$$

由于

$$\left|\frac{M}{M_u}\right|_D > \left|\frac{M}{M_u}\right|_C$$

因此，该梁的塑性铰应该首先出现在变截面 D 处。令该处弯矩等于极限弯矩，即有：

$$\frac{Fl}{6} = M_u$$

从而可以求出其极限荷载为：

$$F_u = \frac{6M_u}{l}$$

极限状态时的弯矩图如图 12-9（c）所示。

第四节 计算极限荷载的静力法和机动法

超静定结构由于具有多余约束，当出现一个塑性铰时，结构仍是几何不变的，并不会因为塑性铰处发生较大的转角而导致结构破坏，而是还能承受更大的荷载。只有当更多的塑性铰出现而使结构变成几何可变体系（包括几何瞬变体系）即成为破坏机构时，才会最终丧失承载能力。

码 12-5 计算极限荷载的静力法和机动法

只要确定了结构最后的破坏机构形式，与其相应的极限荷载便可由极限状态的平衡条件或虚功原理来求解，这分别称为静力法（极限平衡法）和机动法。

下面结合如图 12-10（a）所示单跨超静定梁详细说明这两种求解方法，已知截面极限弯矩为 M_u。

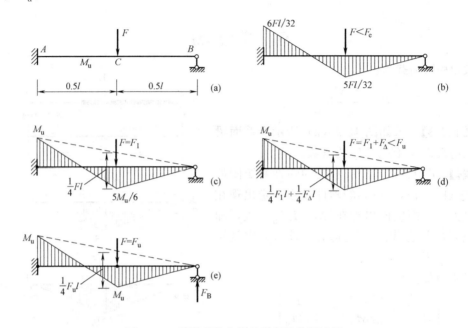

图 12-10　单跨超静定梁的弹塑性发展过程
（a）计算简图；（b）弹性阶段 M 图；（c）出现一个塑性铰时 M 图；
（d）出现一个塑性铰后继续加载时 M 图；（e）极限状态 M 图

该梁从开始受力到形成破坏机构可以分为以下 4 个阶段：

（1）弹性阶段（图 12-10b）

此时施加的荷载小于弹性极限荷载（$F<F_\mathrm{e}$），其弯矩图可以按照解超静定结构的方法（如力法）求得，其中截面 A 处弯矩最大。由其弯矩图的形状可判断：该梁的塑性铰必然先后出现在截面 A、C 这两个位置。

（2）出现第一个塑性铰（图 12-10c）

当荷载增大到一定值（$F=F_1$）时，塑性铰首先在固定端 A 处出现，其弯矩值等于极限弯矩 M_u。此时，梁成为在 A 端作用有已知弯矩 M_u，并在跨中作用有集中荷载 F_1 的简支梁，因而问题已转化为静定结构，其弯矩图可根据平衡条件确定，并有：

$$F_1=\frac{16M_\mathrm{u}}{3l}$$

但此时梁并未破坏，它仍是几何不变的，承载能力尚未达到极限值。

（3）出现第一个塑性铰后继续加载（图 12-10d）

随着荷载继续增加（$F=F_1+F_\Delta<F_\mathrm{u}$），由于 A 端保持有不变的弯矩 M_u，所增加的荷载 F_Δ 将由相应的简支梁来承受。因此，此时的弯矩图等于在如图 12-10（c）所示弯矩图的基础上叠加相应简支梁跨中作用 F_Δ 时的弯矩图。

（4）塑性极限状态（图 12-10e）

若荷载继续增大，A 端弯矩仍将保持不变，最后跨中截面 C 的弯矩也达到极限值 M_u，从而在该截面也形成塑性铰。此时，梁成为几何可变的破坏机构，也就是达到了其极限状态。

以上分析了结构实际受力的弹塑性发展过程。其实，极限荷载完全可以直接根据最后的极限状态建立静力平衡方程来求解。

在图 12-10（e）中，由 $M_C = M_u$（下侧受拉）可求出支座 B 的反力：$F_B = \dfrac{2M_u}{l}$（↑）。由整体平衡条件 $\sum M_A = 0$ 有：

$$F_u \times \frac{l}{2} - \frac{2M_u}{l} \times l - M_u = 0$$

求得极限荷载为：

$$F_u = \frac{6M_u}{l}$$

或者根据极限状态静定结构弯矩图的叠加法，可知跨中截面 C 处弯矩值应为：

$$M_C = M_u = \frac{F_u l}{4} - \frac{M_u}{2}$$

从而同样得到极限荷载为：

$$F_u = \frac{6M_u}{l}$$

由上分析可知，极限荷载的计算实际上无需考虑弹塑性变形的发展过程，只需根据最后的破坏机构应用静力平衡条件即可求得，这种求解方法称为静力法，也称为极限平衡法。

此外，极限荷载的计算既然是静力平衡问题，当然也可以利用虚功原理来求解，这就是机动法。

这里还以图 12-10（a）所示结构为例，该梁极限状态时对应的破坏机构形式如图 12-11（a）所示。这里要注意，主动力除有外荷载作用外，塑性铰 A、C 处还承受极限弯矩值 M_u 作用。让该破坏机构沿荷载正方向产生任意可能的微小虚位移，如图 12-11（b）所示，其中：

$$\theta_2 = 2\theta_1 \quad \delta = \theta_1 \frac{l}{2}$$

由于变形相对很小，弹性变形部分忽略不计。由虚功原理可列出虚功方程式为：

$$F_u \times \delta - M_u \times \theta_1 - M_u \times \theta_2 = 0$$

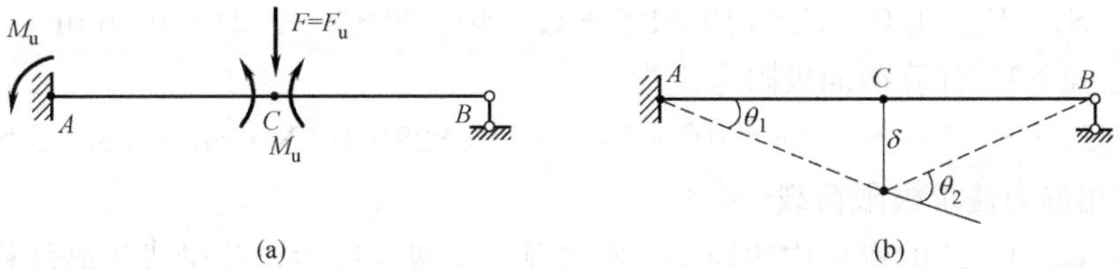

(a)   (b)

图 12-11 图 12-10（a）的破坏机构及虚位移图

从而同样可得极限荷载为：

$$F_u = \frac{6M_u}{l}$$

综合上述分析，可以得到下述几点结论：

（1）超静定结构的极限荷载，只需预先判定结构的破坏机构形式，就可以根据该破坏机构在极限状态下的静力平衡条件来求解，无需考虑结构弹塑性变形的发展过程、塑性铰形成的次序等。

（2）超静定结构极限荷载的计算只需考虑静力平衡条件，无需考虑变形协调条件，比弹性计算要简单得多。

（3）超静定结构的极限荷载不受支座移动等非荷载因素的影响，此类因素只会影响结构的变形发展过程，而不会影响极限荷载的数值大小。

【例12-4】 分别用静力法和机动法求如图12-12（a）所示等截面梁的极限荷载 F_u。已知梁截面尺寸如图12-12（b）所示，材料的屈服应力 $\sigma_s = 235\text{MPa}$。

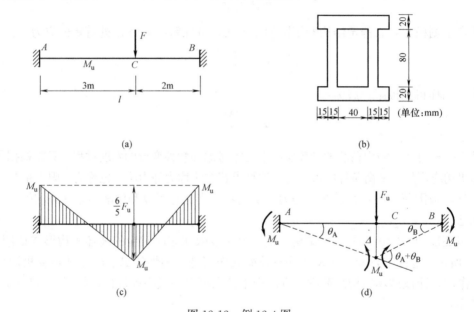

图 12-12 例 12-4 图
（a）计算简图；（b）梁截面形式；（c）极限状态 M 图；（d）极限状态虚位移图

【解】 （1）求截面的极限弯矩

此双轴对称截面在全塑性状态时，截面中性轴位于形心轴。拉、压区的面积静轴分别为：

$$S_1 = S_2 = 100 \times 20 \times (40 + 10) + 15 \times 40 \times 20 \times 2 = 1.24 \times 10^5 \text{mm}^3$$

根据式（12-6）计算截面极限弯矩为：

$$M_u = (S_1 + S_2) \times \sigma_s = 1.24 \times 10^5 \times 2 \times 235 = 5.828 \times 10^7 \text{N} \cdot \text{mm} = 58.28\text{kN} \cdot \text{m}$$

（2）采用静力法求极限荷载

当截面 A、B、C 的弯矩均达到 M_u 即出现三个塑性铰后，此梁成为破坏机构，做出极限状态弯矩图，如图12-12（c）所示。由弯矩图的区段叠加法得：

$$\frac{2 \times 3}{5} F_u = M_u + M_u$$

求得极限荷载为：

$$F_u = \frac{5}{3} M_u = 97.13 \text{kN}$$

（3）采用机动法求极限荷载

作出破坏机构的虚位移图，如图 12-12（d）所示。由虚功原理可列虚功方程为：

$$F_u \times \Delta - M_u \times \theta_A - M_u \times \theta_B - M_u \times (\theta_A + \theta_B) = 0$$

由 $\theta_A = \frac{\Delta}{3}$、$\theta_B = \frac{\Delta}{2}$ 得：

$$F_u \times \Delta - M_u \times \frac{5}{3} \Delta = 0$$

同样可求得极限荷载为：

$$F_u = \frac{5}{3} M_u = 97.13 \text{kN}$$

【例 12-5】 求如图 12-13（a）所示等截面梁在均布荷载作用下的极限荷载 q_u。已知截面极限弯矩为 M_u。

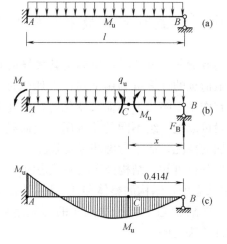

图 12-13 例 12-5 图
（a）计算简图；（b）极限状态；（c）极限状态时 M 图

【解】 该梁出现两个塑性铰即到达极限状态。一个塑性铰在最大负弯矩所在截面（固定端 A），另一塑性铰应在最大正弯矩即剪力为零处，该截面位置 C 有待确定，设其至支端 B 的距离为 x，如图 12-13（b）所示。

由静力平衡条件 $\sum M_A = 0$ 可求得支座 B 处反力为：

$$F_B = \frac{q_u l}{2} - \frac{M_u}{l} (\uparrow)$$

根据 $F_{SC} = 0$ 有：

$$F_{SC} = -F_B + q_u x = -\left(\frac{q_u l}{2} - \frac{M}{l} \right) + q_u x = 0$$

可求得极限荷载 q_u 的表达式为：

$$q_u = \frac{2M_u}{l(l-2x)}$$

而截面 C 处 M 值也等于 M_u，故有：

$$M_C = F_B x - \frac{1}{2} q_u x^2 = \left(\frac{M_u}{l-2x} - \frac{M_u}{l}\right)x - \frac{1}{2} \cdot \frac{2M_u}{l(l-2x)}x^2 = M_u$$

整理可得：

$$x^2 + 2lx - l^2 = 0$$

并解得（即确定了塑性铰的位置 C）：

$$x = (\sqrt{2}-1)l\ (另一负根舍去)$$

将 x 值代回极限荷载 q_u 计算式，可求得：

$$q_u = (6+4\sqrt{2})\frac{M_u}{l^2} = \frac{11.66M_u}{l^2}$$

如图 12-13（c）所示为其极限状态弯矩图。

第五节 比例加载时有关极限荷载的几个定理

码 12-6 有关极限
荷载的几个定理

当结构或荷载较复杂时，要确定其最终的破坏机构形式往往存在困难，其极限荷载的计算可利用下述比例加载时的几个定理。比例加载是指：①所有作用于结构上的荷载变化时，始终保持它们之间的固定比例关系，一般可以把一组不同的荷载用一个荷载参数来描述；②只讨论荷载单调增加的情况，而不考虑卸载现象。

由前述分析可知，结构处于极限状态时，应同时满足下述三个条件：

（1）平衡条件：在极限状态中，结构的整体和任一局部仍需维持平衡。

（2）内力局限条件：在极限状态中，任意截面的弯矩绝对值均不超过其极限弯矩 M_u，这是由材料的弹塑性性质决定的。

（3）机构条件：在极限状态中，结构必须出现足够数目的塑性铰而成为破坏机构（几何可变体系），这种机构可以是整体的也可以是局部的，可沿荷载做正功的方向发生单向运动，因此也称单向机构条件。

为了便于后面的讨论，现给出两个定义：

（1）对于任一单向破坏机构，由平衡条件或虚功原理求出的相应荷载值称为该破坏机构的可破坏荷载，用 F^+ 表示；

（2）如果在某个荷载作用下，有确定的内力状态与之平衡，而且各截面内力均不超过其极限值，则将此荷载值称为可接受荷载，用 F^- 表示。

由上述定义可以看出：可破坏荷载 F^+ 同时满足机构条件和平衡条件，但不一定满足内力局限条件；可接受荷载 F^- 同时满足内力局限条件和平衡条件，但不一定满足机构条件。而极限荷载 F_u 同时满足上述三个条件，因此极限荷载既是可破坏荷载，又是可接受荷载。

下面给出四个定理及其证明。

（1）基本定理：可破坏荷载 F^+ 恒不小于可接受荷载 F^-，即 $F^+ \geqslant F^-$。

证明：设结构在任一可破坏荷载 F^+ 作用下形成破坏机构，给破坏机构施以单向虚位移，其中与荷载 F^+ 对应的位移为 Δ，各塑性铰处相对转角位移记为 θ_i。由虚功原理可列虚功方程为：

$$F^+\Delta = \sum_{i=1}^{n} |M_{\mathrm{u}i}||\theta_i|$$

式中，n 为塑性铰的数目，因塑性铰是单向铰，极限弯矩 $M_{\mathrm{u}i}$ 与相对转角 θ_i 可取二者绝对值相乘。

又取任一可接受荷载 F^-，与上述破坏机构中各塑性铰位置相应截面处的弯矩用 M_i^- 表示，令结构产生与上述机构相同的虚位移，则有：

$$F^-\Delta = \sum_{i=1}^{n} M_i^-\theta_i$$

由内力局限条件可知：

$$M_i^- \leqslant |M_{\mathrm{u}i}|$$

故有：

$$\sum_{i=1}^{n} M_i^-\theta_i \leqslant \sum_{i=1}^{n} |M_{\mathrm{u}i}||\theta_i|$$

从而有：

$$F^+ \geqslant F^-$$

命题成立。

（2）极小定理（上限定理）：极限荷载是所有可破坏荷载中的最小者，即可破坏荷载是极限荷载的上限。

证明：因 $F_{\mathrm{u}} \in F^-$，由 $F^+ \geqslant F^-$ 可知：$F^+ \geqslant F_{\mathrm{u}}$，故命题成立。

（3）极大定理（下限定理）：极限荷载是所有可接受荷载中的最大者，即可接受荷载是极限荷载的下限。

证明：因 $F_{\mathrm{u}} \in F^+$，由 $F^+ \geqslant F^-$ 可知：$F_{\mathrm{u}} \geqslant F^-$，故命题成立。

（4）唯一性定理：极限荷载值只有一个确定值，即：若某荷载既是可破坏荷载，又是可接受荷载，则可断定该荷载即为极限荷载。

证明：设有两个极限荷载 $F_{\mathrm{u}1}$ 和 $F_{\mathrm{u}2}$，

若 $F_{\mathrm{u}1} \in F^+$、$F_{\mathrm{u}2} \in F^-$，由 $F^+ \geqslant F^-$ 可知：$F_{\mathrm{u}1} \geqslant F_{\mathrm{u}2}$；

若 $F_{\mathrm{u}2} \in F^+$、$F_{\mathrm{u}1} \in F^-$，由 $F^+ \geqslant F^-$ 可知：$F_{\mathrm{u}1} \leqslant F_{\mathrm{u}2}$；

因此可得：$F_{\mathrm{u}1} = F_{\mathrm{u}2}$，故命题成立。

下面根据上限定理重新求解例 12-5。

【解】 该梁的破坏机构如图 12-14（a）所示，相应的可破坏荷载为 q^+。其中塑性铰 C 的位置 x 是待定的，可根据上限定理来确定。

给破坏机构施以单向虚位移（图 12-14b），由虚功原理可列虚功方程为：

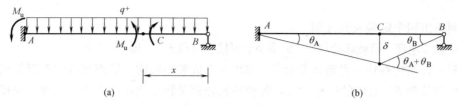

图 12-14 例 12-5 的破坏机构及虚位移图

$$q^+ \times \frac{l\delta}{2} - M_u \times \theta_A - M_u \times (\theta_A + \theta_B) = 0$$

这里有：

$$\theta_A = \frac{\delta}{l-x} \qquad \theta_B = \frac{\delta}{x}$$

将其代入虚功方程式可求得 q^+ 的表达式为：

$$q^+ = \frac{2(l+x)}{lx(l-x)} M_u$$

因极限荷载 q_u 应该是 q^+ 的最小值，由 $\frac{\mathrm{d}q^+}{\mathrm{d}x} = 0$ 确定塑性铰 C 的位置：

$$x^2 - 4lx + 2l^2 = 0 \Rightarrow x = (\sqrt{2} - 1)l$$

将 x 值代入 q^+ 的表达式后，即可求得极限荷载为：

$$q_u = (6 + 4\sqrt{2}) \frac{M_u}{l^2} = \frac{11.66M_u}{l^2}$$

这与静力法求解结果相同。

第六节　穷举法和试算法

当结构或荷载情况较复杂，难以确定极限状态的破坏机构形式时，根据有关极限荷载的几个定理，可采用下述方法来求极限荷载。

（1）穷举法

列举所有可能的各种破坏机构，由平衡条件（静力法）或虚功原理（机动法）求出相应的可破坏荷载，根据极小定理，其中最小者即为极限荷载。

码 12-7　穷举法和试算法

（2）试算法

任选一种破坏机构，由平衡条件（静力法）或虚功原理（机动法）求出相应的可破坏荷载，并作出该破坏机构相应的弯矩图。若全部内力满足内力局限条件，则该可破坏荷载也为可接受荷载，即为极限荷载。若有内力不满足内力局限条件，需另选一个破坏机构再行试算，直至满足为止。

【例 12-6】　求如图 12-15（a）所示等截面梁的极限荷载 q_u，已知极限弯矩为 M_u。

【解】　方法一：穷举法

容易判断，本例需出现两个塑性铰才能成为破坏机构，可能出现塑性铰的位置在截面 A、C 及 D 三个位置。因此，可能的破坏机构最多有三种情况，分别如图 12-15（b）、

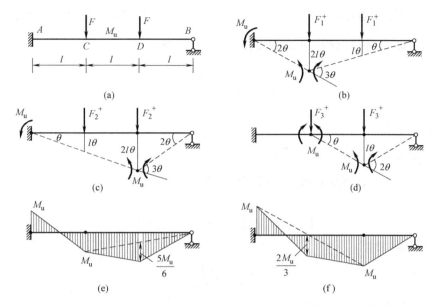

图 12-15 例 12-6 图

(a) 计算简图；(b) 破坏机构 1；(c) 破坏机构 2；(d) 破坏机构 3；

(e) 破坏机构 1 的 M 图；(f) 破坏机构 2 的 M 图

(c)、(d) 所示。

(1) 破坏机构 1

在截面 A、C 处出现塑性铰，破坏机构及虚位移如图 12-15 (b) 所示，由虚功原理有：

$$F_1^+ \times l\theta + F_1^+ \times 2l\theta - M_u \times 2\theta - M_u \times 3\theta = 0$$

从而可得：

$$F_1^+ = \frac{5M_u}{3l}$$

也可以采用静力法求 F_1^+。先由 $M_C = M_u$（下拉）反算出支座 B 处支力 $F_{RB} = \dfrac{M_u + F_1^+ l}{2l}$（↑），再根据 $M_A = M_u$（上拉）有：

$$F_1^+ l + F_1^+ \times 2l - \frac{M_u + F_1^+ l}{2l} \times 3l = M_u$$

从而同样可求得：$F_1^+ = \dfrac{5M_u}{3l}$。

(2) 破坏机构 2

在截面 A、D 处出现塑性铰，其破坏机构及虚位移如图 12-15 (c) 所示，由虚功原理有：

$$F_2^+ \times l\theta + F_2^+ \times 2l\theta - M_u \times \theta - M_u \times 3\theta = 0$$

从而可得：

$$F_2^+ = \frac{4M_u}{3l}$$

61

同样地，若采用静力法求 F_2^+，可先由 $M_D = M_u$（下拉）反算出支座 B 处支力 $F_{RB} = \dfrac{M_u}{l}$（↑），再根据 $M_A = M_u$（上拉）有：

$$F_2^+ l + F_2^+ \times 2l - \frac{M_u}{l} \times 3l = M_u$$

从而同样可求得：$F_2^+ = \dfrac{4M_u}{3l}$。

（3）破坏机构 3

在截面 C、D 处出现塑性铰，其破坏机构及虚位移如图 12-15（d）所示，由虚功原理有：

$$F_3^+ \times l\theta - M_u \times \theta - M_u \times 2\theta = 0$$

从而可以求出：

$$F_3^+ = \frac{3M_u}{l}$$

同样也可以根据静力平衡条件确定 F_3^+。

综上所述，根据上限定理可知本例题的极限荷载为：

$$F_u = \min\{F_1^+, F_2^+, F_3^+\} = \frac{4M_u}{3l}$$

方法二：试算法

若取破坏机构 1（图 12-1b）进行试算，需验证 F_1^+ 是否为可接受荷载，为此作该机构的弯矩图，如图 12-15（e）所示。这里，塑性铰 A、C 处弯矩均为 M_u，BC 段弯矩图可由区段叠加法作出，显然有：

$$M_D = \frac{1}{2}M_u + \frac{5}{6}M_u > M_u$$

表明机构 1 不满足内力局限条件，即 F_1^+ 不是可接受荷载。

再取破坏机构 2（图 12-1c）进行试算，其相应的 M 图如图 12-15（f）所示。其中，塑性铰 A、D 处弯矩均为 M_u，AD 段弯矩图由区段叠加法作出。可以看出，该机构满足内力局限条件，这就是本例题的极限状态，对应的可破坏荷载 $F_2^+ = \dfrac{4M_u}{3l}$ 也为可接受荷载，即为极限荷载 F_u。

试算法的关键是在多个可能的破坏机构中，判断最合理的一种或几种机构。由于本例荷载简单，较易判断 A 处将形成负弯矩塑性铰。再根据正弯矩中 $M_D > M_C$，可以判断如图 12-15（c）所示的破坏机构 2 是比较合理的破坏机构，因此可以对它先进行试算。

【例 12-7】 求如图 12-16（a）所示单跨变截面超静定梁的极限荷载 q_u，已知 M_u 为常数。

【解】 该梁出现塑性铰的位置可能有：固定端 A、B，以及 AC、BC 段内某一截面，其相应的破坏机构分别如图 12-16（b）、（c）所示。

（1）对如图 12-16（b）所示破坏机构，令 AC 段出现塑性铰的截面距离支座 A 为 x（$0 \leqslant x < l$）。由虚功原理有：

$$q_1^+ \times \frac{1}{2} \times 2l \times \Delta - 1.5M_u \times \theta_A -$$
$$1.5M_u \times (\theta_A + \theta_B) - M_u \times \theta_B = 0$$

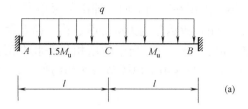

由 $\theta_A = \dfrac{\Delta}{x}$，$\theta_B = \dfrac{\Delta}{2l-x}$ 求得：

$$q_1^+ = \frac{3M_u}{lx} + \frac{5M_u}{2l(2l-x)} = \frac{12l-x}{2lx(2l-x)}M_u$$

根据极小定理，极限荷载是 q_1^+ 的极小值，故
由 $\dfrac{dq_1^+}{dx} = 0$ 有：

$$x^2 - 24lx + 24l^2 = 0$$

解得：

$$x_1 = 1.05l，x_2 = 22.95l$$

均大于 l，说明在 AC 段内不会产生塑性铰。

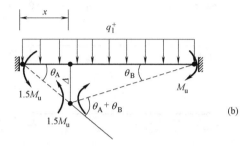

（2）对如图 12-16（b）所示破坏机构，令 BC 段出现塑性铰的截面距离支座 A 为 x（$l \leqslant x \leqslant 2l$）。由虚功原理有：

$$q_2^+ \times \frac{1}{2} \times 2l \times \Delta - 1.5M_u \times \theta_A -$$
$$M_u \times (\theta_A + \theta_B) - M_u \times \theta_B = 0$$

将 $\theta_A = \dfrac{\Delta}{x}$，$\theta_B = \dfrac{\Delta}{2l-x}$ 代入求得：

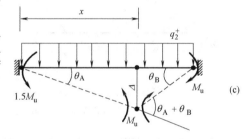

图 12-16 例 12-7 图

（a）计算简图；（b）破坏机构 1；（c）破坏机构 2

$$q_2^+ = \frac{5M_u}{2lx} + \frac{2M_u}{l(2l-x)} = \frac{10l-x}{2lx(2l-x)}M_u$$

由 $\dfrac{dq_2^+}{dx} = 0$ 得：$x^2 - 20lx + 20l^2 = 0$，从而确定塑性铰位置为：

$$x_1 = 1.06l，x_2 = 18.95l（舍去）$$

将 $x = 1.06l$ 代入 q_2^+ 表达式，从而求得极限荷载为：

$$q_u = 4.49\frac{M_u}{l^2}$$

第七节　连续梁的极限荷载

各跨分别为等截面的连续梁，在同方向比例加载情况下，只可能在各跨独立形成破坏机构，而不可能由相邻几跨共同形成一个联合破坏机构。

如图 12-17（a）所示连续梁各跨极限弯矩值 M_{u1}、M_{u2}、M_{u3} 均为常数，承受向下荷载作用，每跨负弯矩最大值只可能出现在支座处截面

码 12-8　连续梁的极限荷载

而不会出现在跨间截面，即由负弯矩产生的塑性铰只能在支座处出现。如图 12-17 （b）、
（c）、（d）所示分别为第一跨、第二跨及第三跨单独形成的破坏机构，而不会出现如图 12-
17 （e）、（f）、（g）所示的由相邻跨联合形成的破坏机构。这是因为在联合破坏机构中至
少会有一跨在中部出现负弯矩的塑性铰，这是不可能出现的。

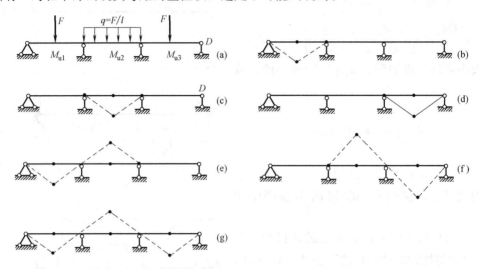

图 12-17　连续梁的破坏机构形式

（a）计算简图；（b）第一跨单独破坏；（c）第二跨单独破坏；（d）第三跨单独破坏；

（e）第一、二跨联合破坏；（f）第二、三跨联合破坏；（g）第一、二、三跨联合破坏

　　因此，连续梁极限荷载可以采用穷举法来求解，即用静力法或机动法求出各跨单独破
坏时的可破坏荷载，其中最小者即为连续梁的极限荷载。当连续梁各跨单独形成破坏机构
时，若能绘制相应的弯矩图，其极限荷载也可采用试算法确定。需要注意的是，连续梁支
座处的塑性铰总是产生在截面较小的一侧。

　　【例 12-8】　求如图 12-18 （a）所示连续梁的极限荷载，并作极限状态弯矩图。已知
极限弯矩值 $M_u = 360 \text{kN} \cdot \text{m}$。

　　【解】　用穷举法求解。只需考虑每跨内的单独破坏机构，其中最小的可破坏荷载即为
极限荷载。

　　（1）第 1 跨单独形成破坏机构，如图 12-18 （b）所示，在截面 D、B 处产生塑性铰。
注意 B 支座处截面有突变，极限弯矩应取其两侧的较小值 M_u。让此机构沿荷载正向产生
虚位移，根据虚功原理有：

$$6q_1^+ \times \Delta - M_u \times \theta_B - M_u \times (\theta_A + \theta_B) = 0$$

由 $\theta_A = \theta_B = \dfrac{\Delta}{3}$ 求得：

$$q_1^+ = \frac{1}{6} M_u = 60 \text{kN/m}$$

　　这里采用静力法也较易求 q_1^+。在 AB 跨中，$M_D = M_u$（下拉）、$M_B = M_u$（上拉），
由弯矩图的区段叠加法有：

$$\frac{1}{4} \times 6q_1^+ \times 6 - \frac{1}{2} M_u = M_u$$

64

同样可解得：$q_1^+ = \dfrac{1}{6}M_u = 60\text{kN/m}$。

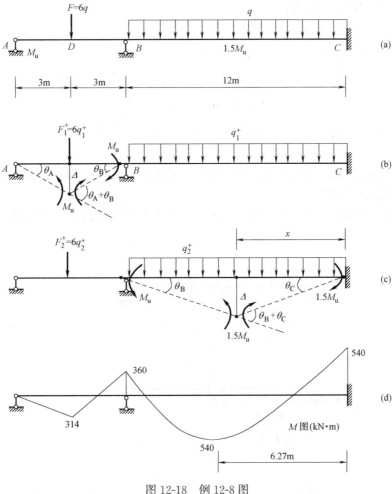

图 12-18　例 12-8 图

(a) 计算简图；(b) 第一跨单独破坏；(c) 第二跨单独破坏；(d) 极限状态时的 M 图

（2）第 2 跨单独形成破坏机构，如图 12-18（c）所示，设 BC 跨间形成塑性铰的位置距支座 C 的距离为 x。让此机构沿荷载正向产生虚位移，根据虚功原理有：

$$q_2^+ \left(\frac{1}{2} \times 12 \times \Delta\right) - M_u\theta_B - 1.5M_u\theta_C - 1.5M_u(\theta_B + \theta_C) = 0$$

由 $\theta_B = \dfrac{\Delta}{12-x}$，$\theta_C = \dfrac{\Delta}{x}$，求得：

$$q_2^+ = \frac{5M_u}{12(12-x)} + \frac{M_u}{2x} = \frac{150}{12-x} + \frac{180}{x}$$

根据极小定理，令 $\dfrac{\mathrm{d}q_2^+}{\mathrm{d}x} = 0$ 得：

$$\frac{x^2 - 144x + 864}{x^2(12-x)^2} = 0$$

解得跨间塑性铰的位置为：

$$x = 6.27\text{m}$$

将 x 代入 q_2^+ 的表达式，可得：

$$q_2^+ = 54.89\text{kN/m}$$

这里也可以采用静力法求 q_2^+，但不如机动法方便。

（3）比较以上结果可知：第2跨首先形成破坏机构，故极限荷载为：

$$q_u = \min\{q_1^+, q_2^+\} = 54.89\text{kN/m}$$

根据极限状态下各塑性铰处弯矩等于极限弯矩值，可绘制极限状态弯矩图，如图 12-18（d）所示。

当然，当连续梁某跨单独形成破坏机构时，若能较易绘制其相应的弯矩图，采用试算法确定极限荷载也较方便。

【例 12-9】 求如图 12-19（a）所示等截面连续梁的极限荷载 F_u，已知截面极限弯矩均为 M_u。

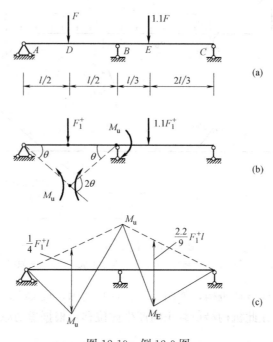

图 12-19　例 12-9 图

（a）计算简图；（b）第一跨单独破坏；（c）极限状态时的 M 图

【解】 取如图 12-19（b）所示第一跨（AB 跨）单独形成的破坏机构，相应的弯矩图如图 12-19（c）所示，其中 $M_D = M_u$（下拉）、$M_B = M_u$（上拉）。与此机构相应的可破坏荷载 F_1^+ 可根据 M 图确定。

在如图 12-19（c）所示 M 图中，根据 AB 跨的区段叠加法有：

$$\frac{1}{4}F_1^+ l = M_u + \frac{1}{2}M_u$$

得：

$$F_1^+ = \frac{6M_u}{l}$$

再根据区段叠加法可求得截面 E 的弯矩为：

$$M_E = \frac{1.1F_1^+}{l} \times \frac{l}{3} \times \frac{2l}{3} - \frac{2}{3}M_u = 0.8M_u < M_u$$

表明在上述受力状态中，各截面的弯矩绝对值均不超过极限弯矩值，故可知破坏荷载 F_1^+ 也是可接受荷载。根据单值定理，此荷载就是极限荷载，即：

$$F_u = \frac{6M_u}{l}$$

第八节　刚架的极限荷载

刚架一般同时承受弯矩、剪力和轴力，但由于剪力、轴力对极限弯矩的影响相对较小，故均不考虑。计算刚架的极限荷载时，首先仍要确定破坏机构的可能形式，但是它的情况要比梁复杂得多。

刚架的可能破坏机构分为基本机构和联合机构两类。常见的基本机构形式有：

码 12-9　刚架的
极限荷载

（1）梁式机构

当某根杆（梁或柱）上作用有横向荷载时，在杆的端部和中部出现
3 个塑性铰而形成单杆破坏机构（其余部分仍为几何不变），称为梁式机构。图 12-20（a）所示刚架，其梁式机构分别如图 12-20（b）、（c）所示。

（2）侧移机构

在柱顶和柱底截面上出现足够多塑性铰，使刚架形成整体或局部可以侧向移动的破坏机构，称为侧移机构。图 12-20（a）所示刚架的侧移机构如图 12-20（d）所示。

（3）结点机构

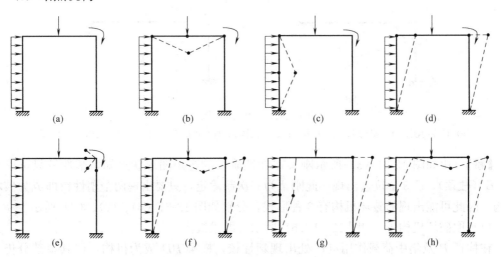

图 12-20　刚架的破坏机构形式
（a）计算简图；（b）梁机构 1；（c）梁机构 2；（d）侧移机构；（e）结点机构；
（f）联合机构 1；（g）联合机构 2；（h）联合机构 3

当有外力矩作用在刚结点上时，可能使该刚结点连接的各杆端出现塑性铰，形成该刚结点发生转动的破坏机构，称为结点机构。图 12-20（e）为图 12-20（a）所示刚架的结点破坏机构。

由两种或两种以上的基本破坏机构适当组合形成的破坏机构，称为联合机构。图 12-20（f）、（g）、（h）分别为如图 12-20（a）所示刚架可能出现的某些联合机构，注意这时基本机构中某些塑性铰将闭合而不出现。

对于简单刚架，容易确定所有可能的破坏机构，因此采用穷举法求其极限荷载是较方便的。但对于较复杂的刚架，要确定所有可能的破坏机构比较困难，容易遗漏一些可能破坏机构，造成得到的可破坏荷载最小值只是极限荷载的上限值，不一定是极限荷载。因此，对较复杂的刚架宜结合试算法求极限荷载，即如果根据平衡条件检查其引起的弯矩图满足内力局限条件，则由单值定理可知，该荷载即为极限荷载。

【例 12-10】 确定如图 12-21（a）所示刚架结构的极限荷载 F_u，已知横梁截面的极限弯矩为 $2M_u$，柱截面的极限弯矩为 M_u，M_u 为常数。

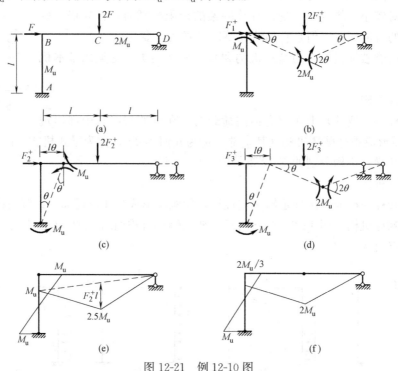

图 12-21　例 12-10 图

（a）计算简图；（b）机构 1；（c）机构 2；（d）机构 3；（e）机构 2 的 M 图；（f）机构 3 的 M 图

【解】 由如图 12-21（a）所示刚架在弹性阶段的弯矩图形状可知，塑性铰只可能在 A、B（柱顶）、C 3 个位置出现。此刚架为一次超静定，只要出现两个塑性铰即成为破坏机构，因此可能出现的破坏机构有 3 种形式，分别如图 12-21（b）、（c）、（d）所示。

（1）取破坏机构 1，如图 12-21（b）所示，即梁机构

在柱顶 B 及集中荷载作用点 C 处出现塑性铰，横梁 BD 成为机构，但其余部分仍为几何不变。由虚功方程得：

$$2F_1^+ \times l\theta - M_u \times \theta - 2M_u \times 2\theta = 0$$

求得：

$$F_1^+ = 2.5 \frac{M_u}{l}$$

（2）取破坏机构 2，如图 12-21（c）所示，即侧移机构

两个塑性铰分别出现在柱底 A 及柱顶 B 处，整个刚架产生侧移，各杆仍为直杆。根据虚功方程：

$$F_2^+ \times l\theta - M_u \times \theta - M_u \times \theta = 0$$

求得：

$$F_2^+ = 2 \frac{M_u}{l}$$

（3）取破坏机构 3，如图 12-21（d）所示，即联合机构

塑性铰出现在柱底 A 及集中荷载作用点 D 处。此时，横梁产生转折，同时刚架也产生侧移，刚结点 B 处两杆夹角仍保持直角，据此即可确定虚位移图中的几何关系。由虚功方程：

$$F_3^+ \times l\theta + 2F_3^+ \times l\theta - M_u \times \theta - 2M_u \times 2\theta = 0$$

求得：

$$F_3^+ = \frac{5M_u}{3l}$$

经分析可知，该刚架再无其他可能的破坏机构。根据上限定理，得极限荷载为：

$$F_u = \frac{5M_u}{3l}$$

也可以采用试算法对本例进行求解。

假如先选择机构 2（图 12-21c）进行试算，先求出其相应的可破坏荷载为 $F_2^+ = \dfrac{2M_u}{l}$（计算方法同上）。然后，作相应的弯矩图（图 12-21e）：由各塑性铰处弯矩等于极限弯矩，即 $M_A = M_u$（左拉）、$M_B = M_u$（内拉），先作柱 AB 的弯矩图；横梁 BD 的 M 图由区段叠加法绘制，其中截面 C 处弯矩为：

$$M_C = \frac{M_u}{2} + \frac{1}{4} \times 2F_2^+ \times 2l = 2.5M_u > 2M_u$$

可见，机构 2 不满足内力局限条件，F_2^+ 不是可接受荷载。

再选机构 3（图 12-21d）进行试算，先求得相应的可破坏荷载为 $F_3^+ = \dfrac{5M_u}{3l}$（计算方法同上）。其相应的弯矩图可根据平衡条件绘制：由 $M_C = 2M_u$（下拉）求得 D 处支反力为：$F_{RD} = \dfrac{2M_u}{l}$（↑），再由截面法求得刚结点 B 处弯矩为：

$$M_B = F_{RD} \times 2l - 2F_3^+ \times l = \frac{2}{3}M_u（内拉）< M_u$$

从而可绘出机构 3 的完整弯矩图，如图 12-21（f）所示。可见破坏机构 3 中所有截面满足内力极限条件，该机构即为极限状态，可得原结构的极限荷载为：$F_u = F_3^+ = \dfrac{5M_u}{3l}$

【例 12-11】 确定如图 12-22（a）所示刚架结构的极限荷载 q_u，已知横梁截面的极限弯矩为 $1.5M_u$，柱截面的极限弯矩为 M_u，M_u 为常数。

【解】 该刚架为 3 次超静定结构，其中可能出现塑性铰的位置有 5 个（固定支座 A、B，柱顶 C、D，柱 AC 段内某截面），基本破坏机构形式有两种。采用试算法计算。

（1）取破坏机构 1 即侧移机构进行试算，如图 12-22（b）所示。由虚功方程：

$$q_1^+ \times \frac{1}{2} \times l \times l\theta - M_u \times \theta \times 4 = 0$$

求得：

$$q_1^+ = \frac{8M_u}{l^2}$$

作机构 1 相应的 M 图，如图 12-22（c）所示：4 个塑性铰处弯矩均为极限弯矩 M_u，柱 BD、横梁 CD 的 M 图均为斜直线，左柱 AC 的抛物线 M 图可由区段叠加法绘制。这里，要根据平衡条件计算出柱 AC 中弯矩最大值：取 AC 隔离体，如图 12-22（d）所示，

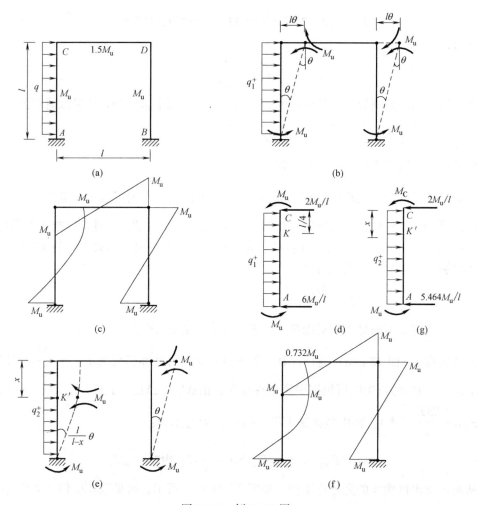

图 12-22　例 12-11 图

(a) 计算简图；(b) 机构 1；(c) 机构 1 的 M 图；(d) AC 隔离体；(e) 机构 2；(f) 机构 2 的 M 图

先判断剪力为零的位置 K（距柱顶 $l/4$ 处），再由截面法计算得到 K 处弯矩值：

$$M_K = \frac{5}{4}M_u > M_u$$

可知，机构 1 不满足内力局限条件，因此 q_1^+ 不是可接受荷载，即不是极限荷载。

（2）取破坏机构 2 即联合机构进行试算，如图 12-22（e）所示。设柱 AC 中出现塑性铰的位置 K' 距离柱顶 x 处，由虚功方程：

$$q_2^+ \times \left(\frac{1}{2} \times (l-x) \times l\theta + x \times l\theta\right) - M_u \times \theta \times 2 - M_u \times \frac{l}{l-x}\theta \times 2 = 0$$

求得：

$$q_2^+ = \frac{4M_u(2l-x)}{l(l^2-x^2)}$$

根据极小值定理，令 $\dfrac{\mathrm{d}q_2^+}{\mathrm{d}x} = 0$ 有：$x^2 - 4xl + l^2 = 0$，即可确定塑性铰 K' 的位置为：

$$x = 0.268l$$

将 $x = 0.268l$ 代回 q_2^+ 的表达式，可求得：

$$q_2^+ = \frac{7.464M_u}{l^2}$$

下面作机构 2 相应的 M 图。设结点 C 处两杆端弯矩为 M_C（内侧受拉），在左柱 AC 隔离体分析中（图 12-22g），由 $M_{K'} = M_u$（右拉）先确定柱底剪力 $F_{SA} = 5.464M_u/l$，再由截面法求得：

$$M_C = 5.464\frac{M_u}{l} \times l - M_u - \frac{1}{2} \times q_2^+ \times l^2 = 0.732M_u < M_u$$

从而可绘出机构 2 的完整弯矩图，如图 12-22（f）所示。可见，机构 2 中所有截面满足内力局限条件，该机构即为极限状态，q_2^+ 为原结构的极限荷载：

$$q_u = q_2^+ = \frac{7.464M_u}{l^2}$$

如图 12-22（f）所示为极限状态的 M 图。

第十三章　结构的弹性稳定

本章讨论弹性结构的稳定性计算问题。首先介绍了两类稳定性问题的基本概念，然后针对有限自由度体系和无限自由度体系（弹性压杆），分别讨论了分支点失稳时临界荷载的两种确定方法：静力法和能量法；并对实际工程结构简化为具有弹性支承的单根压杆的稳定问题进行了分析。本章是材料力学中有关压杆问题的进一步加深和提高。

第一节　结构动力计算的特点及动力自由度

在结构设计中，结构的强度和刚度验算是必不可少的，对于某些受压构件，还要进行稳定性验算。当受压构件承受的荷载逐渐增大时，除了可能发生强度破坏外，还可能在材料抗力未得到充分发挥就因变形的迅速发展而丧失承载能力，这种现象称失稳破坏。受压构件的实际承载能力应为上述两种平衡荷载中的最小者，比如钢结构中轴心受压构件和受弯构件的极限承载力通常是由稳定条件控制。

随着高强度材料的应用，结构构件趋于轻型、薄壁化，结构形式向高层、大跨方向发展，构件或结构失稳的可能性更大。曾有不少因结构失稳而引起工程事故的惨痛教训，如图 13-1 (a) 所示为 1907 年加拿大魁北克大桥（Quebec Bridge）因失稳而坠毁，如图 13-1 (b) 所示为某在建钢结构房屋底层钢柱失稳导致整体坍塌，如图 13-1 (c) 所示为某建筑屋盖因其轻钢梭形屋架腹杆平面外失稳而迅速塌落。

  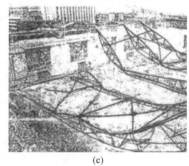

(a)　　　　　　　　　　　(b)　　　　　　　　　　　(c)

图 13-1　失稳引起的工程事故实例

材料力学中已经对压杆的稳定问题作过初步讨论，本章对杆件结构的各种稳定问题作进一步的讨论。

一、结构平衡的三种形式

稳定性是指结构受外力作用后，能够保持其原有变形（平衡）形式的能力。从稳定性角度来考察结构的平衡状态，实际上有 3 种不同的情况：稳定平衡状态、不稳定平衡状态和中性平衡状态。设结构原处于某个平衡状态，由于受到轻微干扰而稍微偏离其原来位置，当干扰撤除后，若结构能回到原来位置，则原平衡状态称为稳定平衡状态；若干扰撤除后，结构不能回到原平衡位置并产生越来越大的偏离，则原平衡状态称为不稳定平衡状态。结构由稳定平衡状态到不稳定平衡状态的中间过渡状态称为中性平衡状态，也称为随遇平衡状态。

3 种不同形式的平衡状态，可以用处于不同表面形状轨道（凹曲面、水平面和凸曲面）上的刚性小球来作说明，如图 13-2 所示。3 种状态下，刚性小球初始均处于平衡状态。分别对小球施加微小的侧向干扰后，如图 13-2（a）所示的小球会离开凹形轨道最低点的初始平衡位置，来回往复若干次后，最终又回到其初始平衡位置，因此小球所处的初始平衡状态为稳定平衡状态。如图 13-2（c）所示的小球，一经干扰便离开凸形轨道最高点的初始平衡位置，不仅不能回到初始平衡位置，而且还将继续远离该位置，因此小球初始处于不稳定平衡状态。如图 13-2（b）所示的小球，在受到干扰后，离开初始平衡状态，滚动一段距离后，停留在新的平衡位置上处于平衡，虽然不会回到初始平衡位置，但也不会离开新的平衡位置，因此小球初始处于中性平衡状态。

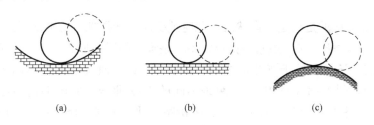

图 13-2　三种平衡状态示例
(a) 稳定平衡状态；(b) 中性平衡状态；(c) 不稳定平衡状态

随遇平衡状态，是结构由稳定平衡状态向不稳定平衡状态过渡的临界状态，临界状态下作用在结构上的荷载则称为临界荷载。结构随荷载逐渐增大可能由稳定平衡状态转变为不稳定平衡状态，这时原始平衡状态丧失其稳定性，即为结构失稳。结构稳定计算的目的，是通过分析结构在随遇平衡状态（临界状态）下的力学特点，确定结构的临界荷载，从而保证结构在正常使用状态下处于稳定平衡状态，避免发生失稳破坏。

二、两类稳定问题

根据结构失稳前后变形性质是否改变，可将失稳问题分为两种基本形式：分支点失稳和极值点失稳。现以两端简支压杆为例说明这两类稳定问题。

码 13-1　稳定性问题及稳定自由度

1. 分支点失稳

如图 13-3（a）所示为简支压杆的理想体系，即杆轴是理想的直线（没有初始曲率），荷载 F 是理想的中心受压荷载（没有偏心），这样的体系称为完善体系。随着压力 F 逐渐增大，考察压力 F 与杆件中心挠度 y 之间的关系曲线（称为 F-y 曲线或平衡路径），如图 13-3（b）所示。

（1）当 $F = F_1 < F_{cr} = \dfrac{\pi^2 EI}{l^2}$ 时，该压杆纯受压，不发生弯曲变形（挠度 $y = 0$），压杆处于直线形式的平衡状态（称为原始平衡状态），如图 13-3（b）中的直线 OAB，记为平衡路径 I。此时，若压杆受到轻微干扰而发生弯曲，偏离原始平衡状态，干扰消失后，压杆又会回到原始平衡状态。因此，当压力 $F < F_{cr}$ 时，原始平衡状态是稳定的，即原始平

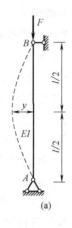
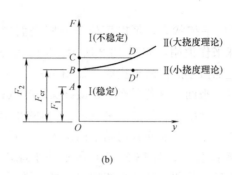

图 13-3　分支点失稳

(a) 理想简支压杆；(b) F-y 曲线

衡路径Ⅰ上 A 点对应的是稳定平衡状态，此时纯受压平衡是唯一的平衡形式。

　　(2) 当 $F=F_2>F_{cr}$ 时，原始平衡形式不再是唯一的平衡形式，压杆既可以处于直线形式的平衡状态，还可以处于弯曲形式的平衡状态，即此时存在两种不同形式的平衡状态。与此相对应，图 13-3 (b) 中也有两条不同的 F-y 曲线：原始平衡路径Ⅰ（由直线 BC 表示）和第二平衡路径Ⅱ。其中，第二平衡路径Ⅱ，根据大挠度理论，由曲线 BD 表示；如果采用小挠度理论进行近似计算，则曲线 BD 退化为水平直线 BD′。在结构稳定计算中，通常采用小挠度理论，其优点是可以用比较简单的方法得到基本正确的结论。如果希望得到更精确的结论，则需要采用较为复杂的大挠度理论。

　　此时，平衡路径Ⅰ上的 C 点对应的原始平衡状态是不稳定的。如果压杆受到干扰而弯曲，则干扰消失后，压杆并不能回到 C 点对应的原始平衡状态，而是继续弯曲，直到图 13-3 中 D 点对应的弯曲形式的平衡状态为止。因此，当 $F=F_2>F_{cr}$ 时，在原始平衡路径Ⅰ上，点 C 对应的是不稳定平衡状态。

　　两条平衡路径Ⅰ和Ⅱ的交点 B 称为分支点。分支点 B 将原始平衡路径Ⅰ分为两段：前段 OB 上的点属于稳定平衡，后段 BC 上的点属于不稳定平衡。在分支点 B 处，原始平衡路径Ⅰ由稳定平衡转为不稳定平衡，出现稳定性的转变，具有这种特征的失稳形式称为分支点失稳，也称为第一类失稳。分支点对应的荷载称为临界荷载，对应的平衡状态称为临界状态。

　　除中心受压直杆外，丧失第一类稳定性的现象还可以在其他完善体系中出现。如图 13-4 (a) 所示承受均布水压力的圆环，当水压力达到临界值 q_{cr} 时，原有圆形平衡形式将不稳定，从而可能出现新的非圆的平衡形式。如图 13-4 (b) 所示为承受均布荷载的抛物线拱，在原始平衡中拱单纯受压；而当荷载达到临界值 q_{cr} 时，拱轴会出现压弯组合变形这一新的平衡形式。如图 13-4 (c) 所示承受结点荷载的刚架，原始平衡中柱处于轴向受压平衡状态，刚架没有弯曲变形；而当荷载达到临界值 F_{cr} 时，刚架产生侧移并出现弯曲变形，即处于同时具有压缩和弯曲变形的新的平衡形式。如图 13-4 (d) 所示工字钢梁，当荷载达到临界荷载 F_{cr} 之前，其仅在腹板平面内弯曲；当荷载超过临界荷载时，梁将从腹板平面内偏离出来，此时钢梁处于斜弯曲和扭转这一新的平衡状态。

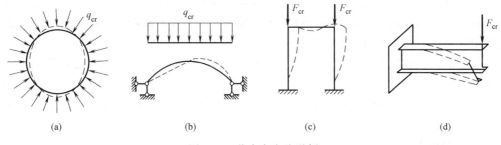

(a)   (b)   (c)   (d)

图 13-4　分支点失稳举例

综上所述，第一类失稳的静力特征是：当结构处于临界状态时，结构的平衡形式即内力和变形状态发生性质上的突变，原有的平衡形式成为不稳定的，而可能出现与原有平衡形式有质的区别的新的平衡形式，即临界状态的平衡形式具有两重性。

2. 极值点失稳

实际工程中压杆多为非理想压杆，即具有初曲率（图 13-5a）或承受偏心荷载（图 13-5b），使得结构的初始受力状态为压弯状态，这种结构体系称为非完善体系。对于非完善体系的压杆，其失稳形式为极值点失稳，又称为第二类失稳，其特征是平衡形式不出现分支现象，而 F-y 曲线具有极值点。

非完善体系的压杆从一开始加载就处于压弯平衡状态。按小挠度理论，其 F-y 曲线如图 13-5（c）中曲线 OA：在初始阶段挠度增加较慢，以后逐渐变快，当 F 接近中心压杆的欧拉临界值 F_E 时，挠度趋于无限大。若按大挠度理论，其 F-y 曲线由曲线 OBC 表示：B 点为极值点（荷载达到极大值），在极值点前的平衡状态是稳定的（曲线段 OB）；在极值点后（曲线段 BC）当挠度 y 增大时荷载值反而下降，平衡状态是不稳定的；在极值点 B 处，平衡状态由稳定平衡转变为不稳定平衡，这种失稳形式称为极值点失稳。极值点相应的荷载极大值称为临界荷载，相应的状态称为临界状态。

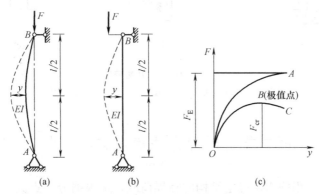

图 13-5　极值点失稳

(a) 非理想压杆（初曲率）；(b) 非理想压杆（荷载偏心）；(c) F-y 曲线

实际工程结构不可避免地存在构件初弯曲、荷载初偏心等缺陷，所以其丧失稳定性时，严格来说都属于第二类稳定问题。第一类失稳的临界荷载可根据静力法或能量法用物理概念清晰的解析式来表达，计算方法较简单。但第二类稳定问题的分析比第一类稳定问题要复杂得多，通常要利用计算机通过数值分析的方法确定其临界荷载。另外，由于荷载偏心、初始曲率等初始缺陷的影响，第二类失稳的临界荷载低于第一类失稳时的临界值。因此，对第二类稳定问题，通常可将计算第一类稳定的临界荷载表达式进行适当修正以求得相应的临界荷载，这样便于设计应用。

不管是第一类稳定问题，还是第二类稳定问题，它们都是一个变形问题，稳定计算都必须根据其变形（位移）状态来进行，有时还要求研究超过临界状态后的后屈曲平衡状态。本章只限于讨论在弹性范围内的第一类稳定问题，求解临界荷载仅局限于小挠度范围。

三、稳定自由度

在稳定性分析中，确定体系失稳时所有可能的位移状态所需的独立几何参数的数目，称为稳定自由度，简称为自由度。对于刚性杆件（$EI=\infty$），构件自身不发生变形，其可能发生的位移状态由杆件端部（结点）的位移决定，因此稳定自由度的个数是有限的，称为有限自由度问题。对于弹性杆件（$EI\neq\infty$），无论杆件端部（结点）是否有位移，杆件失稳时沿杆件长度方向各点都有变形，需要无限个独立位移参数才能确定其失稳时的变形状态，因此属于无限自由度问题。

如图 13-6（a）所示支承在抗转弹簧上的刚性压杆只有一个稳定自由度，如图 13-6（b）所示具有抗移动弹性支座的刚性压杆具有两个稳定自由度，如图 13-6（c）所示弹性压杆属于无限自由度问题。

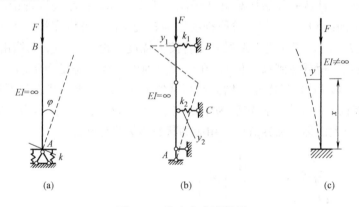

(a)　　　　　　　　(b)　　　　　　　　(c)

图 13-6　稳定自由度举例

(a) 单自由度体系；(b) 双自由度体系；(c) 无限自由度体系

第二节　用静力法确定临界荷载

码 13-2　静力法
确定临界荷载
（有限自由度）

用静力法确定结构的临界荷载，是根据分支点失稳在临界状态的静力特征——平衡形式具有二重性，在结构新的位移形态上建立静力平衡方程；再根据新位移形态取得非零解的条件，寻求结构在新的位移状态下能维持平衡的荷载，其最小值即为临界荷载。静力法计算临界荷载的关键是在原始平衡路径 I 之外寻找新的平衡路径 II，确定二者的分支点，从而求出临界荷载。

下面分别针对有限自由度稳定问题和无限自由度稳定问题进行讨论。

一、有限自由度体系的稳定

如图 13-7（a）所示体系，杆 AB 为刚性压杆（$EI=\infty$），支座 B 处抗移动弹簧的刚度系数为 k。在压力 F 到达临界荷载 F_{cr} 之前，AB 杆始终保持竖直方向。当 F 到达临界荷载值时，则可能出现如图 13-7（b）所示的新的位移形态，即平衡形态发生了分支。由于压杆自身不发生变形，它在外界干扰的情况下只可能发生整体转动，即只需要弹性支座的水平位移 y 一个独立参数就可以确定其新的位移形态，故体系具有一个稳定自由度。

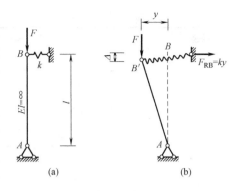

图 13-7　单自由度体系的稳定分析
(a) 原始平衡形式；(b) 新的位移形态

在新的位移形态（图 13-7b）中，B 支座反力 $F_{RB}=ky$（→）。根据小挠度理论，由整体平衡条件 $\sum M_A=0$ 得：

$$F \times y - F_{RB} \times l = 0 \tag{13-1a}$$

即：

$$(F - kl)y = 0 \tag{13-1b}$$

这里要注意，在新的位移形态下建立平衡方程时，由于假设的位移是微量，因而对体系中的各个力要区分主要力和次要力。为了使平衡方程中各项是同级微量，对主要力的项要考虑结构位移对几何尺寸的微量变化，而对次要力的项则不考虑几何尺寸的微量变化。比如，式（13-1a）中的第一项是主要力 F（有限值）乘以微量位移 y，第二项是次要力 $F_{RB}=ky$（微量）乘以原始尺寸 l。

式（13-1b）是关于位移参数 y 的线性齐次方程，其零解 $y=0$ 对应于体系无位移时的原始平衡状态。为得到 y 的非零解（即出现了新的平衡形式），则要求方程的系数为零，即：

$$F - kl = 0 \tag{13-1c}$$

式（13-1c）反映了体系在新的位移形态下能够维持平衡的条件，即反映了体系失稳时平衡形式具有二重性这一特征，故称为稳定方程或特征方程。

由式（13-1c）可求得特征值即为临界荷载：

$$F_{cr} = kl \tag{13-1d}$$

对具有 n 个稳定自由度的体系，假设体系偏离初始平衡位置后处于新的位移形态（需设 n 个独立位移参数确定），在新的平衡形式下可列 n 个独立的平衡方程，它们是关于 n 个独立位移参数的齐次线性代数方程组。出现新的位移形态（即 n 个独立位移参数不全为 0，否则对应于原有平衡形式）的条件是方程组的系数行列式 D 应等于零，即：

$$D = 0 \tag{13-2}$$

式（13-2）称为稳定方程或特征方程，它有 n 个根，即可求得 n 个特征荷载，其中最小的特征荷载即为临界荷载。

【例 13-1】 用静力法求如图 13-8（a）所示体系的临界荷载 F_{cr}，并确定其失稳时的位移形态。已知 $EI=\infty$，抗转弹簧的刚度系数均为 k。

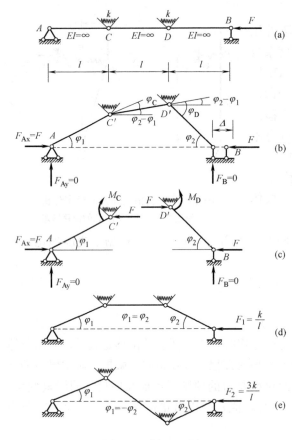

【解】 该体系具有两个稳定自由度。

（1）临界状态时，设体系由原始平衡状态发生符合约束条件的微小位移，如图 13-8（b）所示。记杆 AC、BD 的转角位移分别为 φ_1、φ_2，则杆 CD 转角位移为 $\varphi_2-\varphi_1$，C、D 抗转约束处产生的相对转角 φ_C、φ_D 分别为：

$$\varphi_C=\varphi_1-(\varphi_2-\varphi_1)=2\varphi_1-\varphi_2$$
$$\varphi_D=\varphi_2+(\varphi_2-\varphi_1)=2\varphi_2-\varphi_1$$

（2）在新的位移形态下建立平衡方程

在新的平衡状态下，B、C 抗转约束处产生的反力矩 M_C、M_D 分别为：

$$M_C=k\varphi_C=k(2\varphi_1-\varphi_2)$$
$$M_D=k\varphi_D=k(2\varphi_2-\varphi_1)$$

这里，M_C、M_D 与相对转角 φ_C、φ_D 方向相反。

取杆段 AC' 作为隔离体研究，如图 13-8（c）所示，由力矩平衡条件 $\sum M_{C'}=0$ 得：

$$F\times\varphi_1 l-M_C=0$$

再取杆段 BD' 作为隔离体研究，由力矩平衡条件 $\sum M_{D'}=0$ 得：

图 13-8　例 13-1 图
（a）计算简图；（b）新的位移形态；
（c）杆段 AC'、BD' 隔离体；
（d）对称失稳形态；（e）反对称失稳形态

$$F\times\varphi_2 l-M_D=0$$

整理上述两个平衡方程，即可得到关于几何参数 φ_1、φ_2 的线性齐次方程组为：

$$\begin{cases}(Fl-2k)\varphi_1+k\varphi_2=0\\k\varphi_1+(Fl-2k)\varphi_2=0\end{cases}\ \text{或}\ \begin{vmatrix}Fl-2k & k\\k & Fl-2k\end{vmatrix}\begin{pmatrix}\varphi_1\\\varphi_2\end{pmatrix}=0 \qquad (13\text{-}3\text{a})$$

上述方程组有零解 $\varphi_1=\varphi_2=0$，这对应于原始的直线平衡状态。若要求解该结构的临界荷载，必须使得结构满足平衡的二重性，进入新的平衡形式，即式（13-3a）中 φ_1、φ_2 不能同时等于零，则必须满足：

$$D=\begin{vmatrix}Fl-2k & k\\k & Fl-2k\end{vmatrix}=0 \qquad (13\text{-}3\text{b})$$

式（13-3b）即为该结构稳定问题的稳定方程或特征方程。将式（13-3b）展开并求得特征荷载值分别为：

$$F_1=\frac{k}{l},\ F_2=\frac{3k}{l}$$

其中，最小的特征荷载值即为该结构的临界荷载，即：

$$F_{cr} = \frac{k}{l}$$

下面讨论与特征荷载值相应的位移形态。

当 $F = F_1 = \frac{k}{l}$ 时，根据式（13-3a）中的任一式均可得：

$$\varphi_1 = \varphi_2$$

这说明体系失稳时铰 C、D 在同侧且转角位移相等，为对称失稳形式，如图 13-8（d）所示，这是本例题真实的失稳形态。

当 $F = F_2 = \frac{3k}{l}$ 时，根据式（13-3a）中的任一式均可得：

$$\varphi_1 = -\varphi_2$$

这说明体系失稳时铰 C、D 在异侧且转角位移大小相等，为反对称失稳形式，如图 13-8（e）所示。

由上述可知，对称体系在对称荷载下的失稳位移形态为对称或反对称的。

码 13-3　静力法
确定临界荷载
（无限自由度）

二、无限自由度体系的稳定

用静力法计算弹性压杆临界荷载的基本思路与处理有限自由度体系稳定问题时相同，即先假设体系可能出现的曲线形式的变形形态 $y = f(x)$ 并建立平衡方程，然后根据失稳时平衡具有二重性建立特征方程，最后由特征方程求出临界荷载。这里要注意，无限自由度体系稳定问题的主要特点在于其平衡方程不是代数方程，而是以微分方程的形式给出的，由此得到的特征方程为超越方程，大多情况下难以求得解析解，有时只能利用图解法或试算法求得近似解。

这里先以如图 13-9（a）所示一端固定、一端铰支的等截面中心受压弹性直杆为例，说明采用静力法求解弹性压杆临界荷载的思路，其中 EI 为常数。

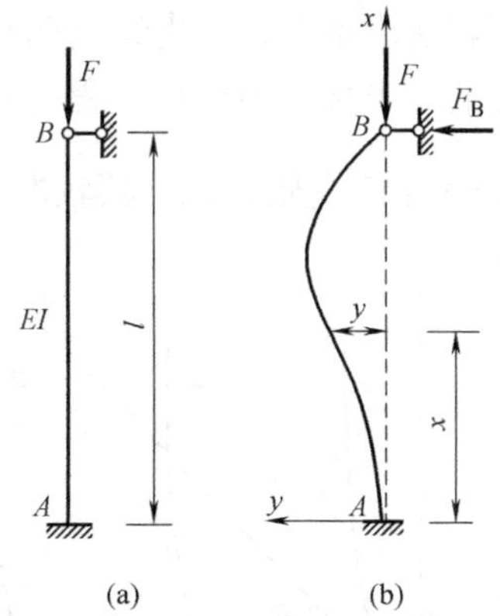

在临界状态下，设体系已发生微小位移后处于新的曲线平衡形式 $y = f(x)$，如图 13-9（b）所示。建立如图 13-9 所示的坐标系，任意 x 截面处的弯矩可表示为：

$$M(x) = Fy - F_B(l-x) \tag{13-4a}$$

式中，F_B 为支座 B 的水平反力（未知）。

压杆在微弯状态的近似平衡微分方程为：

$$EIy'' = -M \tag{13-4b}$$

将式（13-4a）代入式（13-4b），并令 $n^2 = \dfrac{F}{EI}$，可得：

$$y'' + n^2 y = n^2 \frac{F_B(l-x)}{F} \tag{13-4c}$$

式（13-4c）为二阶常系数非齐次线性微分方程，其通解可表示为：

图 13-9　无限自由度体系的
稳定分析（静力法）

（a）原始平衡形式；（b）新的变形形态

$$y = A\cos(nx) + B\sin(nx) + \frac{F_{\mathrm{B}}}{F}(l-x) \qquad (13\text{-}5)$$

这里，A、B 是待定的积分常数，$\dfrac{F_{\mathrm{B}}}{F}$ 也是未知的，它们都与压杆的边界条件有关。

将式（13-5）对 x 求一阶导数，得：

$$y' = -nA\sin(nx) + nB\cos(nx) - \frac{F_{\mathrm{B}}}{F}$$

根据如图 13-9（b）所示压杆失稳时的位移边界条件有：当 $x=0$ 时，$y=0$ 且 $y'=0$；当 $x=l$ 时，$y=0$。据此可得到一组关于未知参数 A、B 及 F_{B}/F 的线性齐次方程组：

$$\begin{cases} A + \dfrac{F_{\mathrm{B}}}{F}l = 0 \\[2mm] Bn - \dfrac{F_{\mathrm{B}}}{F} = 0 \\[2mm] A\cos(nl) + B\sin(nl) = 0 \end{cases}$$

显然，当 $A = B = F_{\mathrm{B}}/F = 0$ 时，上述方程组可以得到满足，但此时压杆无侧向位移发生（$y=0$），这与原有的直线平衡形式相对应。对于新的弯曲平衡形式，即要求 A、B、F_{B}/F 不同时为 0，则上述方程组的系数行列式应等于 0，即：

$$D = \begin{vmatrix} 1 & 0 & l \\ 0 & n & -1 \\ \cos(nl) & \sin(nl) & 0 \end{vmatrix} = 0 \qquad (13\text{-}6\mathrm{a})$$

展开式（13-6a）并整理可得：

$$\tan(nl) = nl \qquad (13\text{-}6\mathrm{b})$$

式（13-6）就是计算临界荷载的稳定方程，或称为特征方程。

式（13-6b）是以 nl 为自变量的超越方程，可结合图解法或试算法逐次渐近求解。采用图解法求解时，可先绘制两组函数图线：$y_1 = nl$、$y_2 = \tan(nl)$，如图 13-10 所示，其交点的横坐标即为特征方程的根。在无穷多交点中，取最小值，即特征方程最小正根 nl 在 $\dfrac{3}{2}\pi \approx 4.7$ 左侧附近。其较准确数值可由试算求得，如表 13-1 所示。

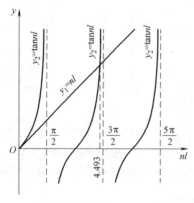

图 13-10　图解法求解式（13-6b）的近似解范围

试算法求式（13-6b）的最小正根　表 13-1

nl	$\tan(nl)$	$nl - \tan(nl)$
4.5	4.637	−0.137
4.4	3.096	1.304
4.49	4.422	0.068
4.491	4.443	0.048
4.492	4.464	0.028
4.493	4.485	0.008
4.494	4.506	−0.012

由表 13-1 可知，稳定方程（式 13-6b）的近似解可取为：$nl=4.493$，即得临界荷载为：

$$F_{cr}=n^2 EI=\left(\frac{4.493}{l}\right)^2 EI=20.19\frac{EI}{l^2}=\frac{\pi^2 EI}{(0.7l)^2} \tag{13-6c}$$

其实，在材料力学中已经推导出了几种典型的具有刚性支承的弹性压杆的临界荷载计算公式，即欧拉公式的一般形式为：

$$F_{cr}=\frac{\pi^2 EI}{(\mu l)^2}=\frac{\pi^2 EI}{l_0^2} \tag{13-7}$$

式中，μ 为长度系数；$l_0=\mu l$ 称为压杆的计算长度，它代表压杆屈曲后挠曲线上正弦半波的长度。

对于几种典型的具有刚性支承的弹性压杆，稳定方程、临界荷载及计算长度的取值如表 13-2 所示。由此可见，压杆的端部约束越强，计算长度越小，其临界荷载越大。

几种典型的具有刚性支承的弹性压杆的稳定　　　　　　　　　　　　　　表 13-2

约束类型	简图	稳定方程	临界荷载	$l_0=\mu l$
一端固定 一端悬臂		$\tan nl=\infty$	$F_{cr}=\dfrac{\pi^2 EI}{(2l)^2}$	$l_0=2l$
两端铰接		$\sin(nl)=0$	$F_{cr}=\dfrac{\pi^2 EI}{l^2}$	$l_0=l$
一端铰支 一端固定		$\tan(nl)=nl$	$F_{cr}=\dfrac{\pi^2 EI}{(0.7l)^2}$	$l_0=0.7l$

约束类型	简图	稳定方程	临界荷载	$l_0=\mu l$
一端固定 一端定向	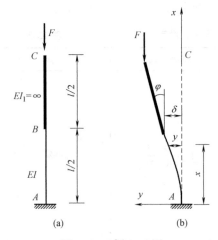	$\cos(nl)=1$	$F_{cr}=\dfrac{\pi^2 EI}{(0.5l)^2}$	$l_0=0.5l$

【例 13-2】 求如图 13-11（a）所示悬臂压杆稳定计算的稳定方程，已知上半段 BC 为刚性杆（$EI_1=\infty$），下半段 AC 为弹性杆（EI 为常量）。

【解】 （1）设压杆已处于新的平衡状态，如图 13-11（b）所示，记刚性杆段 BC 的转角为 φ，柱中部 B 处水平位移为 δ。

（2）列弹性曲线微分方程

弹性杆段 AB 的挠曲线微分方程为：

$$EIy''=M=F\left(\delta+\frac{1}{2}l\varphi-y\right)$$

令 $n^2=\dfrac{F}{EI}$，上述微分方程可整理为：

$$y''+n^2y=n^2\left(\delta+\frac{1}{2}l\varphi\right)$$

此微分方程通解可表示为：

$$y=A\cos(nx)+B\sin(nx)+\delta+\frac{1}{2}l\varphi$$

$$y'=-nA\sin(nx)+nB\cos(nx)$$

图 13-11 例 13-2 图

（a）原始平衡形式；（b）新的位移形态

（3）建立特征方程

压杆失稳时的位移边界条件如下：

① $x=0$ 时 $y=0$，有：$A+\delta+\dfrac{1}{2}l\varphi=0$

② $x=0$ 时 $y'=0$，有：$nB=0$

③ $x=\dfrac{l}{2}$ 时 $y'=\varphi$，有：$-nA\sin\left(\dfrac{1}{2}nl\right)+nB\cos\left(\dfrac{1}{2}nl\right)=\varphi$

④ $x=\dfrac{l}{2}$ 时 $y=\delta$，有：$A\cos\left(\dfrac{1}{2}nl\right)+B\sin\left(\dfrac{1}{2}nl\right)+\delta+\dfrac{1}{2}l\varphi=\delta$

这里，可先由第二式得到 $B=0$，其余三式是关于未知参数 A、φ 及 δ 的线性齐次方程组。为了得到非零解，则系数行列式为 0，即：

$$D = \begin{vmatrix} 1 & \dfrac{1}{2}l & 1 \\ -n\sin\left(\dfrac{1}{2}nl\right) & -1 & 0 \\ \cos\left(\dfrac{1}{2}nl\right) & \dfrac{1}{2}l & 0 \end{vmatrix} = 0$$

展开后得：

$$-\cos\left(\frac{nl}{2}\right) + \frac{nl}{2}\sin\left(\frac{nl}{2}\right) = 0$$

即得稳定方程，为超越方程：

$$\tan\left(\frac{nl}{2}\right) = \frac{2}{nl}$$

第三节　用能量法确定临界荷载

在用静力法确定弹性压杆的临界荷载时，若杆件截面或轴向荷载的变化情况较复杂，则挠曲线微分方程可能具有变系数而不能积分为有限形式；或者边界条件较为复杂，则由其导出的稳定方程为高阶行列式，存在不易展开、求解困难等情况。在这些情况下，用能量法求解相对简便而又有满意的精度。

所谓能量法，是根据分支点失稳问题中临界状态的能量特征（势能为驻值，位移有非零解）来确定体系失稳时的临界荷载。

按照势能驻值原理，结构处于平衡状态时，对于满足约束及连续条件的所有可能位移中，只有真实的位移（还须满足平衡条件）使结构势能 E_P 为驻值（极值），可表示为：

$$\delta E_P = 0 \tag{13-8}$$

即结构势能 E_P 的一阶变分为零。

如图 13-2 所示刚性小球，分别在凹曲面、水平面和凸曲面上的平衡状态均能满足势能驻值原理。若体系发生任意虚位移时，势能有增大趋势（图 13-2a），则平衡是稳定的；若发生任意虚位移时，势能有减小趋势（图 13-2c），则平衡是不稳定的；当发生虚位移时势能无变化趋势（图 13-2b），则平衡处于临界状态。

这里，结构势能 E_P 可表示为：

$$E_P = V_\varepsilon + V_P \tag{13-9}$$

式中，V_ε 为结构的应变能；V_P 为外力势能。

外力势能定义为外力所做的功，可表示为：

$$V_P = -\sum_{i=1}^{n}(F_i\Delta_i) \tag{13-10}$$

式中，F_i 为结构上的外力；Δ_i 为虚位移状态中与外力 F_i 相应的位移。可见，外力势能等于外力所作虚功的负值。

应变能，是指以应变和应力的形式贮存在体系中的势能，又称变形能。对有限自由度体系，刚性压杆本身没有变形势能，结构体系的变形势能来源于体系中的弹性支承。弹性压杆失稳时由于杆件弯曲变形还能产生弯曲应变能。

下面分别针对有限自由度体系和无限自由度体系讨论能量法求解临界荷载的思路。

一、有限自由度体系的稳定

如图 13-7（a）所示单自由度体系，取体系失稳前的平衡状态为势能零点。设压杆偏离竖直位置后处于新的平衡形式（图 13-7b），体系总势能为弹簧应变能与荷载势能之和。

弹簧的应变能可表示为：

$$V_\varepsilon = \frac{1}{2}ky^2 \tag{13-11a}$$

记柱顶 B 点的竖向位移为 Δ，根据小变形原理有：

$$\Delta = l - \sqrt{l^2 - y^2} = l - l\left(1 - \frac{y^2}{l^2}\right)^{\frac{1}{2}} = l - l\left(1 - \frac{1}{2}\frac{y^2}{l^2} + \cdots\right) \approx \frac{y^2}{2l}$$

荷载势能可表示为：

$$V_P = -F\Delta = -F\frac{y^2}{2l} \tag{13-11b}$$

因此，体系的总势能可表示为：

$$E_P = V_\varepsilon + V_P = \frac{1}{2}\left(k - \frac{F}{l}\right)y^2 \tag{13-11c}$$

若结构在偏离后的新位置能维持平衡，由势能驻值条件 $\dfrac{\mathrm{d}E_P}{\mathrm{d}y} = 0$ 则有：

$$\left(k - \frac{F}{l}\right)y = 0 \tag{13-11d}$$

根据位移 y 有非零解的条件，则要求方程（式 13-11d）的系数为零，即得特征方程（稳定方程）为：

$$k - \frac{F}{l} = 0 \tag{13-11e}$$

式（13-11e）与前面采用静力法得到的稳定方程（式 13-1c）相同，由此可求得相同的临界荷载为：$F_{cr} = kl$。

式（13-11c）表述的势能 E_P 与位移参数 y 的关系，如图 13-12 所示，下面对其作进一步探讨。

（1）若 $F < F_{cr} = kl$，则 E_P-y 关系曲线如图 13-12（a）所示。当体系处于原始平衡状态（$y=0$）时势能 E_P 极小，当有新的平衡形式（位移 y 为任意非零值）出现时，势能 E_P 恒为正值，因而原始平衡状态是稳定平衡状态。

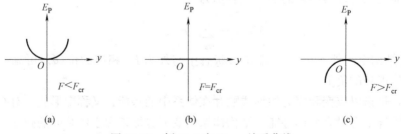

图 13-12　例 13-1 中 E_P-y 关系曲线

（2）若 $F>F_{cr}=kl$，则 E_P-y 关系曲线如图 13-12（c）所示。当体系处于原始平衡状态（$y=0$）时势能 E_P 极大，当有新的平衡形式出现时，势能 E_P 恒为负值，因而原始平衡状态是不稳定平衡状态。

（3）若 $F=F_{cr}=kl$，则 E_P-y 关系曲线如图 13-12（b）所示。当有新的平衡形式出现时，势能 E_P 恒为零，此时体系处于临界状态，所受的荷载称为临界荷载。

因此，临界状态的能量特征还可表述为：在荷载达到临界值的前后，势能 E_P 由正定过渡到非正定。

对于具有 n 个稳定自由度的体系，假设所有可能的位移状态用有限个独立参数 a_1，a_2，$\cdots$，a_n 表示，结构的势能 E_P 可表示为这些独立参数的函数，则势能驻值条件可表示为：

$$\delta E_P=\frac{\partial E_P}{\partial a_1}\delta a_1+\frac{\partial E_P}{\partial a_2}\delta a_2+\frac{\partial E_P}{\partial a_3}\delta a_3+\cdots+\frac{\partial E_P}{\partial a_n}\delta a_n=0 \tag{13-12}$$

由于 δa_1，δa_2，$\cdots$，δa_n 的任意性，则要求：

$$\begin{cases} \dfrac{\partial E_P}{\partial a_1}=0 \\[2mm] \dfrac{\partial E_P}{\partial a_2}=0 \\[2mm] \cdots \\[2mm] \dfrac{\partial E_P}{\partial a_n}=0 \end{cases} \tag{13-13}$$

由式（13-13）可获得一组关于位移参数 a_1，a_2，$\cdots$，a_n 的齐次线性代数方程组。若使 a_1，a_2，$\cdots$，a_n 不全为零，则此方程组的系数行列式必等于零，据此可建立稳定方程或特征方程。稳定方程 n 个特征根中的最小值即为临界荷载。

【例 13-3】 用能量法求解如图 13-8（a）所示体系的临界荷载。

【解】 该体系由原始平衡位置转到任意的新平衡位置时，设杆 AC、BD 的转角位移分别为 φ_1、φ_2，如图 13-8（b）所示。

（1）计算应变能

应变能为 C、D 处抗转弹簧的应变能之和。C、D 抗转约束处产生的相对转角 φ_C、φ_D 分别为：

$$\varphi_C=2\varphi_1-\varphi_2,\varphi_D=2\varphi_2-\varphi_1$$

则体系的应变能为：

$$V_\varepsilon=\frac{1}{2}k\varphi_C^2+\frac{1}{2}k\varphi_D^2=\frac{1}{2}k(2\varphi_1-\varphi_2)^2+\frac{1}{2}k(2\varphi_2-\varphi_1)^2$$

（2）计算荷载势能

体系由原始平衡位置转到新平衡位置后，根据小挠度条件，杆 AC 在水平方向投影的缩短量为：

$$\Delta_{AC}=l-l\cos\varphi_1=l(1-\cos\varphi_1)=2l\left(\sin\frac{\varphi_1}{2}\right)^2\approx\frac{\varphi_1^2}{2}l$$

同理，杆 CD、BD 在水平方向投影的缩短量为：

$$\Delta_{CD}=\frac{(\varphi_2-\varphi_1)^2}{2}l，\Delta_{BD}=\frac{\varphi_2^2}{2}l$$

于是，B 点的水平位移 Δ 为：

$$\Delta=\Delta_{\mathrm{AC}}+\Delta_{\mathrm{CD}}+\Delta_{\mathrm{BD}}=\frac{l}{2}\left[\varphi_1^2+(\varphi_2-\varphi_1)^2+\varphi_2^2\right]=l(\varphi_1^2-\varphi_1\varphi_2+\varphi_2^2)$$

则荷载势能为：

$$V_{\mathrm{P}}=-F\Delta=-Fl(\varphi_1^2-\varphi_1\varphi_2+\varphi_2^2)$$

（3）计算体系的总势能

$$E_{\mathrm{P}}=V_\varepsilon+V_{\mathrm{P}}=\frac{1}{2}k(2\varphi_1-\varphi_2)^2+\frac{1}{2}k(2\varphi_2-\varphi_1)^2-Fl(\varphi_1^2-\varphi_1\varphi_2+\varphi_2^2)$$

$$=\frac{1}{2}\left[(5k-2Fl)\varphi_1^2-2(4k-Fl)\varphi_1\varphi_2+(5k-2Fl)\varphi_2^2\right]$$

（4）求特征方程（稳定方程）

应用势能驻值条件：

$$\begin{cases}\dfrac{\partial E_{\mathrm{P}}}{\partial \varphi_1}=0\\[2mm]\dfrac{\partial E_{\mathrm{P}}}{\partial \varphi_2}=0\end{cases}$$

可得：

$$\begin{cases}(5k-2Fl)\varphi_1-(4k-Fl)\varphi_2=0\\ -(4k-Fl)\varphi_1+(5k-2Fl)\varphi_2=0\end{cases}$$

在上面方程组中，若 φ_1、φ_2 不能同时等于零，可建立特征方程为：

$$D=\begin{vmatrix} 5k-2Fl & -(4k-Fl)\\ -(4k-Fl) & 5k-2Fl \end{vmatrix}=0$$

（5）求临界荷载

解上述特征方程，可得两个特征值：

$$F_1=\frac{k}{l},\ F_2=\frac{3k}{l}$$

其中最小的特征荷载值即为该结构的临界荷载，即 $F_{\mathrm{cr}}=\dfrac{k}{l}$，这与静力法计算结果完全相同。

码 13-5 能量法确定临界荷载（无限自由度）

二、无限自由度体系的稳定

用能量法分析无限自由度体系的稳定问题时，仍然采用势能驻值原理，即由势能驻值条件 $\delta E_{\mathrm{P}}=0$ 可得包含待定位移参数的齐次方程组；再根据位移参数取得非零解的条件建立稳定方程或特征方程，由此求出特征荷载值，临界荷载是所有特征荷载值中的最小值。

应用能量法分析弹性压杆的稳定问题，在计算体系总势能时需注意两点：

（1）弹性压杆失稳时的总势能应包括压杆弯曲变形所产生的应变能；

（2）求外力势能时需计算因杆件弯曲所引起的外荷载作用点的位移。

而上述这两个问题，都只有在杆件失稳时的位移模态为已知函数时才能够解决。

一般地，假设弹性压杆挠曲线函数为有限个已知函数的线性组合，其失稳时的变形曲线可表示为：

$$y = a_1\varphi_1(x) + a_2\varphi_2(x) + \cdots + a_n\varphi_n(x) = \sum_{i=1}^{n} a_i\varphi_i(x) \qquad (13\text{-}14)$$

式中，$\varphi_i(x)$ 是满足位移边界条件的已知函数，a_i 为待定的位移参数。于是，弹性压杆失稳时的位移形态 $y = f(x)$ 将由 n 个独立的位移参数 a_1，a_2，$\cdots$，a_n 所确定，从而可将其简化为具有 n 个自由度的稳定问题。

下面以如图 13-13（a）所示弹性轴心压杆为例，说明具体算法。

先求应变势能 V_ε。压杆由直线平衡状态过渡到挠曲平衡状态（图 13-13b）时，构件发生了弯曲变形，结构应变能只有构件的弯曲应变能（忽略轴向变形和剪切变形的影响），可表示为：

$$V_\varepsilon = \int_0^l \frac{1}{2} EI(y'')^2 \mathrm{d}x = \frac{1}{2}\int_0^l EI\left(\sum_{i=1}^{n} a_i\varphi_i''(x)\right)^2 \mathrm{d}x \qquad (13\text{-}15)$$

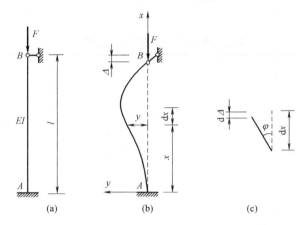

图 13-13　无限自由度体系的稳定问题（能量法）

（a）原始平衡形式；（b）新的变形形态；（c）微段 $\mathrm{d}x$ 变形分析

再求荷载势能 V_P。在压杆由直线平衡状态过渡到挠曲平衡状态的过程中，外荷载 F 作用点相应的位移记为 Δ，即压杆顶点的竖向位移。先取任意微段 $\mathrm{d}x$ 进行分析（图 13-13c）：此微段因产生转角 φ 而引起两端点竖向位移的差值，记为 $\mathrm{d}\Delta$，则有：

$$\mathrm{d}\Delta = \mathrm{d}x - \mathrm{d}x\cos\varphi = \mathrm{d}x(1 - \cos\varphi) \approx \frac{\varphi^2}{2}\mathrm{d}x \approx \frac{(y')^2}{2}\mathrm{d}x \qquad (13\text{-}16\mathrm{a})$$

将 $\mathrm{d}\Delta$ 沿杆长积分可得压力 F 作用点的位移：

$$\Delta = \int_0^l \mathrm{d}\Delta = \frac{1}{2}\int_0^l (y')^2 \mathrm{d}x \qquad (13\text{-}16\mathrm{b})$$

荷载势能 V_P 可表示为：

$$V_P = -F\Delta = -\frac{F}{2}\int_0^l (y')^2 \mathrm{d}x = -\frac{F}{2}\int_0^l \left(\sum_{i=1}^{n} a_i\varphi_i'(x)\right)^2 \mathrm{d}x \qquad (13\text{-}17)$$

因此，体系的总势能为：

$$E_P = V_\varepsilon + V_P = \frac{1}{2}\int_0^l EI\left(\sum_{i=1}^{n} a_i\varphi_i''(x)\right)^2 \mathrm{d}x - \frac{F}{2}\int_0^l \left(\sum_{i=1}^{n} a_i\varphi_i'(x)\right)^2 \mathrm{d}x \qquad (13\text{-}18)$$

由势能驻值条件 $\delta E_P = 0$ 得：

$$\frac{\partial E_P}{\partial a_i}=0 \quad (i=1,2,\cdots,n) \tag{13-19}$$

可得到一组关于 n 个位移参数 a_1，a_2，$\cdots$，a_n 的齐次线性代数方程，然后按照与有限自由度问题相同的方法确定临界荷载。

以上介绍的能量法也称为里兹法，它将原无限自由度体系的稳定问题近似地简化为 n 个自由度体系，所得的临界荷载近似值是精确解的一个上限。

由能量法计算无限自由度体系临界荷载近似值的近似程度，取决于所假设的位移曲线与真实的失稳位移曲线的符合程度。因此，恰当假定压杆失稳时的位移形态函数 $y=f(x)$ 便成为能量法中的关键问题。对于假定的挠曲函数，要求它必须满足位移边界条件。表 13-3 列出了几种常见压杆的挠曲函数形式，其中选取项数的多少由计算精度要求决定。若挠曲函数多取一项所求得的临界荷载值与原先值相差不大，则说明所求得的临界荷载已接近于精确值。

满足位移边界条件的常用挠曲函数　　　　　　　表 13-3

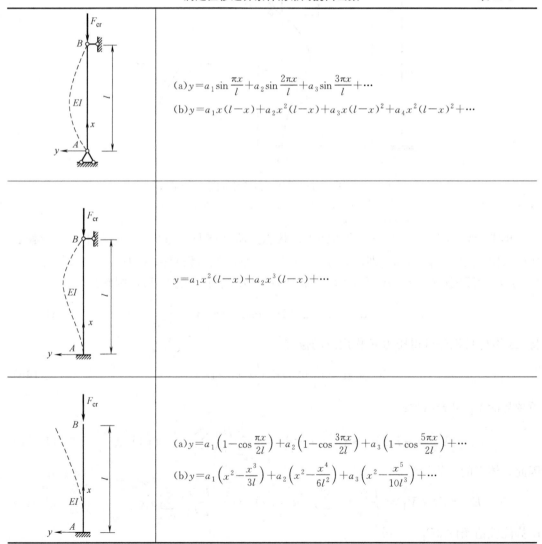

(a) $y=a_1\sin\dfrac{\pi x}{l}+a_2\sin\dfrac{2\pi x}{l}+a_3\sin\dfrac{3\pi x}{l}+\cdots$

(b) $y=a_1 x(l-x)+a_2 x^2(l-x)+a_3 x(l-x)^2+a_4 x^2(l-x)^2+\cdots$

$y=a_1 x^2(l-x)+a_2 x^3(l-x)+\cdots$

(a) $y=a_1\left(1-\cos\dfrac{\pi x}{2l}\right)+a_2\left(1-\cos\dfrac{3\pi x}{2l}\right)+a_3\left(1-\cos\dfrac{5\pi x}{2l}\right)+\cdots$

(b) $y=a_1\left(x^2-\dfrac{x^3}{3l}\right)+a_2\left(x^2-\dfrac{x^4}{6l^2}\right)+a_3\left(x^2-\dfrac{x^5}{10l^3}\right)+\cdots$

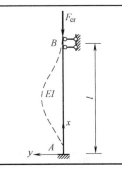

(a) $y=a_1\left(1-\cos\dfrac{2\pi x}{l}\right)+a_2\left(1-\cos\dfrac{6\pi x}{l}\right)+a_3\left(1-\cos\dfrac{10\pi x}{l}\right)+\cdots$

(b) $y=a_1 x^2(l-x)^2+a_2 x^3(l-x)^3+\cdots$

【例 13-4】 试选用不同的挠曲函数，用能量法求如图 13-14（a）所示两端简支中心受压柱的临界荷载，并分析计算结果，已知 EI 为常数。

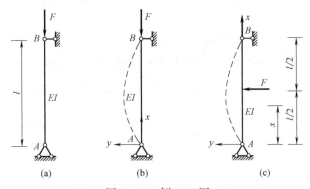

图 13-14　例 13-4 图

【解】 两端简支柱失稳时的位移边界条件（图 13-14b）为：

$$当\ x=0\ 时\ y=0$$
$$当\ x=l\ 时\ y=0$$

下面分别选取满足上述边界条件的三种不同挠曲函数 $y=f(x)$ 进行计算。

（1）设 $y=a\sin\dfrac{\pi x}{l}$，这相当于在表 13-3 中只取三角函数的首项。此时有：

$$y'=\frac{\pi a}{l}\cos\frac{\pi x}{l},\ y''=-\frac{\pi^2 a}{l^2}\sin\frac{\pi x}{l}$$

由式（13-15）可计算压杆的应变能为：

$$V_\varepsilon=\frac{1}{2}\int_0^l EI\,(y'')^2\,\mathrm{d}x=\frac{EI}{2}\int_0^l\left(-\frac{\pi^2 a}{l^2}\sin\frac{\pi x}{l}\right)^2\mathrm{d}x=\frac{\pi^4 EI}{4l^3}a^2$$

由式（13-17）可计算外力势能为：

$$V_{\mathrm{P}}=-\frac{F}{2}\int_0^l(y')^2\,\mathrm{d}x=-\frac{F}{2}\int_0^l\left(\frac{\pi a}{l}\cos\frac{\pi x}{l}\right)^2\mathrm{d}x=-\frac{\pi^2 F}{4l}a^2$$

因此，结构的总势能可表示为：

$$E_{\mathrm{P}}=V_\varepsilon+V_{\mathrm{P}}=\left(\frac{\pi^4 EI}{4l^3}-\frac{\pi^2}{4l}F\right)a^2$$

根据势能驻值原理得：

$$\frac{\mathrm{d}E_P}{\mathrm{d}a} = \left(\frac{\pi^4 EI}{2l^3} - \frac{\pi^2}{2l}F\right)a = 0$$

因为 $a \neq 0$，所以建立特征方程为：

$$\frac{\pi^4 EI}{2l^3} - \frac{\pi^2}{2l}F = 0$$

解特征方程，从而得临界荷载为：

$$F_{cr} = \frac{\pi^2 EI}{l^2}$$

以上求得的临界荷载与按静力法所得的临界荷载精确解（表 13-2）相同，这是因为假设的挠曲线函数 $y = a \sin \frac{\pi x}{l}$ 即为该压杆失稳时真实的变形曲线。

（2）设 $y = ax(l - x)$，即假设挠曲线为抛物线，这相当于在表 13-3 中只取多项式的首项。此时有：

$$y' = a(l - 2x), \quad y'' = -2a$$

分别根据式（13-15）、式（13-17）计算压杆的应变能和外力势能：

$$V_\varepsilon = \frac{1}{2}\int_0^l EI(y'')^2 \mathrm{d}x = \frac{EI}{2}\int_0^l (-2a)^2 \mathrm{d}x = 2EIa^2l$$

$$V_P = -\frac{F}{2}\int_0^l (y')^2 \mathrm{d}x = -\frac{F}{2}\int_0^l [a(l - 2x)]^2 \mathrm{d}x = -\frac{1}{6}Fa^2l^3$$

计算结构的总势能为：

$$E_P = V_\varepsilon + V_P = \left(2EIl - \frac{1}{6}Fl^3\right)a^2$$

由势能驻值条件得：

$$\frac{\mathrm{d}E_P}{\mathrm{d}a} = \left(4EIl - \frac{1}{3}Fl^3\right)a = 0$$

因为 $a \neq 0$，得稳定方程（特征方程）为：

$$4EIl - \frac{1}{3}Fl^3 = 0$$

因此解得临界荷载为：

$$F_{cr} = \frac{12EI}{l^2}$$

这说明假设失稳挠曲线为抛物线时求得的临界荷载与精确值相比误差达 21.6%。

（3）取简支压杆在跨中受横向集中荷载作用时的变形曲线（图 13-14c）作为压杆失稳变形曲线。

在图 13-14（c）中，当 $0 \leqslant x \leqslant \frac{l}{2}$ 时挠曲平衡方程为：

$$y'' = -\frac{M}{EI} = -\frac{F}{2EI}x$$

从而有：

$$y' = -\frac{F}{4EI}x^2 + \frac{F}{16EI}l^2 = \frac{F}{EI}\left(-\frac{x^2}{4} + \frac{l^2}{16}\right)$$

$$y = \frac{F}{EI}\left(-\frac{1}{12}x^3 + \frac{l^2}{16}x\right) = \frac{Fl^3}{48EI}\left(-\frac{4x^3}{l^3} + \frac{3x}{l}\right)$$

这是跨中横向荷载为 F 时的变形曲线形式，失稳临界荷载只取决于此变形曲线的形状，所以可以取其一般形式作为失稳变形曲线，即设：

$$y = a\left(-\frac{4x^3}{l^3} + \frac{3x}{l}\right)$$

由式（13-15）、式（13-17）计算压杆的应变能和外力势能分别为：

$$V_\varepsilon = \frac{1}{2}\int_0^l EI(y'')^2 \mathrm{d}x = EI\int_0^{l/2}\left(-\frac{24x}{l^3}a\right)^2 \mathrm{d}x = \frac{24EI}{l^3}a^2$$

$$V_P = -\frac{F}{2}\int_0^l (y')^2 \mathrm{d}x = -F\int_0^{l/2}\left[a\left(-\frac{12x^2}{l^3} + \frac{3}{l}\right)\right]^2 \mathrm{d}x = -\frac{12}{5l}Fa^2$$

计算结构的总势能为：

$$E_P = V_\varepsilon + V_P = \left(\frac{24EI}{l^3} - \frac{12}{5l}F\right)a^2$$

根据势能驻值原理得：

$$\frac{\mathrm{d}E_P}{\mathrm{d}a} = \left(\frac{48EI}{l^3} - \frac{24}{5l}F\right)a = 0$$

因为 $a \neq 0$，所以得稳定方程为：

$$\frac{48EI}{l^3} - \frac{24}{5l}F = 0$$

从而求得临界荷载为：

$$F_{cr} = \frac{10EI}{l^2}$$

这说明将跨中横向集中力作用下的挠曲线假定为失稳变形形态而求得的临界荷载与准确值的误差仅为 1.3%，精度比假设失稳变形形态为抛物线时大大提高了。

【例 13-5】 用能量法求如图 13-15（a）所示压杆的临界荷载 q_{cr}，已知 EI 为常数。

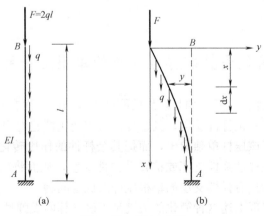

图 13-15 例 13-5 图

（a）原始平衡形式；（b）新的变形形态

【解】（1）在如图 13-15（b）所示坐标系中，该体系失稳挠曲线可假设为：

$$y = a \sin \frac{\pi x}{2l}$$

所假设的挠曲线满足位移边界条件：$x=0$ 时 $y=0$；$x=l$ 时 $y'=0$，且有：

$$y' = \frac{\pi a}{2l} \cos \frac{\pi x}{2l}, \quad y'' = -\frac{\pi^2 a}{4l^2} \sin \frac{\pi x}{2l}$$

（2）计算总势能

压杆的应变能为：

$$V_\varepsilon = \frac{1}{2} \int_0^l EI (y'')^2 dx = \frac{1}{2} \int_0^l EI \left(-\frac{\pi^2 a}{4l^2} \sin \frac{\pi x}{2l} \right)^2 dx = \frac{EI\pi^4}{64l^3} a^2$$

下面求荷载势能。由于微段 dx 倾斜而使微段以上部分的荷载向下移动，下降距离 $d\Delta$ 可由式（13-16a）计算。微段 dx 以上部分的压力荷载有 $F=2ql$ 和 qx，全部荷载的势能通过叠加得到：

$$V_P = -\int_0^l (F+qx) d\Delta = -\frac{1}{2} \int_0^l (2ql+qx)(y')^2 dx$$

$$= -ql \int_0^l (y')^2 dx - \frac{q}{2} \int_0^l x(y')^2 dx = -0.1436\pi^2 a^2 q$$

因而，结构的总势能为：

$$E_P = V_\varepsilon + V_P = \frac{EI\pi^4}{64l^3} a^2 - 0.1436\pi^2 a^2 q$$

由势能驻值原理得：

$$\frac{\partial E_P}{\partial a} = \left(\frac{EI\pi^4}{32l^3} - 0.2872\pi^2 q \right) a = 0$$

因为 $a \neq 0$，所以稳定方程为：

$$\frac{EI\pi^4}{32l^3} - 0.2872\pi^2 q = 0$$

从而求得临界荷载为：

$$q_{cr} = 1.074 \frac{EI}{l^3}$$

第四节　简化为具有弹性支承的单根压杆的稳定问题

欧拉公式中讨论的弹性压杆，均是理想的刚性支承情况。而在某些实际工程结构中常常只有一根杆件受压，其余杆件对该受压杆起着弹性约束的作用。此时，可以将该压杆单独取出，而把其余杆件的作用转化为对其有相应约束作用的抗移动弹性支座或抗转动弹性支座，从而将较复杂结构的稳定问题简化为具有弹性支承的单根压杆的稳定问题。

实现上述这种简化的关键是正确计算两类弹性支承的刚度系数。

如图 13-16（a）所示刚架，EI、EI_1 均为常数。对压杆 AB 来说，A 端是刚结点，不能移动但可以转动，但其转动受到杆 AC、AD 的约束

码 13-6　简化为具有弹性支座的结构稳定

作用,这种约束作用可以用一个抗转动弹性支承(刚度系数为 k)来代替,这样原刚架的稳定问题便可以简化为如图 13-16(b)所示的具有弹性支承的单根压杆的稳定问题,容易通过静力法或能量法求解其临界荷载。这里,抗转动弹性支承的刚度系数 k 等于使杆 AC、AD 的 A 端发生单位转角时所需施加的力矩值,由图 13-16(c)、(d)容易求得:

$$k = \frac{3EI_1}{l} + \frac{EI_1}{l} = \frac{4EI_1}{l}$$

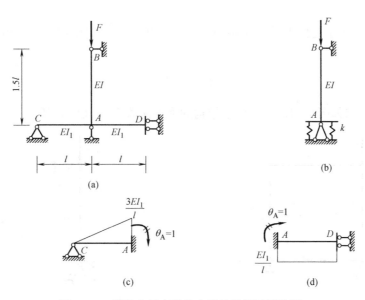

图 13-16 简化为具有弹性支承的单根压杆示例 1

如图 13-17(a)所示组合结构,EI、EA、EI_1 均为常数。将直接承受压力的杆 AB 取出,其下端 A 不能移动但可以转动,其转动受到杆 AC 的约束作用,用一个抗转动弹

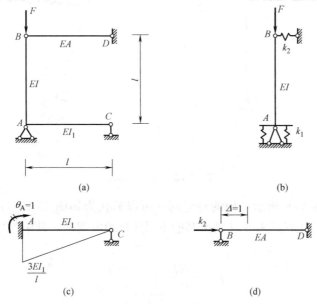

图 13-17 简化为具有弹性支承的单根压杆示例 2

性支承（刚度系数为 k_1）来代替；其上端 B 原为铰结点，其在水平方向的移动受到杆 BD 的约束，用一个水平方向的抗移动弹性支承（刚度系数为 k_2）来代替。因此，原组合结构的稳定问题便可以简化为如图 13-17（b）所示的具有弹性支座的单根压杆的稳定问题，可以通过静力法或能量法对其进行稳定性分析。这里，刚度系数 k_1 等于使杆 AC 的 A 端发生单位转角时所需施加的力矩，由图 13-17（c）易求得：

$$k_1 = \frac{3EI_1}{l}$$

刚度系数 k_2 等于使杆 BD 发生单位伸长（缩短）时杆端作用的力，由图 13-17（d）可求得：

$$k_2 = \frac{EA}{l}$$

【例 13-6】 求如图 13-18（a）所示结构的临界荷载 F_{cr}，已知 $EI_1 = \infty$，EI 为常数。

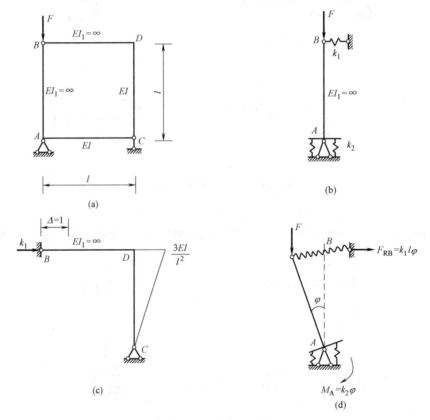

图 13-18 例 13-6 图

【解】 图 13-18（a）所示结构的稳定问题可以简化为如图 13-18（b）所示的上端具有水平抗移动弹簧、下端具有抗转动弹簧的单根压杆稳定问题，其中弹性支承的刚度系数分别为：

$$k_1 = \frac{3EI}{l^3}, \ k_2 = \frac{3EI}{l}$$

其中刚度系数 k_1 可根据图 13-18（c）求解。

下面采用静力法求解如图 13-18（b）所示体系的临界荷载。设压杆偏离竖直位置后发生新的平衡形式，如图 13-18（d）所示，杆端 A 处产生的转角记为 φ，则支座 B 处反力 $F_{RB}=k_1 l\varphi$（→），支座 A 处反力矩 $M_A=k_2\varphi$（↙）。

由整体平衡条件 $\sum M_A=0$，并考虑小变形 $\sin\varphi=\varphi$，则有：

$$F\times l\sin\varphi-M_A-F_{RB}\times l=0$$

即

$$(Fl-k_2-k_1 l^2)\varphi=0$$

由 $\varphi\neq 0$，得稳定方程为：

$$Fl-k_2-k_1 l^2=0$$

解稳定方程，得临界荷载为：

$$F_{cr}=\frac{k_2}{l}+k_1 l=\frac{6EI}{l^2}$$

也可以通过能量法来求如图 13-18（b）所示体系的临界荷载，会得到同样的结果。

【例 13-7】 求如图 13-17（a）所示组合结构的临界荷载 F_{cr}，已知 EI、EA、EI_1 均为常数。

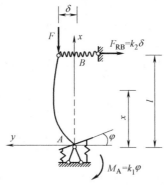

图 13-19　例 13-7 图

【解】 图 13-17（a）所示组合结构的稳定问题可以简化为如图 13-17（b）所示的单根弹性压杆的稳定问题，其中弹性支承的刚度系数 k_1、k_2 前面已经求出。下面采用静力法进行求解。

设压杆 AB 失稳时，下端 A 处转角为 φ（假设逆时针），顶端 B 处水平位移为 δ（假设向左），如图 13-19 所示。此时，下端 A 处产生的反力矩 $M_A=k_1\varphi$（↙），上端 B 处水平弹簧反力 $F_{RB}=k_2\delta$（→）。

由整体平衡条件 $\sum M_A=0$ 得：

$$F\delta-F_{RB}\times l-M_A=0$$

可以得到转角 φ 和顶端水平位移 δ 之间的关系为：

$$\varphi=\frac{F-k_2 l}{k_1}\delta$$

按照无限自由度压杆稳定性求解的静力法，在图示坐标系中设杆件失稳时挠曲线为 $y=f(x)$，任意 x 截面的弯矩为：

$$M = F(y - \delta) + k_2 \delta(l - x)$$

挠曲平衡微分方程为：

$$EIy'' = -M = F(\delta - y) - k_2 \delta(l - x)$$

令 $n^2 = \dfrac{F}{EI}$，上述微分方程可记为：

$$y'' + n^2 y = n^2 \delta - \frac{k_2 \delta}{EI}(l - x)$$

该微分方程通解为：

$$y = A\cos(nx) + B\sin(nx) + \delta\left[1 - \frac{k_2}{F}(l - x)\right]$$

根据边界条件：$x = 0$ 时 $y = 0$ 且 $y' = \varphi$，$x = l$ 时 $y = \delta$，可建立如下齐次方程组：

$$\begin{cases} A + \delta\left(1 - \dfrac{k_2 l}{F}\right) = 0 \\[2mm] nB + \delta\dfrac{k_2}{F} - \varphi = 0 \\[2mm] A\cos(nl) + B\sin(nl) = 0 \end{cases}$$

因 A、B 和 δ 不能全为零，且 $\varphi = \dfrac{F - k_2 l}{k_1}\delta$，从而得稳定方程为：

$$\begin{vmatrix} 1 & 0 & 1 - \dfrac{k_2 l}{F} \\[3mm] 0 & n & \dfrac{k_2}{F} - \dfrac{F - k_2 l}{k_1} \\[3mm] \cos(nl) & \sin(nl) & 0 \end{vmatrix} = 0$$

将稳定方程展开，并注意到 $F = n^2 EI$，整理后可得：

$$\tan(nl) = \frac{n\left(\dfrac{k_2 l}{n^2 EI} - 1\right)}{\dfrac{k_2}{n^2 EI} + \dfrac{k_2 l - n^2 EI}{k_1}} \tag{13-20}$$

当弹性支承的刚度系数 k_1、k_2 给定时，由式（13-20）便可解出 nl 的最小正根，从而求得临界荷载 F_{cr}。这里讨论下面几种情况：

（1）当 $k_1 \to \infty$、$k_2 \to \infty$ 时，式（13-20）变为：

$$\tan(nl) = nl$$

即为表 13-2 中一端固定一端铰支弹性压杆的稳定方程。

（2）当 $k_1 \to \infty$、$k_2 = 0$ 时，式（13-20）变为：

$$\tan(nl) = \infty$$

即为表 13-2 中一端固定一端悬臂弹性压杆的稳定方程。

（3）当 $k_1 = 0$、$k_2 \rightarrow \infty$ 时，式（13-20）变为：

$$\sin(nl) = 0$$

即为表 13-2 中两端铰支弹性压杆的稳定方程。

【例 13-8】 求图 13-20（a）所示体系的临界荷载，已知 EI、EA 均为常数。

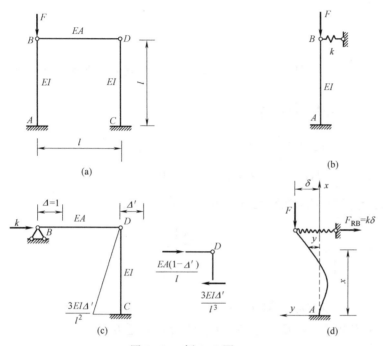

图 13-20　例 13-8 图

【解】 将图 13-20（a）所示体系简化为如图 13-20（b）所示具有弹性支承的单根压杆，弹性支承的刚度系数为 k，其求解思路如图 13-20（c）所示：使 B 点产生单位水平位移 $\Delta = 1$，此时 D 点水平位移记为 Δ'，由结点 D 水平方向受力平衡得：

$$\frac{EA(1-\Delta')}{l} = \frac{3EI\Delta'}{l^3}$$

可得：

$$\Delta' = \frac{EA}{EA + 3EI/l^2}$$

从而由 BDC 部分的水平方向平衡可求得刚度系数为：

$$k = \frac{3EI\Delta'}{l^3} = \frac{1}{l^3/(3EI) + l/EA}$$

下面采用静力法建立如图 13-20（b）所示体系的稳定方程。

设压杆失稳时的挠曲线为 $y = f(x)$，柱顶水平位移为 δ，如图 13-20（d）所示，则柱顶处水平支座反力为 $F_{RB} = k\delta$（$\rightarrow$）。

挠曲平衡微分方程为：

$$EIy'' = M = F(\delta - y) - k\delta(l - x)$$

令 $n^2 = \dfrac{F}{EI}$，则上述微分方程可改写为：

$$y'' + n^2 y = n^2 \delta - \frac{k\delta}{EI}(l-x)$$

该微分方程通解为：

$$y = A\cos(nx) + B\sin(nx) + \delta\left(1 - \frac{k}{F}(l-x)\right)$$

根据边界条件：$x=0$ 时 $y=0$ 且 $y'=0$、$x=l$ 时 $y=\delta$，可建立如下齐次方程组：

$$\begin{cases} A + \delta\left(1 - \dfrac{kl}{F}\right) = 0 \\[2mm] nB + \delta\dfrac{k}{F} = 0 \\[2mm] A\cos(nl) + B\sin(nl) + \delta = 0 \end{cases}$$

因 A、B 和 δ 不能全为零，从而得稳定方程为：

$$\begin{vmatrix} 1 & 0 & 1-\dfrac{kl}{F} \\[2mm] 0 & n & \dfrac{k}{F} \\[2mm] \cos(nl) & \sin(nl) & 1 \end{vmatrix} = 0$$

将稳定方程展开，并利用 $F = n^2 EI$，整理后可得如下的超越方程：

$$\tan(nl) = nl - \frac{EI(nl)^3}{kl^3}$$

这便是一端固定一端抗移动弹性支承压杆的稳定方程。当弹簧刚度系数 k 给定时，便可解此超越方程，得到 nl 的最小正根，从而求得临界荷载 F_{cr}。同样地，当 $k=0$ 时，则上述稳定方程变为：$\tan nl = \infty$，即为一端固定一端悬臂弹性压杆的稳定方程；当 $k=\infty$ 时，则上述稳定方程变为：$\tan nl = nl$，即为一端固定一端铰支弹性压杆的稳定方程。

这里，若图 13-20（a）中取 $EA=\infty$，可求得：

$$k = \frac{3EI}{l^3}$$

则稳定方程为：

$$\tan(nl) = nl - \frac{(nl)^3}{3}$$

这为一超越方程，利用图解法可求得 nl 最小值为：$nl=2.21$，利用 $F=n^2 EI$ 可求得临界荷载为：

$$F_{cr} = \frac{4.88EI}{l^2}$$

【例 13-9】 求如图 13-21（a）所示对称刚架结构的稳定方程。

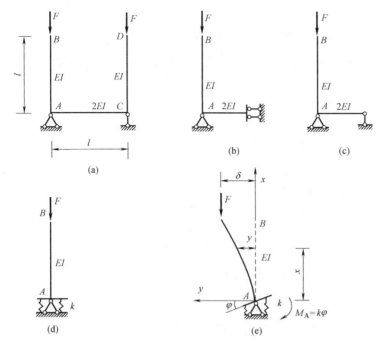

图 13-21 例 13-9 图

【解】 该刚架是对称结构承受对称荷载，失稳形式是正对称或反对称的，分别取半结构，如图 13-21（b）、（c）所示。这两种形式的半结构都可统一简化为具有抗转弹簧的单根压杆，以此来分析其稳定性，如图 13-21（d）所示，其中抗转弹簧的刚度系数为 k。

对于对称失稳形式，由图 13-21（b）可求得抗转弹簧的刚度系数为：

$$k_1 = \frac{4EI}{l}$$

对于反对称失稳形式，由图 13-21（c）可求得抗转弹簧的刚度系数为：

$$k_2 = \frac{12EI}{l}$$

由于 $k_1 < k_2$，故原刚架结构是按对称形式发生失稳的。因此，在图 13-21（d）中，取抗转弹簧的刚度系数：

$$k = k_1 = \frac{4EI}{l}$$

下面采用静力法建立如图 13-21（d）所示体系的稳定方程。

设压杆失稳时的挠曲线为 $y = f(x)$，柱顶水平位移为 δ，柱底转角为 φ，如图 13-21（e）所示。任意 x 截面的弯矩为：

$$M = F(\delta - y)$$

挠曲状态平衡微分方程为：

$$EIy'' = M = F(\delta - y)$$

令 $n^2 = \dfrac{F}{EI}$，则上述微分方程可改写为：

$$y'' + n^2 y = n^2 \delta$$

该微分方程通解为:

$$y = A\cos(nx) + B\sin(nx) + \delta$$

根据边界条件: $x=0$ 时 $y=0$ 且 $y' = \varphi = \dfrac{F\delta}{k}$、$x=l$ 时 $y=\delta$,可建立如下齐次方程组:

$$\begin{cases} A + \delta = 0 \\ nB - \dfrac{F}{k}\delta = 0 \\ A\cos(nl) + B\sin(nl) = 0 \end{cases}$$

因 A、B 和 δ 不能全为零,从而有:

$$\begin{vmatrix} 1 & 0 & 1 \\ 0 & n & -\dfrac{F}{k} \\ \cos(nl) & \sin(nl) & 0 \end{vmatrix} = 0$$

展开为:

$$n\cos(nl) - \dfrac{F}{k}\sin(nl) = 0$$

将 $F = n^2 EI$、$k = \dfrac{4EI}{l}$ 代入上式即可得稳定方程为:

$$nl\tan nl = 4$$

第十四章　结构的动力计算

本章专门讨论结构的动力计算问题。主要讨论了单自由度体系的自由振动、在常见动荷载作用下的强迫振动、多自由度体系的自由振动及在简谐荷载下的强迫振动问题。结构动力计算既是动力设计基础，也是防振、减振措施的理论依据。

第一节　结构动力计算的特点及动力自由度

一、动力计算的特点

荷载按是否具有动力效应划分为静力荷载和动力荷载两大类。

静力荷载，是指荷载施加过程缓慢，不致使结构产生显著的加速度，因而由其引起的惯性力与作用荷载相比可以略去不计。比如结构的自重荷载及一些永久荷载等，都是静力荷载。结构在静力荷载作用下处于平衡状态时，荷载的大小、方向、作用点，以及由其引起的结构内力和位移等各种量值都不随时间而变化。前面各章讨论的就是结构在静荷载作用下的力学问题。

码 14-1　结构动力计算的特点及动力自由度

动力荷载，是指荷载的大小、方向和作用点不仅随时间变化，而且加载速率较快，由此使结构产生不容忽视的加速度。结构在动荷载作用下除抵抗动荷载本身外，还必须考虑惯性力的影响。比如，地震作用、爆炸荷载等都属于动力荷载。结构在动力荷载作用下，结构的内力和位移等均随着时间而变化。本章研究的就是结构在动力荷载下的力学问题。

结构在动力荷载作用下的力学分析与在静力荷载作用下的分析有很大不同。在结构静力分析中，考虑结构静力平衡问题，即在建立平衡方程时，外荷载、约束力、内力等都不随时间变化。但在结构动力分析中，不仅外荷载、约束力、内力等都随着时间变化，而且必须考虑结构上各质点的惯性力作用。根据达朗贝尔原理，在引进惯性力作用后建立动力平衡方程，可以用静力学方法来解决动力学问题。但是，质点惯性力与结构的位移或加速度有关，而位移的大小又受惯性力的影响。因此，结构动力分析中建立的动平衡方程是微分方程，它的解（即动力响应，包括结构动位移、动内力、速度及加速度等）是随时间变化的，其变化规律不仅与动力荷载幅值有关，还与动载变化规律以及结构本身动力特性等有关。

二、动力荷载的分类

在实际工程中，除了结构自重及一些永久荷载外，其他荷载都具有一定的动力作用。当荷载变化很慢，其变化周期远大于结构自振周期时，其动力作用非常有限，此时可将其作为静力荷载来处理。在工程中作为动力荷载来考虑的是那些变化急剧、动力作用显著的荷载。

动力荷载按其随时间的变化规律，通常分为以下几类：

（1）周期荷载

这类荷载随时间按一定规律周期性地发生变化，其中按正弦或余弦函数规律变化的周

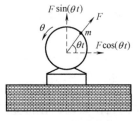

图 14-1　简谐荷载

期荷载称为简谐荷载。比如具有旋转部件的机器安装于结构上时（图 14-1），因旋转部分质量 m 有偏心而产生离心力 F，传到结构上的离心力随时间 t 的变化规律就可以用 $F\sin(\theta t)$ 或 $F\cos(\theta t)$ 表示，这里 θ 为偏心块的旋转角速度（弧度/s）。

（2）冲击荷载

这类荷载在很短时间内，荷载值急剧增大或减小（图 14-2）。如各种爆炸荷载就属于冲击荷载。

（3）突加荷载

这类荷载是指荷载值突然作用于结构上，并在相当一段时间内（与结构自振周期相比）保持不变（图 14-3）。如吊车制动力对厂房的水平作用荷载。

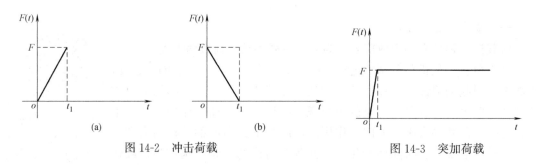

图 14-2　冲击荷载　　　　　　　图 14-3　突加荷载

以上三类动力荷载属于确定性动力荷载，即荷载数值与时间关系可以用确定的函数关系式来表示。还有一类动力荷载是不确定性动力荷载，即荷载变化规律不能用确定的函数关系表达式来描述，也称为随机荷载。这类荷载变化极不规则，只能用概率的方法寻求其统计规律。地震作用和风荷载是随机荷载的典型例子，如图 14-4 所示为地震时记录到的地面加速度变化规律。

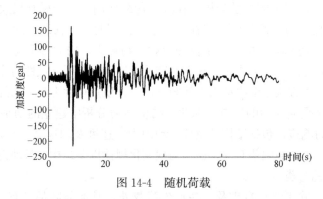

图 14-4　随机荷载

三、动力自由度

动力计算中要考虑惯性力，而惯性力是质量与加速度的乘积，因此结构的动力计算必须明确结构质量分布，并分析质量可能产生的位移。在动力分析中，要描述一个结构在振动过程中全部质量的位置所需要的独立参数的数目，称为体系的动力自由度，简称自由度。

实际工程结构的质量都是连续分布的，理论上都具有无限个动力自由度。如果任何结构都按无限自由度计算，一般都很复杂，也没必要。因此，根据实际问题的需要常把连续分布的无限自由度问题简化为有限自由度问题来处理。常用的简化方法有以下两种。

1. 集中质量法

即将实际结构的质量按一定规则集中在某些几何点上，除这些点之外的结构杆件是无质量的，从而将无限自由度体系简化为有限自由度体系。

如图 14-5 (a) 所示简支梁跨中放有重物，若梁本身质量远小于重物质量，梁自重可忽略不计，并将重物简化为一集中质点 m，则可得到如图 14-5 (b) 所示的计算简图。若不考虑质点 m 的转动和梁轴向伸缩，则质点 m 的振动位置只需用一个参数 $y(t)$ 即竖向位移就能确定，因此该梁具有一个振动自由度。

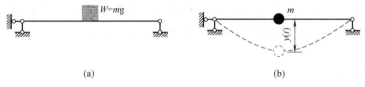

(a)   (b)

图 14-5　动力自由度示例 1

确定动力自由度时，要注意区分主要质量与次要质量，而且受弯直杆的轴向变形一般忽略不计。如图 14-6 (a) 所示水塔，顶部水池较重，塔身重量较轻可忽略不计，该体系动力分析时可简化为直立悬臂柱在顶端支承集中质量 m，如图 14-6 (b) 所示。在振动过程中，只需一个水平方向的独立坐标 $y(t)$ 就可确定质点位置，即为单自由度结构。又如图 14-7 (a) 所示两层刚架，计算侧向振动时，可将刚架质量 m_1、m_2 都集中于各楼层（或屋盖）处。在振动过程中，若忽略梁柱的轴向变形，则需用水平方向的两个独立坐标 $y_1(t)$、$y_2(t)$ 确定各质点位置（图 14-7b），这样就把问题由原本具有无限自由度的刚架振动简化为两个动力自由度。

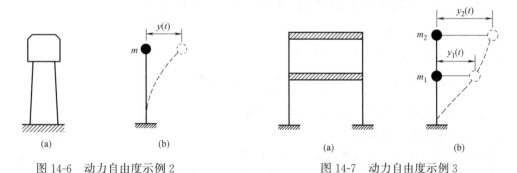

(a)　　　　　　　(b)　　　　　　　　　　　(a)　　　　　　　(b)

图 14-6　动力自由度示例 2　　　　　　图 14-7　动力自由度示例 3

体系的振动自由度与质点的数目并无直接关系，与体系是否是超静定或超静定次数也无关系。如图 14-8 (a) 所示体系中只有一个质点 m，但在振动过程中，需用 x、y 两个独立坐标确定该质点位置，因而具有两个动力自由度。如图 14-8 (b) 所示刚架柱顶有两个质量 m_1、m_2，水平方向振动时，两个质点位移分别为 x_1、x_2，但由于 $x_1 = x_2$，因此该体系具有一个动力自由度。如图 14-8 (c) 所示体系中杆件 $EI = \infty$，支座 A 为弹性支承，结构上虽有三个质点，但在振动过程中，只需一个坐标即支座 B 处刚性杆的转角 α，即可确定所有质点位置，因而只有一个动力自由度。

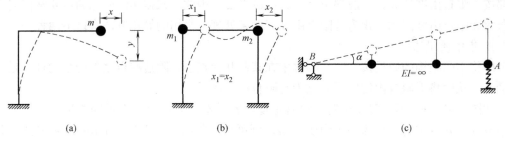

(a)   (b)   (c)

图 14-8　动力自由度示例 4

必须指出，一个连续分布质量的结构体系，其最终要被简化成的自由度数目，受到工程问题所要求精确度的影响。一般自由度数尽量少，计算或控制结果如果不能满足实际要求，应该增加或修改简化的自由度数目或其他参数。当然，若考虑质点的转动惯性，自由度数目还会增加。

2. 广义坐标法

对任意分布质量的振动体系，根据位移边界条件选定 n 个形状函数 $\varphi_i(x)$，再引入 n 个广义坐标 $a_i(t)$，可将体系的位移曲线表示为 n 个形状函数与广义坐标乘积的总和，即将任意体系的自由度由无限个简化成 n 个：

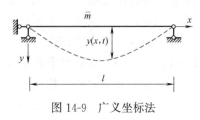

图 14-9　广义坐标法

$$y(x,t) = \sum_{i=1}^{n} a_i(t)\varphi_i(x) \tag{14-1}$$

如图 14-9 所示为具有无限自由度的简支梁，任一振动时间的位移曲线可用三角函数表示为：

$$y(x,t) = \sum_{i=1}^{\infty} a_i(t)\sin\frac{i\pi x}{l} \tag{14-2a}$$

式中　$\sin\dfrac{i\pi x}{l}$——满足位移边界条件的一组函数，即形状函数；

a_i——一组特定参数，即为广义坐标。

在简化计算中，通常只取式（14-2）中的前 n 项，即：

$$y(x,t) = \sum_{i=1}^{n} a_i(t)\sin\frac{i\pi x}{l} \tag{14-2b}$$

此时，简支梁被简化为 n 个振动自由度体系。

四、自由振动与强迫振动

如果结构受到外部干扰发生振动，而在以后的振动过程中不再受外部干扰力的作用，这种振动称为自由振动。引起体系自由振动的初始外部干扰有两种情况：一种是由于结构具有初始位移 y_0，另一种是由于结构具有初始速度 v_0，或者这两种初始干扰同时存在。

如图 14-10（a）所示悬臂立柱在柱顶有集中质点 m，若把质点 m 拉离原有的弹性平衡位置（记偏离平衡位置为 y_0），然后突然放松，由于立柱弹性

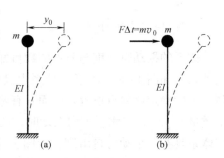

图 14-10　引起自由振动的初始干扰

（a）初位移；（b）初速度

力的作用，质点 m 将在原有平衡位置附近作往复运动，这种往返运动就是由初位移引起的自由振动。如图 14-10（b）所示，若对柱顶质点施加瞬时冲击作用 F，质点在极短时间（$\Delta t \approx 0$）内获得一定的初速度 v_0，则结构也会在原有平衡位置附近作往复振动。由于质点还来不及发生显著位移时，外力又突然消失，这样的振动便是由初速度引起的自由振动。

如果结构受到外部干扰发生振动，若在以后的振动过程中还不断受到外部干扰力的作用，这种振动称为强迫振动。

结构动力分析的最终目的是确定动力荷载作用下结构的内力、位移等量值随时间的变化规律，从而找出其最大值并将其作为设计或验算的依据。研究强迫振动是结构动力分析的一项根本任务，但强迫振动下结构响应与结构自振频率和振动形式密切关系。因此，自由振动分析是研究强迫振动的前提，它能揭示体系本身的动力特性。

本章先讨论体系的自由振动，在此基础上再讨论在常见动力荷载作用下的强迫振动问题。

第二节　单自由度体系的自由振动

单自由度体系自由振动的分析是单自由度体系强迫振动和多自由度体系振动分析的基础，因此单自由度体系自由振动的分析是十分重要的。

一、自由振动微分方程的建立

在结构动力学中，将用以描述体系质量运动随时间变化规律的方程称为体系的振动方程或运动方程。这里以如图 14-11（a）所示单自由度体系为例，讨论如何建立振动方程。

码 14-2　单自由度体系振动方程的建立

如图 14-11（a）所示悬臂立柱，柱顶有一集中质点 m，柱本身质量与集中质量相比小到可忽略不计，因此该体系只有一个水平方向自由度。假设由于外界干扰（初位移 y_0 或初速度 v_0），质点 m 离开了静力平衡位置，干扰消失后，由于立柱弹性力的影响，质点 m 沿水平方向将产生自由振动。

如图 14-11（a）所示单自由度体系的振动状态，可以用如图 14-11（b）所示的质量-弹簧模型来描述。其中，在水平振动方向上用一个弹簧代替由于立柱弹性变形对质点 m 的约束作用，弹簧的刚度系数 k 应该等于结构的刚度系数。这里，弹簧的刚度系数 k 是指使弹簧发生单位位移时所需施加的力，结构的刚度系数是指使柱顶产生单位水平位移时

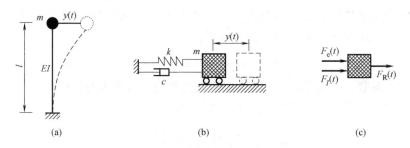

图 14-11　单自由度体系自由振动（刚度法）

（a）单自由度体系；（b）质量-弹簧振动模型；（c）质点 m 隔离体受力

在柱顶所需施加的水平力。另外，用阻尼器表示质点在振动过程中所受到的阻力。

建立振动方程有两种方法，即刚度法和柔度法，下面分别介绍。

1. 按质点动力平衡建立振动方程——刚度法

设以静力平衡位置为坐标原点，在任意时刻 t，质点 m 的水平位移记为 $y(t)$。取质点 m 为隔离体，其受力如图 14-11（c）所示，作用在隔离体上的力有三种：

（1）弹性力 $F_e(t)$

在振动过程中由于立柱弹性变形所产生的恢复力，其大小与质点的位移成正比，但方向相反，即：

$$F_e(t) = -ky(t) \tag{14-3}$$

（2）惯性力 $F_I(t)$

其大小等于质量 m 与其加速度的乘积，但方向与加速方向相反，即可表示为：

$$F_I(t) = -m\ddot{y}(t) \tag{14-4}$$

（3）阻尼力 $F_R(t)$

在体系振动过程中，实际上都会遇到不同程度的阻力作用，这种阻力通常称为阻尼。产生阻尼的因素很多，如构件在变形过程中材料内部的摩擦、支承部分的摩擦及振动周围介质（空气、液体等）的阻力等。有关阻尼理论有多种，通常采用黏滞阻尼理论，即假定阻力大小和质点的运动速度成正比，但方向总与质点速度的方向相反，其数学表达式为：

$$F_R(t) = -c\dot{y}(t) \tag{14-5}$$

式中，c 为阻尼系数。

这里要注意，质点 m 还受有重力和弹性柱的支反力，它们在竖直方向保持平衡，图中未画出。

根据达朗贝尔原理，对如图 14-11（c）所示隔离体可列出瞬时动力平衡方程为：

$$F_I(t) + F_R(t) + F_e(t) = 0 \tag{14-6a}$$

将式（14-3）、式（14-4）和式（14-5）代入式（14-6a），即得：

$$m\ddot{y}(t) + c\dot{y}(t) + ky(t) = 0 \tag{14-6b}$$

式（14-6b）为单自由度体系自由振动微分方程，它是通过取质点 m 为隔离体，根据其振动方向上的作用力（包括惯性力、弹性力及阻尼力等）在任意时刻的瞬时动平衡方程得到的，这种建立振动方程的方法称为刚度法。

2. 按位移协调条件建立振动方程——柔度法

运动方程也可以根据位移协调来推导。以静力平衡位置为计算位移的起点，质点 m 在任意时刻 t 的水平位移 $y(t)$，可视为由于惯性力 $F_I(t)$ 和阻尼力 $F_R(t)$ 共同作用产生的，如图 14-12（a）所示，根据叠加原理可得：

$$y(t) = \delta[F_I(t) + F_R(t)] \tag{14-7a}$$

式中，δ 为柔度系数，表示在质点运动方向上施加单位力所产生的位移。

将式（14-3）和式（14-4）代入式（14-7a），可得：

$$m\ddot{y}(t) + c\dot{y}(t) + \frac{y(t)}{\delta} = 0 \tag{14-7b}$$

式（14-7b）是根据位移协调建立的单自由度体系自由振动微分方程，它是以振动体系整体为研究对象，将惯性力、阻尼力等视作静荷载，用求静力位移的方法建立自由度方向的位移计算表达式，这种从位移角度建立运动方程的方法称为柔度法。

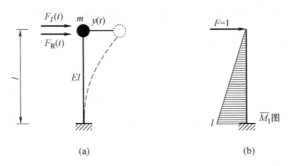

图 14-12　单自由度体系自由振动（柔度法）

（a）单自由度体系；（b）$\overline{M}_1$ 图

因立柱的柔度系数 δ 与刚度系数 k 互为倒数，即

$$k = \frac{1}{\delta} \tag{14-8}$$

因此，由刚度法和柔度法得到的单自由度体系自由振动微分方程式（14-6b）和式（14-7b）是完全一样的。

这里，立柱的柔度系数较刚度系数容易计算。为此，可在柱顶沿水平方向施加一单位力，作出弯矩图 $\overline{M}_1$（图 14-12b），由图乘法可先计算柔度系数：

$$\delta = \sum \int \frac{\overline{M}_1^2 \mathrm{d}x}{EI} = \frac{1}{EI}\left(\frac{1}{2} \times l \times l \times \frac{2}{3}l\right) = \frac{l^3}{3EI}$$

从而得刚度系数为：

$$k = \frac{1}{\delta} = \frac{3EI}{l^3}$$

二、不考虑阻尼时的情况

在式（14-6b）或式（14-7b）所示振动微分方程中，令阻尼系数 $c=0$，即得单自由体系不考虑阻尼情况下自由振动方程为：

$$m\ddot{y}(t) + ky(t) = 0 \tag{14-9a}$$

或

$$m\ddot{y}(t) + \frac{y(t)}{\delta} = 0 \tag{14-9b}$$

码 14-3　单自由度体系自由振动（无阻尼）

将上式各项除以 m，并令

$$\omega^2 = \frac{k}{m} = \frac{1}{m\delta} \tag{14-10}$$

于是式（14-9）可改写成：

$$\ddot{y}(t) + \omega^2 y(t) = 0 \tag{14-11}$$

式（14-11）为二阶常系数齐次线性微分方程，其通解可表示为：

$$y(t) = A\cos(\omega t) + B\sin(\omega t) \tag{14-12a}$$

这里，积分常数 A、B 可由振动初始条件（初位移 y_0 和初速度 v_0）确定。

质点运动的速度可表示为：

$$\dot{y}(t)=v(t)=-A\omega\sin(\omega t)+B\omega\cos(\omega t) \tag{14-12b}$$

将初始条件：$y(t)\big|_{t=0}=y_0$ 和 $\dot{y}(t)\big|_{t=0}=v_0$，代入式（14-12a）和式（14-12b）中，可解得积分常数分别为：

$$A=y_0,\ B=\frac{v_0}{\omega}$$

将积分常数 A、B 代入式（14-12a）中，可得单自由度体系不考虑阻尼时自由振动的位移解为：

$$y(t)=y_0\cos(\omega t)+\frac{v_0}{\omega}\sin(\omega t) \tag{14-13}$$

式（14-13）表示振动位移随时间的变化规律，据此可作以下几点说明：

（1）单自由度结构无阻尼下自由振动由两部分组成：一部分是由初位移 y_0 引起的，表现为余弦规律 $y(t)=y_0\cos(\omega t)$（图 14-13a）；另一部分是由初速度 v_0 引起的，表现为正弦规律 $y(t)=\frac{v_0}{\omega}\sin(\omega t)$（图 14-13b）。两者间的相位差为一直角。

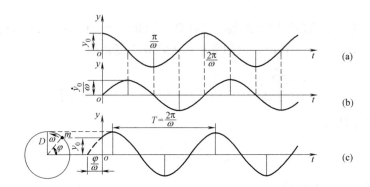

图 14-13　无阻尼下单自由度体系自由振动

（a）初位移 y_0 引起的振动；（b）初速度 v_0 引起的振动；（c）由 y_0 和 v_0 共同引起的振动

（2）振幅及初始相位角

在式（14-13）中，若令

$$\begin{cases} y_0=D\sin\varphi \\ \dfrac{v_0}{\omega}=D\cos\varphi \end{cases}$$

则式（14-13）可改写成：

$$y(t)=D\sin(\omega t+\varphi) \tag{14-14}$$

从式（14-14）可知，不考虑阻尼下单自由度体系的自由振动是简谐振动，这种运动也可以看成质点 m 以角速度 ω 作匀速圆周运动，如图 14-13（c）所示。角速度 ω 表示单位时间所经过的弧度，D 表示振动过程中质点的最大位移（振幅），φ 表示 $t=0$ 时质量 m 所处的位置（初相角），它们可表示为：

$$\begin{cases} D = \sqrt{y_0^2 + \left(\dfrac{v_0}{\omega}\right)^2} \\ \tan\varphi = \dfrac{y_0\omega}{v_0} \end{cases} \tag{14-15}$$

（3）自振周期与自振频率

式（14-14）表示的简谐振动是周期性的运动。若给时间 t 一个增量 $\dfrac{2\pi}{\omega}$，即：

$$y\left(t + \frac{2\pi}{\omega}\right) = D\sin\left[\omega\left(t + \frac{2\pi}{\omega}\right) + \varphi\right] = D\sin(\omega t + \varphi) = y(t)$$

则位移值不变，故记：

$$T = \frac{2\pi}{\omega} \tag{14-16}$$

为结构自振周期，它表示质点振动一个完整的来回所需要的时间，单位为秒（s）。

若将振动看成质点 m 以角速度 ω 作匀速圆周运动，运动一周所经过弧度为 2π，则自振周期 T 表示质点运动一周所需要的时间。

自振周期的倒数表示单位时间内的振动次数，称为工程频率，以 f 表示：

$$f = \frac{1}{T} \tag{14-17}$$

工程频率 f 的单位为赫兹（Hz）或 s^{-1}。

另外，由式（14-16）和式（14-17）可知：

$$\omega = \frac{2\pi}{T} = 2\pi f$$

由此可见，ω 为 2π 个单位时间内的振动次数，称为自振频率（s^{-1} 或 rad/s）。从圆周运动的角度来看，ω 是角速度，因此又称为圆频率、角频率。注意不要将圆频率 ω 与工程频率 f 混淆。

下面给出自振频率和自振周期的几种计算公式。

根据式（14-10）得：

$$\omega = \sqrt{\frac{k}{m}} = \sqrt{\frac{1}{m\delta}}, \quad T = 2\pi\sqrt{\frac{m}{k}} = 2\pi\sqrt{m\delta} \tag{14-18}$$

将 $m = W/g$ 代入上式，得：

$$\omega = \sqrt{\frac{g}{W\delta}} = \sqrt{\frac{g}{\Delta_{st}}}, \quad T = 2\pi\sqrt{\frac{W\delta}{g}} = 2\pi\sqrt{\frac{\Delta_{st}}{g}} \tag{14-19}$$

式中，g 为重力加速度；$W = mg$，为重力；$\Delta_{st} = W\delta$，表示在质点上沿振动方向施加数值为 W 的荷载时质点沿振动方向所产生的静位移。

由以上分析可知，自振频率只与体系的质量和刚度（柔度）有关，而质量和刚度（柔度）是体系的固有属性，因此自振频率反映了体系固有动力特性，又称为固有频率。质点越大（刚度不变），则自振频率越小、周期越长、振动越慢；刚度越大或柔度越小（质量不变），则自振频率越大、周期越短、振动越快。

自振频率或自振周期是反映体系动力性能的一个重要数量指标。两个外表看起来并不相似的体系，若自振频率相近，则它们的动力性能基本一致。相反地，两个外表相似的体系，若自振频率相差很大，则它们的动力性能相差亦很大。因此，自振频率或自振周期的计算在结构动力分析中十分重要。

【例 14-1】 如图 14-14（a）、（b）、（c）所示三种不同支承情况的单跨梁，EI 均为常数，在跨中有一集中质点 m，不考虑梁自重，试比较三种体系的自振频率。

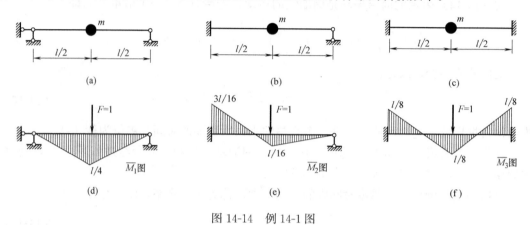

图 14-14　例 14-1 图

【解】 由式（14-18）可知，要计算自振频率 ω，需先求出质点在振动方向上的刚度系数或柔度系数，这里计算柔度系数简单些。

分别在梁跨中施加一竖向单位集中力作用，并作其弯矩图，分别如图 14-14（d）、（e）、（f）所示。将这三个弯矩图分别进行自乘，即可得相应的柔度系数分别为：

$$\delta_1 = \sum \int \frac{\overline{M}_1^2}{EI} dx = \frac{2}{EI}\left(\frac{1}{2} \times \frac{l}{2} \times \frac{l}{4} \times \frac{2}{3} \times \frac{l}{4}\right) = \frac{l^3}{48EI}$$

$$\delta_2 = \sum \int \frac{\overline{M}_2^2}{EI} dx = \frac{1}{EI}\left(\frac{l}{2} \times \frac{3}{16}l \times \frac{2}{3} \times \frac{3}{16}l - 2 \times \frac{1}{2} \times \frac{l}{2} \times \frac{1}{4}l \times \frac{2}{3} \times \frac{1}{4}l\right) = \frac{7l^3}{768EI}$$

$$\delta_3 = \sum \int \frac{\overline{M}_3^2}{EI} dx = \frac{1}{EI}\left| l \times \frac{1}{8}l \times \frac{1}{8}l - 2 \times \frac{1}{2} \times \frac{l}{2} \times \frac{1}{4}l \times \frac{2}{3} \times \frac{1}{4}l \right| = \frac{l^3}{192EI}$$

因而，可求得三种情况下体系的自振频率分别为：

$$\omega_1 = \sqrt{\frac{1}{m\delta_1}} = \sqrt{\frac{48EI}{ml^3}}$$

$$\omega_2 = \sqrt{\frac{1}{m\delta_2}} = \sqrt{\frac{768EI}{7ml^3}}$$

$$\omega_3 = \sqrt{\frac{1}{m\delta_3}} = \sqrt{\frac{192EI}{ml^3}}$$

三种不同支承情况下的频率比为：

$$\omega_1 : \omega_2 : \omega_3 = 1 : 1.51 : 2$$

这说明，随着结构刚度增大，其自振频率也相应地提高，自振周期减小，振动越快。

【例 14-2】 求如图 14-15（a）所示排架的自振频率。已知抗移动弹性支承的刚度系数 $k_1 = \dfrac{6EI}{l^3}$，各横梁 $EA = \infty$，质量均为 m；各柱 EI 为常数，不计质量。

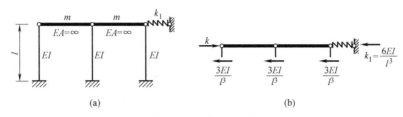

(a)　　　　　　　　　　　　　　(b)

图 14-15　例 14-2 图

【解】 此排架为单自由度体系，沿水平方向振动。为方便计算，本例题采用刚度系数计算自振频率。

若让排架沿水平振动方向向右产生单位位移，由等截面直杆的形常数可求得各柱顶剪力均为 $\dfrac{3EI}{l^3}$，弹簧产生的反力为弹簧刚度系数 k_1。取横梁为隔离体，如图 14-15（b）所示，根据水平方向静力平衡条件，可得刚度系数为：

$$k = 3 \times \left(\frac{3EI}{l^3} \right) + \frac{6EI}{l^3} = \frac{15EI}{l^3}$$

根据式（14-18）可计算自振频率为：

$$\omega = \sqrt{\frac{k}{2m}} = \sqrt{\frac{15EI}{2ml^3}}$$

对于具有多个质点的单自由度体系，当各质点的运动方向不共线时，不能套用式（14-18）计算自振频率，可以先建立振动微分方程，再求自振频率；或者用幅值方程来求解。

【例 14-3】 求如图 14-16（a）所示体系的自振频率。已知各杆 $EI = \infty$，抗移动弹性支承的刚度系数为 k，不考虑阻尼作用。

【解】 由于 $EI = \infty$，该体系振动时杆 $ABCD$ 绕支座 B 转动，为单自由度体系。振动任一时刻 t 支座 B 处转角记为 $\theta(t)$（记顺时针为正），如图 14-16（b）所示，则 A、C、D 处竖向位移分别为：

$$y_A = \frac{l}{2}\theta(t)(\uparrow) \qquad y_C = l\theta(t)(\downarrow) \qquad y_D = \frac{3l}{2}\theta(t)(\downarrow)$$

A、D 处质点受到惯性力分别为：

$$F_{IA}(t) = -m\ddot{y}_A = -\frac{ml}{2}\ddot{\theta}(t)$$

$$F_{ID}(t) = -2m\ddot{y}_D = -3ml\ddot{\theta}(t)$$

支座 C 处产生支反力为：

$$F_{RC}(t) = ky_C = kl\theta(t)(\uparrow)$$

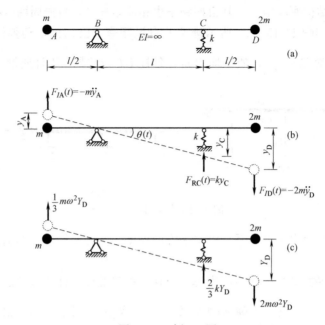

图 14-16　例 4-3 图

(a) 单自由度体系；(b) 振动到任意位置；(c) 振动到振幅位置

由整体的力矩平衡条件 $\sum M_\mathrm{B}=0$ 得：

$$F_{IA}(t)\times\frac{l}{2}-F_{RC}\times l+F_{ID}(t)\times\frac{3}{2}l=0$$

从而有：

$$19m\ddot{\theta}(t)+4k\theta(t)=0$$

即：

$$\ddot{\theta}(t)+\frac{4k}{19m}\theta(t)=0$$

从而可知自振频率为：

$$\omega=\sqrt{\frac{4k}{19m}}$$

这里也可以利用幅值方程来计算自振频率。

根据质点的位移表达式（14-14），可求得质点受到的惯性力为：

$$F_I(t)=-m\ddot{y}(t)=m\omega^2D\sin(\omega t+\varphi)\tag{14-20a}$$

由式（14-14）、式（14-20a）可知：当质点位移达到最大值即振幅 $y_\mathrm{max}=D$ 时，惯性力会同时达到最大值（幅值），而且惯性力的方向与位移方向一致。惯性力幅值 F_I^0 可表示为：

$$F_I^0=m\omega^2D\tag{14-20b}$$

利用上述特性，可以在质点振幅位置处建立运动方程，即将惯性力幅值作用在质点上，由柔度法建立位移方程或用刚度法建立动平衡方程，从而求得自振频率。此运动方程

中不含时间因子 t，这样就将微分方程简化为代数方程，使计算得以简化。

如图 14-16（a）所示体系，设 D 处质点的振幅为 $y_{max}=Y_D$，将两质点的惯性力幅值及弹性支承的反力作用在体系上，如图 14-16（c）所示。由平衡条件 $\sum M_B=0$ 得：

$$\frac{1}{3}m\omega^2 D\times\frac{l}{2}-\frac{2}{3}kD\times l+2m\omega^2 D\times\frac{3}{2}l=0$$

即：

$$Dl\left(\frac{19}{6}m\omega^2-\frac{2}{3}k\right)=0$$

从而求得自振频率：

$$\omega=\sqrt{\frac{4k}{19m}}$$

三、考虑阻尼作用的情况

无阻尼情况下自由振动由于不消耗体系振动能量，从而使振动无休止地延续下去，这是一种理想情况。事实上，任何体系的振动都存在有阻力，在阻力作用下体系振动将逐渐衰减。

码 14-4　单自由度体系自由振动（有阻尼）

在式（14-6b）或式（14-7b）所示自由振动微分方程中，引入 $\omega^2=\frac{k}{m}=\frac{1}{m\delta}$，并令：

$$\xi=\frac{c}{2m\omega} \tag{14-21}$$

这里，ξ 为阻尼比。

于是，单自由度体系有阻尼振动方程可改写为：

$$\ddot{y}(t)+2\xi\omega\dot{y}(t)+\omega^2 y(t)=0 \tag{14-22}$$

此微分方程的特征方程可表示为：

$$r^2+2\xi\omega r+\omega^2=0 \tag{14-23}$$

特征方程的两个根为：

$$r_{1,2}=\omega(-\xi\pm\sqrt{\xi^2-1})$$

根据阻尼比 ξ 的数值大小，即 $\xi<1$、$\xi=1$、$\xi>1$，上述特征方程的根有三种不同情况，微分方程式（14-22）的通解也有不同的形式，从而可得到三种不同的运动形态。下面分别加以讨论。

（1）$\xi<1$（$c<2m\omega$，即低阻尼情况）

特征方程式（14-23）的两个复根为：

$$r_{1,2}=-\xi\omega\pm i\omega\sqrt{1-\xi^2}=-\xi\omega\pm i\omega_d$$

这里令：

$$\omega_d=\omega\sqrt{1-\xi^2} \tag{14-24}$$

为低阻尼体系的自振频率。

此时，微分方程式（14-22）的通解为：

$$y = e^{-\xi\omega t}[C_1\cos(\omega_d t) + C_2\sin(\omega_d t)] \tag{14-25}$$

将初始条件：$y(t)\big|_{t=0} = y_0$ 和 $\dot{y}(t)\big|_{t=0} = v_0$ 代入式（14-25）后，可确定积分常数 C_1、C_2 分别为：

$$C_1 = y_0, \quad C_2 = \frac{v_0 + \xi\omega y_0}{\omega_d}$$

将 C_1、C_2 代入式（14-25）后，可得单自由度体系低阻尼下自由振动位移解：

$$y = e^{-\xi\omega t}\left[y_0\cos(\omega_d t) + \frac{v_0 + \xi\omega y_0}{\omega_d}\sin(\omega_d t)\right] \tag{14-26}$$

若令：

$$\begin{cases} D\sin\varphi_d = y_0 \\ D\cos\varphi_d = \dfrac{v_0 + \xi\omega y_0}{\omega_d} \end{cases}$$

式（14-26）可改写为：

$$y = e^{-\xi\omega t}D\sin(\omega_d t + \varphi_d) \tag{14-27}$$

式中，

$$\begin{cases} D = \sqrt{y_0^2 + \dfrac{(v_0 + \xi\omega y_0)^2}{\omega_d^2}} \\ \tan\varphi_d = \dfrac{\omega_d y_0}{v_0 + \xi\omega y_0} \end{cases} \tag{14-28}$$

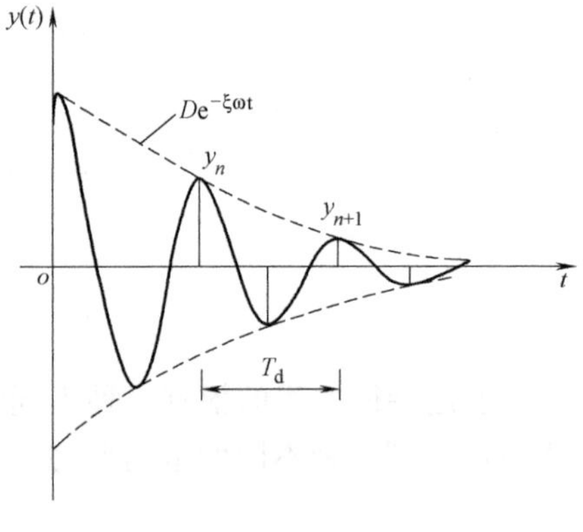

图 14-17　低阻尼自由振动曲线

根据以上解答，对单自由度体系低阻尼下的自由振动，可作如下几点说明：

① 若将式（14-27）在 y-t 坐标系中用曲线表示，如图 14-17 所示，这表明低阻尼下单自由度体系自由振动为衰减的正弦曲线。虽然它不是严格意义上的周期运动，但质点在相邻两次通过静力平衡位置时，其时间间隔是相等的，因此称为衰减的周期运动。

② 低阻尼对自振频率的影响。

在式（14-24）中，由于 $\xi < 1$，因此有：

$$\omega_d < \omega, \quad T_d = \frac{2\pi}{\omega_d} > T$$

这表明，随着阻尼的增大，频率减小，但周期延长。

在一般建筑结构中，ξ 在 $0.01 \sim 0.1$ 之间，有阻尼与无阻尼下自振频率很接近，可认为近似相等。因此一般建筑结构的动力分析时，计算频率和周期时可以不考虑阻尼的影响。

③ 低阻尼对振幅的影响。

在质点位移表达式（14-27）中，质点振幅可表示为：

$$y_{\max} = e^{-\xi\omega t} D \qquad (14\text{-}29)$$

由此可见，由于阻尼的影响，振幅随时间按指数规律衰减。

若记某一振动周期内振幅为 y_n，经历一个周期 $\left(T_d = \dfrac{2\pi}{\omega_d}\right)$ 后的振幅记为 y_{n+1}，则它们的比值为：

$$\frac{y_{n+1}}{y_n} = \frac{D e^{-\xi\omega(t_n + T_d)}}{D e^{-\xi\omega t_n}} = e^{-\xi\omega T_d} \qquad (14\text{-}30)$$

由此可见，低阻尼下质点振幅是按等比级数递减的，ξ 值越大，衰减越快。

④ 阻尼比的测定

将式（14-30）两边取对数得：

$$\ln\frac{y_n}{y_{n+1}} = \xi\omega T_d = \xi\omega\frac{2\pi}{\omega_d}$$

由于 $\omega_d \approx \omega$，从而有：

$$\xi \approx \frac{1}{2\pi}\ln\frac{y_n}{y_{n+1}} \qquad (14\text{-}31)$$

这里，$\ln\dfrac{y_n}{y_{n+1}}$ 称为振幅的对数递减率。实验中若能测出任意相邻两个振幅值，由振幅的对数递减率就能求出阻尼比 ξ 值。

同样地，用 y_n 和 y_{n+j} 表示两个相隔 j 个周期的振幅，由于：

$$\frac{y_{n+j}}{y_n} = \frac{D e^{-\xi\omega(t_n + j T_d)}}{D e^{-\xi\omega t_n}} = e^{-\xi\omega j T_d}$$

$$\ln\frac{y_n}{y_{n+j}} = \xi\omega j T_d = \xi\omega j\frac{2\pi}{\omega_d}$$

从而得：

$$\xi \approx \frac{1}{2\pi j}\ln\frac{y_n}{y_{n+j}} \qquad (14\text{-}32)$$

因此，阻尼比测量实验中，为了提高精度，通常可通过测定相距 j 个周期的两个振幅值，按式（14-32）来推算阻尼比 ξ 值。

（2）$\xi > 1$（$c > 2m\omega$，即强阻尼情况）

此时特征方程式（14-23）有两个负根：

$$r_{1,2} = \omega(-\xi \pm \sqrt{\xi^2 - 1})$$

振动微分方程式（14-22）的通解为非周期函数：

$$y = C_1 e^{r_1 t} + C_2 e^{r_2 t}$$

将初始条件：$y(t)|_{t=0} = y_0$ 和 $\dot{y}(t)|_{t=0} = v_0$ 引入上式后，可得质点振动位移为：

$$y(t) = e^{-\xi\omega t}\left[y_0\cosh\left(\omega\sqrt{\xi^2-1}\,t\right) + \frac{v_0 + \xi\omega y_0}{\omega\sqrt{\xi^2-1}}\sinh\left(\omega\sqrt{\xi^2-1}\,t\right)\right] \qquad (14\text{-}33)$$

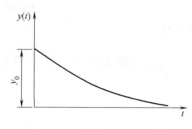

图 14-18 强阻尼下 y-t 曲线

式（14-33）表示的 y-t 曲线如图 14-18 所示，可知：由于阻尼过大，体系的运动为按指数规律衰减的非周期蠕动，即结构受初始干扰偏离平衡位置后将缓慢地回到原有位置，不出现振动现象。实际工程中一般不会出现这种情况。

（3）$\xi = 1$（$c = 2m\omega$，即临界阻尼情况）

此时，特征方程式（14-23）有两个相等实根：

$$r_{1,2} = -\omega$$

因此，微分方程式（14-22）的解为：

$$y(t) = (C_1 + C_2 t)e^{-\omega t}$$

将初始条件：$y(t)|_{t=0} = y_0$ 和 $\dot{y}(t)|_{t=0} = v_0$ 代入后，可得质点振动位移为：

$$y(t) = [y_0(1 + \omega t) + v_0 t]e^{-\omega t} \tag{14-34}$$

式（14-34）所示 y-t 曲线见图 14-19，它表示体系从初始位移 y_0 出发，逐渐回到平衡位置而无振动发生。这是由振动状态过渡到非振动状态的临界情况，因此称为临界阻尼，此时的阻尼系数称为临界阻尼系数 c_r。

式（14-21）中，令 $\xi = 1$，则临界阻尼系数 c_r 可表示为：

$$c_r = 2m\omega \tag{14-35}$$

相应地有：

$$\xi = \frac{c}{2m\omega} = \frac{c}{c_r} \tag{14-36}$$

这说明，阻尼比 ξ 即为实际阻尼系数 c 与临界阻尼系数 c_r 的比值。

【例 14-4】 如图 14-20 所示排架，横梁 $EA = \infty$，横梁及柱的质量都集中在横梁处。为进行振动实验，在横梁处加一水平力 $F = 16.4$kN，柱产生侧位移 $y_0 = 2$cm。此时突然卸除荷载，排架作自由振动。经 4 周期用时 2s，振幅降为 1cm。试求：阻尼比 ξ、自振周期 T、阻尼系数 c 以及振动 10 次后柱顶振幅值。

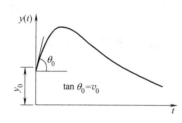

图 14-19 临界阻尼下 y-t 曲线

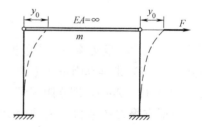

图 14-20 例 14-4 图

【解】 （1）求阻尼比 ξ

由式（14-31）得：

$$\xi \approx \frac{1}{2\pi j} \ln \frac{y_n}{y_{n+j}} = \frac{1}{2\pi \times 4} \ln \frac{2}{1} = 0.0276$$

（2）求自振周期 T

已知经 4 周期用时 2s，可知 $T_d = 2/4 = 0.5$s，从而无阻尼情况下自振周期为：

$$T = T_d \sqrt{1 - \xi^2} = 0.4998\text{s}$$

(3) 求阻尼系数 c

已知柱顶产生侧移 $y_0 = 2\text{cm}$ 时用力 $F = 16.4\text{kN}$，由刚度系数定义可知：

$$k = \frac{16.4}{0.02} = 820\text{kN/m}$$

自振频率为：

$$\omega = \frac{2\pi}{T} = 12.571\text{s}^{-1}$$

质点质量为：

$$m = k/\omega^2 = 5.19\text{kg}$$

由式 (14-21) 有：

$$c = 2m\omega\xi = 3.601\text{kN/(m/s)}$$

(4) 求振动 10 次后的振幅 y_{10}

根据式 (14-32) 有：

$$\xi \approx \frac{1}{2\pi j}\ln\frac{y_n}{y_{n+j}} = \frac{1}{2\pi \times 10}\ln\frac{2}{y_{10}} = 0.0276$$

从而得：

$$y_{10} = 0.354\text{cm}$$

第三节　单自由度体系在简谐荷载下的强迫振动

结构在动力荷载（也称干扰力）作用下的振动称为强迫振动或受迫振动。在结构工程中，最常见的动力荷载是简谐荷载，记为：

$$F(t) = F\sin(\theta t) \tag{14-37a}$$

式中　F——简谐荷载最大值（荷载幅值）；

θ——简谐荷载频率。

如机器转速 n（每分钟 n 转）已知时，简谐荷载频率可表示为：

$$\theta = \frac{2\pi n}{60} \quad (\text{s}^{-1}) \tag{14-37b}$$

一、强迫振动微分方程的建立

如图 14-21 (a) 所示单自由度体系在动荷载 $F(t)$ 作用下产生强迫振动，如图 14-21 (b) 所示为其振动物理模型：质点 m 受到体系的弹性作用用弹簧（刚度系数 k）表示，受到的阻尼作用用阻尼减震器（阻尼系数 c）表示，质点上还作用有外荷载 $F(t)$。

取质点 m 为隔离体，其受力如图 14-21 (c) 所示，由达朗贝尔原理可建立惯性力 $F_I(t) = -m\ddot{y}(t)$、弹性力 $F_e(t) = -ky(t)$、阻尼力 $F_R(t) = -c\dot{y}(t)$ 和动荷载 $F(t)$ 间的平衡方程：

$$m\ddot{y}(t) + c\dot{y}(t) + ky(t) = F(t) \tag{14-38}$$

式 (14-38) 为由刚度法得到的单自由度体系强迫振动微分方程。

也可以采用柔度法建立振动方程：质点位移 $y(t)$ 可看作由惯性力 $F_I(t) = -m\ddot{y}(t)$、

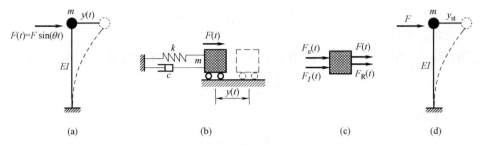

图 14-21　单自由度体系强迫振动

(a) 单自由度体系强迫振动；(b) 质量-弹簧物理模型；(c) 质点 m 受力图；(d) y_{st} 的含义

阻尼力 $F_R(t) = -c\dot{y}(t)$ 和动荷载 $F(t)$ 共同作用下产生的，由叠加法有：

$$y(t) = \delta \left[F_I(t) + F_R(t) + F(t) \right]$$

从而可得：

$$m\ddot{y}(t) + c\dot{y}(t) + \frac{y(t)}{\delta} = F(t) \tag{14-39}$$

式（14-39）为通过柔度法建立的单自由度结构强迫振动下的微分方程。很明显，式（14-38）和式（14-39）是完全一样的。

为了方便学习，这里将强迫振动分为无阻尼和有阻尼两种情况分别讨论。

二、不考虑阻尼时的情况

码 14-5　单自由度
体系简谐荷载下
振动（无阻尼）

在式（14-38）或式（14-39）所示振动方程中，令 $\omega^2 = \dfrac{k}{m} = \dfrac{1}{m\delta}$、阻尼系数 $c = 0$，并将简谐荷载表达式（14-37a）代入，可得：

$$\ddot{y}(t) + \omega^2 y(t) = \frac{F\sin(\theta t)}{m} \tag{14-40}$$

式（14-40）为二阶常系数非齐次微分方程，它的通解由齐次解 $\overline{y}(t)$ 和特解 $y^*(t)$ 两部分组成：

$$y(t) = \overline{y}(t) + y^*(t)$$

齐次解 $\overline{y}(t)$ 已在第二节中求出：

$$\overline{y}(t) = A_1\cos(\omega t) + A_2\sin(\omega t)$$

设特解为：

$$y^*(t) = A\sin(\theta t)$$

则有：

$$\dot{y}^*(t) = A\theta\cos(\theta t)$$
$$\ddot{y}^*(t) = -A\theta^2\sin(\theta t)$$

将特解代入式（14-40）中，得：$(-\theta^2 + \omega^2)A\sin(\theta t) = \dfrac{F\sin(\theta t)}{m}$，从而有：

$$A = \frac{F}{m(\omega^2 - \theta^2)}$$

因而特解可表示为：

$$y^*(t) = \frac{F}{m(\omega^2 - \theta^2)} \sin(\theta t) \qquad (14\text{-}41)$$

将上述特解和齐次解相加，即得式（14-40）的通解为：

$$y(t) = \overline{y}(t) + y^*(t) = A_1 \cos(\omega t) + A_2 \sin(\omega t) + \frac{F}{m(\omega^2 - \theta^2)} \sin(\theta t) \quad (14\text{-}42\text{a})$$

式中，积分常数 A_1、A_2 可由振动初始条件（初位移 y_0 和初速度 v_0）确定如下：

$$\begin{cases} y(t)\big|_{t=0} = y_0 \Rightarrow A_1 = y_0 \\ \dot{y}(t)\big|_{t=0} = v_0 \Rightarrow A_2 = \dfrac{v_0}{\omega} - \dfrac{F}{m(\omega^2 - \theta^2)} \dfrac{\theta}{\omega} \end{cases}$$

因此，式（14-42a）可表示为：

$$y(t) = y_0 \cos(\omega t) + \frac{v_0}{\omega} \sin(\omega t) - \frac{F}{m(\omega^2 - \theta^2)} \frac{\theta}{\omega} \sin(\omega t) + \frac{F}{m(\omega^2 - \theta^2)} \sin(\theta t)$$

$$(14\text{-}42\text{b})$$

式（14-42b）由三部分组成：

（1）第一部分是由初始条件决定的自由振动，即：

$$y(t) = y_0 \cos(\omega t) + \frac{v_0}{\omega} \sin(\omega t)$$

（2）第二部分是与初始条件无关而伴随简谐荷载的作用而发生的振动，但其振动频率与结构的自振频率 ω 一致，称为伴生自由振动，即：

$$y(t) = -\frac{F}{m(\omega^2 - \theta^2)} \frac{\theta}{\omega} \sin(\omega t)$$

（3）第三部分是按荷载频率 θ 而发生的振动，称为纯强迫振动，即：

$$y(t) = \frac{F}{m(\omega^2 - \theta^2)} \sin(\theta t) \qquad (14\text{-}43)$$

由于在实际振动过程中存在阻尼力，按自振频率振动的前两部分将会逐渐消失，最后只剩下按荷载频率振动的第三部分。把自由振动消失之前即自由振动和强迫振动同时存在的这一阶段称为过渡阶段，过渡阶段时间长短取决于阻尼大小。过渡阶段结束后，体系只按荷载频率振动的阶段称为稳态阶段。由于过渡阶段延续的时间较短，因此在实际问题的振动分析中通常只考虑稳态振动阶段。

下面讨论稳态阶段的振动。在式（14-43）中，记：

$$\frac{F}{m\omega^2} = \frac{F}{k} = F\delta = y_{\text{st}} \qquad (14\text{-}44)$$

式中，y_{st} 表示将荷载幅值 F 作为静荷载作用于结构上时所引起的静力位移，如图 14-21（d）所示。

并记频率比 f_{t} 为：

$$f_{\text{t}} = \frac{\theta}{\omega} \qquad (14\text{-}45)$$

因此，式（14-43）所表示的纯强迫振动可表示为：

$$y(t) = \frac{F}{m\omega^2\left(1 - \dfrac{\theta^2}{\omega^2}\right)}\sin(\theta t) = y_{st}\frac{1}{(1-f_t^2)}\sin(\theta t) \tag{14-46}$$

这里，最大动位移（振幅）可表示为：

$$y_{max} = \frac{F}{m\omega^2\left(1 - \dfrac{\theta^2}{\omega^2}\right)} = y_{st}\frac{1}{(1-f_t^2)} \tag{14-47}$$

最大动位移 y_{max} 与静位移 y_{st} 的比值称为位移动力放大系数，以 β 表示：

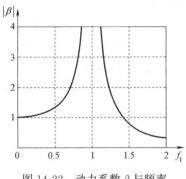

图 14-22 动力系数 β 与频率
比 f_t 的关系

$$\beta = \frac{y_{max}}{y_{st}} = \frac{1}{1-f_t^2} \tag{14-48}$$

式（14-48）表明，动力系数 β 与频率比 f_t 有关，β 随 f_t 的变化规律如图 14-22 所示。应当注意，当 $f_t > 1$ 时 β 为负值，表示动力位移与动力荷载的指向相反。既然位移随时间作简谐变化，在工程设计中要求的是振幅绝对值，即动力系数只需取绝对值，因此在图 14-22 中纵坐标为 β 的绝对值。

由图 14-22 可知：

① 当 $\theta \ll \omega$（$f_t \ll 1$）时，动力系数 $\beta \to 1$。

此时简谐荷载变化非常缓慢（相对于结构自振周期），动力作用不明显，因而可按静荷载处理。

② 当 $0 < f_t < 1$ 时，动力系数 $\beta > 1$，且 β 随 f_t 增大而增大。

③ 当 $\theta \to \omega$（$f_t \to 1$）时，动力系数 $|\beta| \to \infty$。

即当荷载频率 θ 接近于结构自振频率 ω 时，振幅会无限增大，这种现象称为共振。实际上由于阻尼的存在，共振时振幅也不会出现无限大的情况，但发生共振或接近共振时的振幅比静位移大很多的情况是会出现的，因此在工程中应当避免共振发生。

④ 当 $f_t > 1$ 时，动力系数绝对值 $|\beta|$ 随 f_t 增大而减小。

⑤ 当 $\theta \gg \omega$（$f_t \gg 1$）时，动力系数 $|\beta| \to 0$。即高频简谐荷载作用下，体系趋近于静止状态。

以上分析了简谐荷载作用下质点位移幅值随频率比的变化情况，对于结构的内力、应力也可作类似分析。应该指出，对单自由度体系，当干扰力与惯性力的作用点、作用线都重合时，质点位移动力系数也是结构各截面动内力和动位移的动力系数，即结构各量值的动力系数相同，可统称为动力系数。

【例 14-5】 如图 14-23（a）所示简支工字钢梁，弹性模量 $E = 2.1 \times 10^8$ kPa，截面惯性矩 $I = 5017$ cm^4，截面抵抗矩 $W = 401.4$ cm^3。在梁跨中装有一台重量 $G = 30$ kN 的电动机，偏心旋转块重力 $Q = 4.5$ kN，偏心矩 $r = 2.5$ cm，转速为每分钟 400 转。不考虑阻尼影响，钢梁本身重量忽略不计。计算此钢梁产生的最大挠度和最大截面应力。

【解】 偏心块的圆周运动产生离心力 F，离心力的竖向分量 $F\sin(\theta t)$ 使梁产生竖向简谐振动。

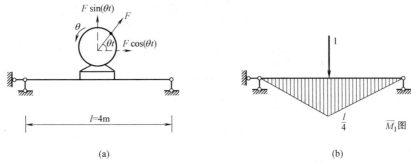

图 14-23　例 14-5 图

（1）求简谐荷载 $F\sin(\theta t)$

荷载频率为：

$$\theta = \frac{2\pi n}{60} = \frac{2 \times 3.14 \times 400}{60} = 41.89 \text{s}^{-1}$$

荷载幅值即为伴随偏心块旋转角度 θ 产生的惯性力幅值：

$$F = \frac{Q}{g}\theta^2 r = \frac{4.5}{9.8} \times 41.89^2 \times 2.5 \times 10^{-2} = 20.1 \text{kN}$$

（2）求动力系数 β

先求梁的自振频率，为此在梁跨中沿竖向施加单位力，并作其弯矩图 $\overline{M}_1$，如图 14-23（b）所示。由图乘法可计算柔度系数为：

$$\delta = \sum \int \frac{\overline{M}_1^2}{EI} \mathrm{d}s = \frac{l^3}{48EI} = \frac{4^3}{48 \times 2.1 \times 10^8 \times 5017 \times 10^{-8}} = 1.266 \times 10^{-4} \text{ m/kN}$$

自振频率为：

$$\omega = \sqrt{\frac{1}{m\delta}} = \sqrt{\frac{9.8}{30 \times 1.266 \times 10^{-4}}} = 50.8 \text{s}^{-1}$$

动力系数为：

$$\beta = \frac{1}{1 - \left(\dfrac{\theta}{\omega}\right)^2} = \frac{1}{1 - \left(\dfrac{41.89}{50.8}\right)^2} = 3.13$$

（3）求梁产生的最大挠度（静力作用和动力作用产生的挠度之和）

梁跨中的竖向静位移（由电动机自重 G 引起）为：

$$y_{\text{max静}} = \delta G$$

动荷载作用产生的最大动位移（振幅）为：

$$y_{\text{max动}} = \beta y_{\text{st}} = \beta \delta F$$

因此，梁跨中的最大挠度为：

$$y_{\text{max}} = y_{\text{max静}} + y_{\text{max动}} = \delta(G + \beta F) = 1.266 \times 10^{-4} \times (30 + 3.13 \times 20.1) = 1.18 \text{cm}$$

（4）求梁截面最下边缘处产生的最大拉应力（静力作用与动力作用产生的应力之和）

$$\sigma_{max} = \sigma_{max静} + \sigma_{max动} = \frac{Gl/4}{W} + \beta \frac{Fl/4}{W} = \frac{l}{4W}(G + \beta F)$$

$$= \frac{4}{4 \times 401.4 \times 10^{-6}}(30 + 3.13 \times 20.1) = 2.31 \times 10^5 \, kPa$$

三、考虑阻尼作用的情况

码 14-6 单自由度
体系简谐荷载下
振动（有阻尼）

考虑阻尼影响时，在式（14-38）或式（14-39）所示振动方程中，令 $\omega^2 = \frac{k}{m} = \frac{1}{m\delta}$，阻尼比 $\xi = \frac{c}{2m\omega}$，并将简谐荷载表达式（14-37）代入，可得：

$$\ddot{y}(t) + 2\xi\omega\dot{y}(t) + \omega^2 y(t) = \frac{F}{m}\sin(\theta t) \tag{14-49}$$

式（14-49）的通解由齐次解 $\overline{y}(t)$ 和特解 $y^*(t)$ 两部分组成。低阻尼（$\xi < 1$）时的齐次解为：

$$\overline{y}(t) = e^{-\xi\omega t}[A_1\cos(\omega_d t) + A_2\sin(\omega_d t)]$$

设特解为：

$$y^*(t) = C_1\cos(\theta t) + C_2\sin(\theta t)$$

则：

$$\dot{y}^*(t) = -C_1\theta\sin(\theta t) + C_2\theta\cos(\theta t)$$

$$\ddot{y}^*(t) = -C_1\theta^2\cos(\theta t) - C_2\theta^2\sin(\theta t)$$

将它们代入式（14-49），经整理可得：

$$\left(-C_2\theta^2 - 2C_1\xi\omega\theta + C_2\omega^2 - \frac{F}{m}\right)\sin(\theta t) = (-C_1\theta^2 - 2C_2\xi\omega\theta - C_1\omega^2)\cos(\theta t)$$

若在任意时刻上式都成立，则有：

$$\begin{cases} -C_2\theta^2 - 2C_1\xi\omega\theta + C_2\omega^2 - \frac{F}{m} = 0 \\ -C_1\theta^2 - 2C_2\xi\omega\theta - C_1\omega^2 = 0 \end{cases}$$

从而可求得特解中的常数分别为：

$$C_1 = \frac{F}{m} \cdot \frac{-2\xi\omega\theta}{(\omega^2 - \theta^2)^2 + 4\xi^2\omega^2\theta^2}, \quad C_2 = \frac{F}{m} \cdot \frac{\omega^2 - \theta^2}{(\omega^2 - \theta^2)^2 + 4\xi^2\omega^2\theta^2}$$

将上述特解和齐次解叠加，即得式（14-49）的通解为：

$$y = e^{-\xi\omega t}[A_1\cos(\omega_d t) + A_2\sin(\omega_d t)]$$
$$+ \frac{F}{m[(\omega^2 - \theta^2)^2 + 4\xi^2\omega^2\theta^2]}[(\omega^2 - \theta^2)\sin(\theta t) - 2\xi\omega\theta\cos(\theta t)] \tag{14-50a}$$

式中，积分常数 A_1、A_2 可由振动初始条件（初位移 y_0 和初速度 v_0）确定。将初始条件：$y(t)|_{t=0} = y_0$ 和 $\dot{y}(t)|_{t=0} = v_0$，引入式（14-50）中，可求得：

$$\begin{cases} A_1 = y_0 + \dfrac{2\xi\omega\theta F}{m[(\omega^2 - \theta^2)^2 + 4(\xi\omega\theta)^2]} \\ A_2 = \dfrac{v_0 + \xi\omega y_0}{\omega_d} + \dfrac{2(\xi\omega)^2\theta F - \theta F(\omega^2 - \theta^2)}{m\omega_d[(\omega^2 - \theta^2)^2 + 4(\xi\omega\theta)^2]} \end{cases}$$

因此式（14-50a）可写成：

$$y(t)=\mathrm{e}^{-\xi\omega t}\left[y_0\cos(\omega_\mathrm{d}t)+\frac{v_0+\xi\omega y_0}{\omega_\mathrm{d}}\sin(\omega_\mathrm{d}t)\right]$$

$$+\mathrm{e}^{-\xi\omega t}\frac{\theta F}{m\left[(\omega^2-\theta^2)^2+4(\xi\omega\theta)^2\right]}\left[2\xi\omega\cos(\omega_\mathrm{d}t)+\frac{2(\xi\omega)^2-(\omega^2-\theta^2)}{\omega_\mathrm{d}}\sin(\omega_\mathrm{d}t)\right]$$

$$+\frac{F}{m\left[(\omega^2-\theta^2)^2+4(\xi\omega\theta)^2\right]}\left[(\omega^2-\theta^2)\sin(\theta t)-2\xi\omega\theta\cos(\theta t)\right]\tag{14-50b}$$

式（14-50b）的右边由三项（各用大括号表示）组成。前两项表示体系按自振频率 ω_d 振动的部分，由于含有因子 $\mathrm{e}^{-\xi\omega t}$，这部分振动将逐渐衰减而最后消失。第三项表示体系按荷载频率 θ 振动，由于受到荷载的周期影响，这部分振动不会衰减，是稳态振动。因此，稳态振动解可表示为：

$$y(t)=\frac{F}{m\left[(\omega^2-\theta^2)^2+(2\xi\omega\theta)^2\right]}\left[(\omega^2-\theta^2)\sin(\theta t)-2\xi\omega\theta\cos(\theta t)\right]\tag{14-51}$$

在上式中，令：

$$\begin{cases}\dfrac{(\omega^2-\theta^2)F}{m\left[(\omega^2-\theta^2)^2+(2\xi\omega\theta)^2\right]}=D\cos\varphi_\mathrm{d}\\[3mm]\dfrac{2\xi\omega\theta F}{m\left[(\omega^2-\theta^2)^2+(2\xi\omega\theta)^2\right]}=D\sin\varphi_\mathrm{d}\end{cases}$$

则式（14-51）可改写为：

$$y(t)=D\sin(\theta t-\varphi_\mathrm{d})\tag{14-52}$$

式中，D 为质点振幅；φ_d 为位移和荷载间的相位差，它们可分别表示为：

$$D=\frac{F}{m}\frac{1}{\sqrt{(\omega^2-\theta^2)^2+(2\xi\omega\theta)^2}}\tag{14-53}$$

$$\varphi_\mathrm{d}=\arctan\left(\frac{2\xi\omega\theta}{\omega^2-\theta^2}\right)\tag{14-54}$$

记 $\dfrac{F}{m\omega^2}=\dfrac{F}{k}=F\delta=y_\mathrm{st}$，表示将荷载幅值 F 作为静荷载作用于结构上时所引起的静力位移（图 14-21d），频率比 $f_\mathrm{t}=\dfrac{\theta}{\omega}$，则振幅表达式（14-53）可写为：

$$D=\frac{F}{m\omega^2}\frac{1}{\sqrt{(1-f_\mathrm{t}^2)^2+4\xi^2f_\mathrm{t}^2}}=\beta_\mathrm{d}y_\mathrm{st}\tag{14-55}$$

式中，β_d 为低阻尼时的位移动力系数，即：

$$\beta_\mathrm{d}=\frac{D}{y_\mathrm{st}}=\frac{1}{\sqrt{(1-f_\mathrm{t}^2)^2+4\xi^2f_\mathrm{t}^2}}\tag{14-56}$$

式（14-56）表明，动力系数 β_d 值不仅与频率比 f_t 有关，还与阻尼比 ξ 有关。对于

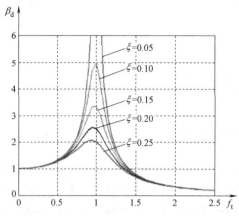

图 14-24 动力系数 β_d 与频率比 f_t 的关系

不同的阻尼比 ξ 值，可绘出动力系数 β_d 与频率比 f_t 之间的关系曲线，如图 14-24 所示。

下面根据式（14-56）及图 14-24 作几点说明。

（1）当 $\theta \ll \omega$（$f_t \ll 1$）和 $\theta \gg \omega$（$f_t \gg 1$）时，ξ 对动力系数 β_d 的影响不大，可以不考虑阻尼的影响。在 $\theta \ll \omega$（$f_t \ll 1$）时，动力系数 $\beta_d \to 1$，动力荷载可按静荷载来处理。在 $\theta \gg \omega$（$f_t \gg 1$）时，动力系数 $\beta_d \to 0$，可近似认为质点无振动位移。

（2）当 $\theta \to \omega$（$f_t \to 1$）时，ξ 对动力系数 β_d 的影响很大。而且随着阻尼比 ξ 的增大，β_d 值迅速下降，特别是在 $f_t = 1$ 附近，β_d 峰值削平最明显。

当 $f_t = \dfrac{\theta}{\omega} = 1$，即发生共振时，由式（14-56）得出共振时的动力系数为：

$$\beta_d \mid_{f_t=1} = \frac{1}{2\xi} \tag{14-57}$$

实际上，在有阻尼体系中，动力系数 β_d 的最大值并不发生在共振（$f_t = 1$）时。利用对式（14-56）采用求极值的方法 $\left(\dfrac{\mathrm{d}\beta_d}{\mathrm{d}f_t} = 0 \right)$ 可知，当 $f_t = \sqrt{1 - 2\xi^2}$ 时可求得 β_d 最大值为：

$$\beta_{d\max} = \frac{1}{2\xi\sqrt{1-\xi^2}} \tag{14-58a}$$

由于通常情况下 ξ 值很小，因此可近似地认为：

$$\beta_{d\max} \approx \beta_d \mid_{f_t=1} = \frac{1}{2\xi} \tag{14-58b}$$

若忽略阻尼的影响，即式（14-57）中令 $\xi \to 0$，则得出无阻尼共振时动力系数趋于无穷大的结论。若考虑阻尼的影响，即在式（14-57）中令 ξ 不为零，则得出有阻尼情况下发生共振时的动力系数是一个有限值的结论。这说明，研究共振的动力反应，阻尼的影响是不容忽视的。

（3）由式（14-52）可知，阻尼体系的振动位移比荷载滞后一个相位角 φ_d，φ_d 值可由式（14-54）确定：当 $0 < f_t = \dfrac{\theta}{\omega} \leqslant 1$ 时，$0 < \varphi_d < \dfrac{\pi}{2}$；当 $f_t = \dfrac{\theta}{\omega} > 1$ 时，$\dfrac{\pi}{2} < \varphi_d < \pi$。

当 $\theta \ll \omega$（$f_t \ll 1$）时，相位差 $\varphi_d \to 0$，位移 $y(t)$ 与荷载 $F(t)$ 同步。这说明，当荷载频率很小时，体系振动很慢，惯性力、阻尼力可忽略不计，动荷载 $F(t)$ 主要与弹性恢复力平衡。由于弹性力与位移 $y(t)$ 反向，因而动荷载 $F(t)$ 与位移 $y(t)$ 同步。

当 $\theta \to \omega$（$f_t \to 1$）时，动位移 $y(t)$ 与动荷载 $F(t)$ 相位差 $\varphi_d \to \pi/2$。此时，位移表达式（14-52）为：

$$y(t) = \beta_d y_{st} \sin\left(\theta t - \frac{\pi}{2}\right) = -\beta_d y_{st} \cos(\theta t) = -\beta_d y_{st} \cos(\omega t)$$

相应的惯性力 $F_I(t)$、弹性力 $F_e(t)$ 和阻尼力 $F_R(t)$ 分别为：

$$F_I(t) = -m\ddot{y}(t) = -m\omega^2\beta_{\mathrm{d}}y_{\mathrm{st}}\cos(\omega t) = -k\beta_{\mathrm{d}}y_{\mathrm{st}}\cos(\omega t)$$

$$F_{\mathrm{e}}(t) = -ky(t) = k\beta_{\mathrm{d}}y_{\mathrm{st}}\cos(\omega t)$$

$$F_R(t) = -c\dot{y}(t) = -c\beta_{\mathrm{d}}y_{\mathrm{st}}\omega\sin(\omega t) = -2\xi\omega m\beta_{\mathrm{d}}y_{\mathrm{st}}\omega\sin(\omega t) = -F\sin(\omega t)$$

可见，有阻尼体系发生共振时，惯性力 $F_I(t)$ 与弹性力 $F_{\mathrm{e}}(t)$ 平衡，阻尼力 $F_R(t)$ 和动荷载 $F(t)$ 平衡。在无阻尼简谐荷载作用下体系共振时，惯性力仍与弹性力平衡，由于没有力与动荷载平衡，出现位移、内力趋于无限大的情况。这说明，在共振情况下，阻尼力起着重要作用。

当 $\theta \gg \omega$（$f_{\mathrm{t}} \gg 1$）时，相位差 $\varphi_{\mathrm{d}} \to \pi$，位移 $y(t)$ 与动荷载 $F(t)$ 方向相反。这说明，当荷载频率很大时，体系振动很快，惯性力很大，弹性力和阻尼力相对较小，动荷载 $F(t)$ 主要与惯性力平衡。由于惯性力与位移是同相位的，因此荷载与位移是反向的（即相位角相差180°）。

码 14-7 单自由度体系简谐荷载下振动（动荷载不直接作用在质点上）

四、动荷载不直接作用在质点上的情况

以上分析中干扰力 $F(t)$ 是直接作用在质点 m 上的情形，在实际问题中干扰力 $F(t)$ 也可能不直接作用在质点上。

如图 14-25（a）所示悬臂立柱，质点 m 在柱顶，而干扰力 $F(t)$ 则作用在柱间。在对质点 m 作振动分析时，设在振动任一时刻 t，质点 m 的位移记为 $y(t)$，这可以看作是惯性力 $F_I = -m\ddot{y}(t)$ 和干扰力 $F(t) = F\sin(\theta t)$ 共同作用下产生的。这里不考虑阻尼作用。

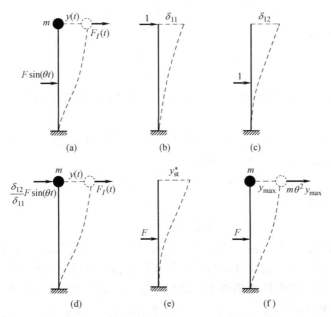

图 14-25 干扰力不直接作用在质点上的情况

(a) 单自由度体系；(b) δ_{11} 的含义；(c) δ_{12} 的含义；(d) 等效为直接作用于质点的动载；

(e) 荷载幅值作用；(f) 振动到振幅位置

悬臂柱在沿质点振动方向及动荷载方向分别作用有单位荷载时，沿质点振动方向产生的位移分别记为 δ_{11}（图 14-25b）、δ_{12}（图 14-25c）。根据叠加原理，质点 m 在任一时刻 t

125

的位移可表示为：

$$y(t) = \delta_{11}F_I(t) + \delta_{12}F(t) = \delta_{11}[-m\ddot{y}(t)] + \delta_{12}F\sin(\theta t)$$

即

$$m\ddot{y}(t) + \frac{y(t)}{\delta_{11}} = \frac{\delta_{12}}{\delta_{11}}F\sin(\theta t) \qquad (14\text{-}59a)$$

或

$$m\ddot{y}(t) + ky(t) = \frac{\delta_{12}}{\delta_{11}}F\sin(\theta t) \qquad (14\text{-}59b)$$

式（14-59）即为质点 m 的振动微分方程，其中 $k = \dfrac{1}{\delta_{11}}$，为体系沿振动方向的刚度系数。

将式（14-59）与式（14-38）或式（14-39）进行比较可知：图 14-25（a）中质点 m 的振动相当于作用在质点上的动载 $F^*(t) = \dfrac{\delta_{12}}{\delta_{11}}F\sin(\theta t)$ 产生的振动（图 14-25d）。因此，质点的稳态振动位移可表示为：

$$y(t) = \frac{F}{m(\omega^2 - \theta^2)}\frac{\delta_{12}}{\delta_{11}}\sin(\theta t) \qquad (14\text{-}60)$$

质点位移最大值（振幅）为：

$$y_{\max} = \frac{F}{m(\omega^2 - \theta^2)}\frac{\delta_{12}}{\delta_{11}} = \frac{F}{1 - f_{\mathrm{t}}^2}\delta_{12} = \frac{1}{1 - f_{\mathrm{t}}^2}y_{\mathrm{st}}^* = \beta y_{\mathrm{st}}^* \qquad (14\text{-}61)$$

位移动力放大系数为：

$$\beta = \frac{y_{\max}}{y_{\mathrm{st}}^*} = \frac{1}{1 - f_{\mathrm{t}}^2} \qquad (14\text{-}62)$$

式中，$y_{\mathrm{st}}^* = \delta_{12}F$，表示在荷载作用点处施加荷载幅值 F 而使质点产生的静位移，如图 14-25（e）所示。

这里，质点振幅 $y_{\max}$ 可以通过建立质点运动方程来求解，也可以通过幅值方程求解。由质点的位移表达式（14-60）可求得惯性力表达式为：

$$F_I(t) = -m\ddot{y}(t) = m\theta^2 y_{\max}\sin(\theta t) \qquad (14\text{-}63)$$

惯性力幅值 F_I^0 为：

$$F_I^0 = m\theta^2 y_{\max} \qquad (14\text{-}64)$$

可知，简谐荷载、质点位移、惯性力三者同时达到各自最大值，而且简谐荷载、惯性力的方向与位移方向一致。根据这一特征，可在位移幅值处建立运动方程，即将荷载幅值 F 加在动载作用点处、将惯性力幅值 F_I^0 加在质点处，如图 14-25（f）所示，根据位移协调可列位移幅值方程为：

$$y_{\max} = F\delta_{12} + m\theta^2 y_{\max}\delta_{11}$$

同样可求得质点振幅为：

$$y_{\max} = \frac{F\delta_{12}}{1 - m\theta^2\delta_{11}} = \frac{F}{1 - f_{\mathrm{t}}^2}\delta_{12} = \frac{1}{1 - f_{\mathrm{t}}^2}y_{\mathrm{st}}^* = \beta y_{\mathrm{st}}^*$$

求得质点振幅 $y_{\max}$ 后，即可按式（14-64）算出惯性力幅值，然后按静力方法计算任意截面的动位移幅值和动内力幅值。

这里要特别指出，当干扰力不直接作用在质点上时，动载与惯性力随时间变化规律仍相同，但由于它们不共线，各截面的各量值（动内力、动位移）的放大系数将不再相同。

【例 14-6】 如图 14-26（a）所示体系中作用有简谐荷载 $F\sin(\theta t)$，荷载频率 $\theta = \frac{6}{5}\sqrt{\frac{2EI}{21ml^3}}$，$EI$ 为常数，忽略阻尼作用及梁的分布质量，求 D 处质点及跨中截面 C 处的最大位移，并作弯矩幅值图。

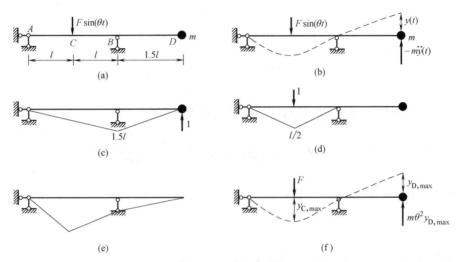

图 14-26 例 14-6 图

（a）单自由度体系；（b）振动到任意位置；（c）$\overline{M}_1$ 图；（d）$\overline{M}_2$ 图；（e）弯矩幅值图；（f）振动到质点振幅位置

【解】 这里通过两种方法来求解。

（1）建立运动方程来求解

设任一振动时间 t，质点 m 振动到任一位置 $y(t)$，假设向上为正，如图 14-26（b）所示。令惯性力和动荷载分别为单位力，作出相应的弯矩图 $\overline{M}_1$、$\overline{M}_2$，分别如图 14-26（c）、（d）所示。由图乘法求得如下系数：

$$\delta_{11} = \sum \int \frac{\overline{M}_1^2}{EI}\mathrm{d}x = \frac{21l^3}{8EI}$$

$$\delta_{12} = \delta_{21} = \sum \int \frac{\overline{M}_1\overline{M}_2}{EI}\mathrm{d}x = \frac{3l^3}{8EI}$$

$$\delta_{22} = \sum \int \frac{\overline{M}_2^2\mathrm{d}x}{EI} = \frac{l^3}{6EI}$$

体系的自振频率为：

$$\omega = \sqrt{\frac{1}{m\delta_{11}}} = \sqrt{\frac{8EI}{21ml^3}}$$

质点位移 $y(t)$ 可看作由惯性力和动荷载共同作用产生，即：

$$y(t) = \delta_{11}\left[-m\ddot{y}(t)\right] + \delta_{12}F\sin(\theta t)$$

整理得：

$$m\ddot{y}(t)+\frac{1}{\delta_{11}}y(t)=\frac{\delta_{12}}{\delta_{11}}F\sin(\theta t)=\frac{1}{7}F\sin(\theta t)$$

质点稳态振动位移解为：

$$y(t)=\beta y_{\mathrm{st}}^{*}\sin(\theta t)=\frac{1}{1-f_{\mathrm{t}}^{2}}\delta_{12}F\sin(\theta t)=\frac{75Fl^{3}}{128EI}\sin(\theta t)$$

由此可知 D 处质点动位移的幅值为：

$$y_{\mathrm{D,max}}=\frac{75Fl^{3}}{128EI}$$

质点处的惯性力可表示为：

$$F_{I}=-m\ddot{y}(t)=m\times\frac{75Fl^{3}}{128EI}\times\frac{36}{25}\times\frac{2EI}{21ml^{3}}\sin(\theta t)=\frac{9F}{112}\sin(\theta t)$$

截面 C 处动位移也是由惯性力和动荷载共同作用产生的，即：

$$y_{\mathrm{C}}(t)=\delta_{21}\left[-m\ddot{y}(t)\right]+\delta_{22}F\sin(\theta t)=\frac{3l^{3}}{8EI}\left[\frac{9F}{112}\sin(\theta t)\right]+\frac{l^{3}}{6EI}F\sin(\theta t)=\frac{529Fl^{3}}{2688EI}\sin(\theta t)$$

可知 C 处动位移的幅值为：

$$y_{\mathrm{C,max}}=\frac{529Fl^{3}}{2688EI}$$

由平衡条件 $\sum M_{\mathrm{B}}=0$ 可求得支座 A 反力为：

$$F_{\mathrm{RA}}(t)=\frac{251}{448}F\sin(\theta t)$$

由截面法可求得支座 B 及跨中截面 C 处弯矩分别为：

$$M_{\mathrm{B}}(t)=-m\ddot{y}(t)\times\frac{3}{2}l=\frac{27}{224}Fl\sin(\theta t)$$

$$M_{\mathrm{C}}(t)=F_{\mathrm{RA}}(t)\times l=\frac{251}{448}Fl\sin(\theta t)$$

可知支座 B 及跨中截面 C 处弯矩幅值为：

$$M_{\mathrm{B,max}}=\frac{27}{224}Fl$$

$$M_{\mathrm{C,max}}=\frac{251}{448}Fl$$

作弯矩幅值图，如图 14-26（e）所示。

（2）利用幅值方程求解

将荷载幅值 F、惯性力幅值 $m\theta^{2}y_{\mathrm{D,max}}$ 作为静载同时作用在体系上，如图 14-26（f）所示，质点振幅由叠加法可写成：

$$y_{\mathrm{D,max}}=F\delta_{12}+m\theta^{2}y_{\mathrm{D,max}}\delta_{11}$$

从而可求得质点振幅为：

$$y_{\mathrm{D,max}}=\frac{F\delta_{12}}{1-m\theta^{2}\delta_{11}}=\frac{75Fl^{3}}{128EI}$$

惯性力幅值为：

$$F_I^0 = m\theta^2 y_{D,max} = m \times \frac{36}{25} \times \frac{2EI}{21ml^3} \times \frac{75Fl^3}{128EI} = \frac{9F}{112}$$

截面 C 的最大动位移为：

$$y_{C,max} = F\delta_{22} + F_I^0 \delta_{21} = F \times \frac{l^3}{6EI} + \frac{9F}{112} \times \frac{3l^3}{8EI} = \frac{529Fl^3}{2688EI}$$

利用平衡条件直接作弯矩幅值图（图 14-26e）。

第四节 单自由度体系在任意荷载下的强迫振动

一、瞬时冲击荷载作用

瞬时冲击荷载是指荷载作用时间与体系的自振周期相比非常短。如图 14-27（b）所示，在 Δt 时间内作用荷载 F，其瞬时冲量可表示为：$I = F\Delta t$。

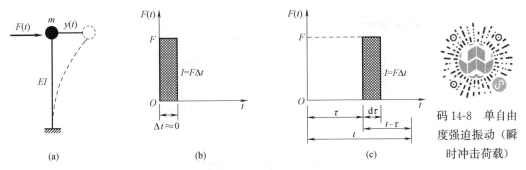

图 14-27 瞬时冲击荷载作用

（a）单自由度体系；（b）瞬时冲击荷载（$t=0$ 时作用）；（c）瞬时冲击荷载（$t=\tau$ 时作用）

假定 $t=0$ 时体系处于静止状态，质点由于受到瞬量冲量 I 的作用，将获得初速度 v_0：

$$v_0 = \frac{I}{m} = \frac{F\Delta t}{m} \tag{14-65}$$

当质点获得初速度 v_0 后还未产生位移，瞬时冲量即消失，所以质点在这种瞬时冲量下将产生自由振动。将初位移 $y_0 = 0$ 及初速度 v_0（式 14-65）分别代入式（14-13）或式（14-26）中，便得到瞬时冲量 I 作用下质点 m 的振动位移：

无阻尼情况：$\quad y(t) = \dfrac{F\Delta t}{m\omega} \sin(\omega t)$ \hfill (14-66a)

低阻尼情况：$\quad y(t) = e^{-\xi\omega t} \dfrac{F\Delta t}{m\omega_d} \sin(\omega_d t)$ \hfill (14-66b)

如果瞬时冲量是在 $t=\tau$ 时作用于质点上，如图 14-27（b）所示，则此时应将式（14-66）中时间因子 t 换成 $t-\tau$，即：

无阻尼情况：$\begin{cases} y(t) = 0 \quad (t < \tau) \\ y(t) = \dfrac{F\Delta t}{m\omega} \sin\omega(t-\tau) \quad (t > \tau) \end{cases}$ \hfill (14-67a)

码 14-8 单自由度强迫振动（瞬时冲击荷载）

低阻尼情况：
$$\begin{cases} y(t)=0 \quad (t<\tau) \\ y(t)=\mathrm{e}^{-\xi\omega(t-\tau)}\dfrac{F\Delta t}{m\omega_{\mathrm{d}}}\sin\omega_{\mathrm{d}}(t-\tau) \quad (t>\tau) \end{cases} \tag{14-67b}$$

基于瞬时冲量下的动力响应，下面讨论单自由度体系在一般干扰力下的动力响应问题。

二、一般动力荷载作用

如图 14-28 所示一般形式动力荷载 $F(t)$，可以看成是无数瞬时冲击荷载 $F(\tau)$ 的连续作用。在微分时间间隔 $\mathrm{d}\tau$ 内，瞬时冲量 $\mathrm{d}I=F(\tau)\mathrm{d}\tau$，此微分冲量引起的动力响应可由式（14-67）得到：

无阻尼情况：　$\mathrm{d}y=\dfrac{F(\tau)\mathrm{d}\tau}{m\omega}\sin\omega(t-\tau)$

低阻尼情况：　$\mathrm{d}y=\mathrm{e}^{-\xi\omega(t-\tau)}\dfrac{F(\tau)\mathrm{d}\tau}{m\omega_{\mathrm{d}}}\sin\omega_{\mathrm{d}}(t-\tau)$

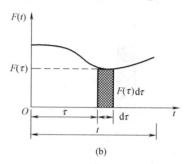

图 14-28　一般动力荷载作用

（a）单自由度体系；（b）一般动力荷载

整个动力荷载作用下任一时刻 t 的动力反应，可看成是时间 $\tau=0$ 到 $\tau=t$ 无数瞬时冲量引起的位移反应叠加之和，由积分计算可得：

无阻尼情况：　$y(t)=\displaystyle\int_0^t \mathrm{d}y\mathrm{d}\tau=\dfrac{1}{m\omega}\int_0^t F(\tau)\sin\omega(t-\tau)\mathrm{d}\tau$ (14-68a)

低阻尼情况：　$y(t)=\displaystyle\int_0^t \mathrm{d}y\mathrm{d}\tau=\dfrac{1}{m\omega_{\mathrm{d}}}\int_0^t F(\tau)\mathrm{e}^{-\xi\omega(t-\tau)}\sin\omega_{\mathrm{d}}(t-\tau)\mathrm{d}\tau$ (14-68b)

式（14-68）为初始处于静止状态的单自由度体系在一般动荷载作用下的位移反应计算式，称为杜哈梅（Duhamel）积分。式中 τ 是瞬时冲量作用的时间，它是积分过程中的时间变量，经积分后便消失。

若体系还具有初位移 y_0 和初速度 v_0，则式（14-68）应改写为：

无阻尼情况：

$$y(t)=y_0\cos(\omega t)+\dfrac{v_0}{\omega}\sin(\omega t)+\dfrac{1}{m\omega}\int_0^t F(\tau)\sin\omega(t-\tau)\mathrm{d}\tau \tag{14-69a}$$

低阻尼情况：

$$y(t)=\mathrm{e}^{-\xi\omega t}\left[y_0\cos(\omega_{\mathrm{d}}t)+\dfrac{v_0+\xi\omega y_0}{\omega_{\mathrm{d}}}\sin(\omega_{\mathrm{d}}t)\right]+\dfrac{1}{m\omega_{\mathrm{d}}}\int_0^t F(\tau)\mathrm{e}^{-\xi\omega(t-\tau)}\sin\omega_{\mathrm{d}}(t-\tau)\mathrm{d}\tau$$

$$(14\text{-}69\mathrm{b})$$

对于具体的动力荷载，它们是一般动力荷载的特例，只需将动载表达式代入式（14-69）进行运算，便可求解此动载下的动力响应。下面讨论几种常见动力荷载作用下的振动问题。

码 14-10 单自由度强迫振动（突加长期荷载）

三、突加长期荷载作用

突加长期荷载是指突然施加于体系上并保持常量 F 继续作用，若以加载那一瞬间作为时间起点，其变化规律如图 14-29（a）所示。

假设加载前体系处于静止状态，先不考虑阻尼作用。将 $F(t)=F$ 代入式（14-68a），即：

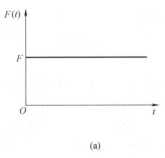

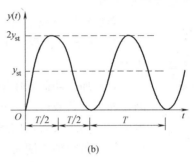

(a)　　　　　　　　　　　　(b)

图 14-29　突加长期荷载作用

（a）突加长期荷载；（b）位移-时程图

$$y(t) = \frac{1}{m\omega} \int_0^t F\sin\omega(t-\tau)\mathrm{d}\tau = \frac{F}{m\omega^2} = y_{st}\left[1-\cos(\omega t)\right] \tag{14-70}$$

式中，$y_{st} = \dfrac{F}{m\omega^2} = F\delta$，为静荷载 F 作用下的静力位移。

根据式（14-70）绘出的位移-时程曲线如图 14-29（b）所示，这说明突加荷载作用下质点在静力平衡位置 $y=y_{st}$ 作简谐振动。

在式（14-70）中，当 $\cos(\omega t)=-1\left(即 t=\dfrac{T}{2}\right)$ 时，质点产生的最大动位移（振幅）为：

$$y_{max} = 2y_{st}\big|_{t=T/2} \tag{14-71}$$

动力系数为：

$$\beta = \frac{y_{max}}{y_{st}} = 2 \tag{14-72}$$

由此可见，突加长期荷载产生的最大动位移要比相应的静位移大 1 倍，这反映了惯性力的影响。

对低阻尼的情况，将 $F(t)=F$ 代入式（14-68b）后经积分可得：

$$y(t) = \frac{1}{m\omega_d} \int_0^t F\mathrm{e}^{-\xi\omega(t-\tau)}\sin\omega_d(t-\tau)\mathrm{d}\tau = \frac{F}{m\omega^2}\left[1-\mathrm{e}^{-\xi\omega t}\left(\cos\omega_d t + \frac{\xi\omega}{\omega_d}\sin\omega_d t\right)\right]$$

$$= y_{st}\left[1-\mathrm{e}^{-\xi\omega t}\left(\cos\omega_d t + \frac{\xi\omega}{\omega_d}\sin\omega_d t\right)\right] \tag{14-73}$$

这里，由 $\dfrac{\mathrm{d}y(t)}{\mathrm{d}t}=0$ 可知：当 $t=\dfrac{\pi}{\omega_d}$ 时质点产生的位移最大，即振幅为：

$$y_{\max}=y_{st}(1+e^{-\frac{\xi\omega\pi}{\omega_d}})\qquad\qquad(14\text{-}74)$$

动力系数为：

$$\beta=\frac{y_{\max}}{y_{st}}=1+e^{-\frac{\xi\omega\pi}{\omega_d}}=1+e^{-\xi\pi}\qquad\qquad(14\text{-}75)$$

由此可见，具有阻尼的体系在突加荷载作用下，最大动位移及动力系数均和阻尼比有关：阻尼比越大，动力系数越小，振幅越小。动载最初所引起的最大位移可能接近静力位移的 2 倍，但随着衰减振动，最后停留在静力平衡位置上。

四、突加短期荷载作用

码 14-11　单自由度强迫振动（突加短期荷载）

突加短期荷载是指 $t=0$ 时在体系上突然施加常量荷载 F，在短时间（$0<t<t_1$）内保持不变，但在 $t=t_1$ 时突然卸去，如图 14-30（a）所示。

对突加短期荷载作用可按两阶段分别考虑。第一阶段：在 $t=0$ 时刻施加突加荷载 $F(t)=F$ 并一直作用于体系上，如图 14-30（b）中横坐标上方实线及后接的虚线；第二阶段：在 $t=t_1$ 时刻又施加一个大小相等的负突加长期荷载 $-F(t)=-F$，如图 14-30（b）中横坐标下方的实线。这就相当于体系上有两个突加长期荷载作用，便可利用上述突加长期荷载作用下的计算公式按叠加法来求解。这里，可以不考虑阻尼的影响。

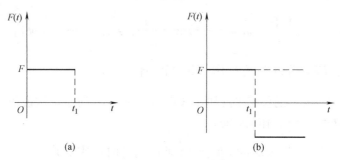

图 14-30　突加短期荷载作用

（a）突加短期荷载；（b）突加短期荷载的等效作用

（1）第一阶段（$0\leqslant t\leqslant t_1$）

此阶段与突加长期荷载作用下的情况相同，动力位移仍按式（14-70）计算，即：

$$y(t)=y_{st}[1-\cos(\omega t)]\qquad\qquad(14\text{-}76a)$$

（2）第二阶段（$t>t_1$）

此阶段的荷载可以看作突加长期荷载叠加上 $t=t_1$ 时刻施加的负突加长期荷载，动力位移可叠加得到：

$$\begin{aligned}y(t)&=y_{st}[1-\cos(\omega t)]-y_{st}[1-\cos\omega(t-t_1)]\\&=y_{st}[\cos\omega(t-t_1)-\cos\omega t]\\&=2y_{st}\sin\frac{\omega t_1}{2}\sin\omega\left(t-\frac{t_1}{2}\right)\end{aligned}\qquad(14\text{-}76b)$$

此时，体系的最大位移反应与荷载停留于结构上的时间 t_1 有关，讨论如下：

（1）当 $t_1 \geqslant \dfrac{T}{2}$ 时（即加载持续时间大于半个自振周期），最大动力位移发生在第一阶段，由式（14-76）可得振幅及动力系数分别为：

$$y_{\max} = 2y_{st}|_{t=T/2}, \quad \beta = 2$$

（2）当 $t_1 < \dfrac{T}{2}$ 时，最大动力位移发生在第二阶段。此时，由式（14-76）可知，当 $t = \dfrac{\pi}{2\omega} + \dfrac{t_1}{2}$ 时振幅为：

$$y_{\max} = 2y_{st}\sin\frac{\omega t_1}{2} \tag{14-77}$$

动力系数为：

$$\beta = 2\sin\frac{\omega t_1}{2} = 2\sin\frac{\pi t_1}{T} \tag{14-78}$$

表 14-1 列出了不同 $\dfrac{t_1}{T}$ 情况下的动力系数 β。由此可见，短时突加荷载的动力效果取决于参数 $\dfrac{t_1}{T}$，即加载持续时间的长短。

短期荷载作用的动力系数 β　　　　　　　　　　　表 14-1

$\dfrac{t_1}{T}$	0	0.01	0.02	0.05	0.1	1/6	0.2	0.3	0.4	0.5	>0.5
β	0	0.063	0.126	0.313	0.618	1.0	1.176	1.618	1.902	2.0	2.0

【例 14-7】 如图 14-31（a）所示为简支普通工字钢梁，$l=6$m，$E=2.06\times10^5$MPa，$I=2.17\times10^4$cm^4，单位质量为 67.6kg/m。重物 $W_1=1$kN，从 $h=0.5$m 位置处垂直落到梁中点上，求该冲击作用的等效静荷载作用。

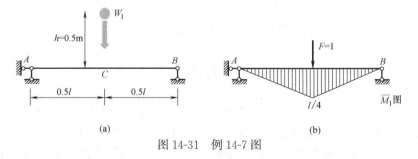

图 14-31　例 14-7 图

【解】（1）求重物在碰撞前、后的速度

重物从高度 h 处落下，在与钢梁碰撞前的瞬时速度 v_1 可根据能量守恒得到：

$$v_1 = \sqrt{2gh} = \sqrt{2\times9.8\times0.5} = 3.13\text{m/s}$$

重物与钢梁碰撞瞬间不分离，彼此一起运动。碰撞后重物与钢梁共同速度为 v_0，由动量守恒定律得：

$$\frac{W_1}{g}v_1 = \frac{W_1+W_2}{g}v_0$$

这里，钢梁重量 $W_2 = 67.6\times6\times9.8\times10^{-3} = 3.97$kN，假设将梁本身重量全部集中

在跨中位置处，从而有：

$$v_0 = \frac{W_1}{W_1 + W_2} v_1 = \frac{1}{1 + 3.97} \times 3.13 = 0.63 \text{m/s}$$

（2）求自振频率

钢梁获得初速度后可以沿垂直方向产生振动，可采用柔度法求自振频率。由图 14-31（b）采用图乘法求柔度系数为：

$$\delta = \sum \int \frac{\overline{M_1}^2}{EI} \mathrm{d}x = \frac{2}{EI} \left(\frac{1}{2} \times \frac{l}{2} \times \frac{l}{4} \times \frac{2}{3} \times \frac{l}{4} \right) = \frac{l^3}{48EI}$$

$$= \frac{6^3}{48 \times 2.06 \times 10^5 \times 10^3 \times 2.17 \times 10^4 \times 10^{-8}} = 1.01 \times 10^{-4} \text{m/kN}$$

从而求得自振频率：

$$\omega = \sqrt{\frac{1}{m\delta}} = \sqrt{\frac{9.8}{(1 + 3.97) \times 1.01 \times 10^{-4}}} = 139.7 \text{s}^{-1}$$

（3）计算振幅

钢梁受重物冲击作用后产生自由振动，初速度为 $v_0 = 0.63 \text{m/s}$。由于碰撞时间很短，初位移 $y_0 = 0$。假若不考虑阻尼作用，可得梁跨中产生的最大位移值为：

$$y_{\max} = \frac{v_0}{\omega} = \frac{0.63}{139.7} = 4.5 \times 10^{-3} \text{m}$$

（4）计算冲击作用的等效静荷载

单位静载作用下梁跨中竖向位移即为柔度系数 δ，重物坠落后的冲击作用使梁产生的最大位移即为振幅 $y_{\max}$，从而得到该冲击作用的等效静力荷载为：

$$F = \frac{y_{\max}}{\delta} = \frac{4.5 \times 10^{-3}}{1.01 \times 10^{-4}} = 44.6 \text{kN}$$

这说明，该冲击作用相当于重物重量的近 45 倍。

第五节　双自由度体系的自由振动

在实际工程中有很多结构的振动问题可以简化为单自由度体系，但也有很多问题需要按多自由度体系来处理。比如在分析多层房屋（图 14-7）或不等高排架（图 14-32a）的侧向振动时，一般将体系质量全部集中到各楼盖处；当分析柔性较大的高耸结构（图 14-32b）

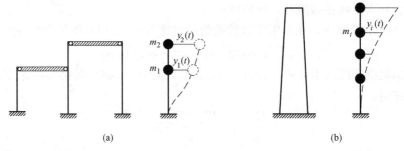

(a)　　　　　　　　　　　　　(b)

图 14-32　多自由度体系

在地震作用下的水平振动时，通常将实际分布质量沿高度集中于若干处。双自由度体系作为多自由度体系振动中最简单的情况，能够清楚地反映多自由度体系的振动特征，本节先讨论双自由度体系的自由振动问题。

按建立体系运动方程的方法不同，多自由度体系的自由振动分析方法有两种：柔度法和刚度法。下面分别加以介绍。

一、柔度法

1. 运动方程的建立

如图 14-33（a）所示体系，两质点质量记为 m_1、m_2。若忽略立柱轴向变形和质点转动，则该体系在水平方向具有两个振动自由度。在振动任一瞬时 t，质点 m_1、m_2 的位移分别记为 $y_1(t)$、$y_2(t)$，它们都是从静力平衡位置算起。将惯性力 $-m_1\ddot{y}_1(t)$、$-m_2\ddot{y}_2(t)$ 分别作用在质点 m_1、m_2 上，质点 m_1、m_2 在振动任一时刻的位移可看作是这两个惯性力共同作用下产生的静位移，应用叠加原理可得：

$$\begin{cases} y_1(t) = -m_1\ddot{y}_1(t)\delta_{11} - m_2\ddot{y}_2(t)\delta_{12} \\ y_2(t) = -m_1\ddot{y}_1(t)\delta_{21} - m_2\ddot{y}_2(t)\delta_{22} \end{cases} \tag{14-79a}$$

或

$$\begin{cases} m_1\ddot{y}_1(t)\delta_{11} + m_2\ddot{y}_2(t)\delta_{12} + y_1(t) = 0 \\ m_1\ddot{y}_1(t)\delta_{21} + m_2\ddot{y}_2(t)\delta_{22} + y_2(t) = 0 \end{cases} \tag{14-79b}$$

以上各式即为采用柔度法建立的双自由度体系自由振动微分方程。式中，δ_{ij}（$i=1$、2，$j=1$、2）为柔度系数，其物理意义分别如图 14-33（b）、（c）所示，即当 j 处作用有单位力（其余各点处作用力均为零）时 i 点处产生的位移，由位移互等定理有：$\delta_{ij}=\delta_{ji}$。

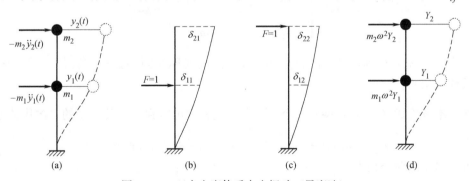

图 14-33　双自由度体系自由振动（柔度法）

（a）双自由度体系；（b）δ_{11}、δ_{21} 的含义；（c）δ_{12}、δ_{22} 的含义；（d）振动到质点振幅位置

2. 频率方程和自振频率

求解按柔度法建立的双自由度体系自由振动微分方程式（14-79），就可得到用柔度系数表示的频率方程和自振频率。

假定在振动过程中，质点 m_1、m_2 按同一频率、同一相位作同步简谐振动，即：

$$\begin{cases} y_1(t) = Y_1\sin(\omega t + \varphi) \\ y_2(t) = Y_2\sin(\omega t + \varphi) \end{cases} \tag{14-80}$$

式中，Y_1、Y_2 分别为质点 m_1、m_2 的位移振幅；ω 为体系的自振频率；φ 为相位角。

将式（14-80）对时间 t 求二阶导数，可得：

$$\begin{cases} \ddot{y}_1(t) = -Y_1\omega^2\sin(\omega t+\varphi) \\ \ddot{y}_2(t) = -Y_2\omega^2\sin(\omega t+\varphi) \end{cases}$$

这表明，质点 m_1、m_2 的惯性力幅值分别为：

$$F_{I1}^0 = m_1\omega^2 Y_1 \qquad F_{I2}^0 = m_2\omega^2 Y_2 \tag{14-81}$$

将式（14-80）、式（14-81）代入式（14-79）并消去公因子 $\sin(\omega t+\varphi)$ 后，可得：

$$\begin{cases} Y_1 = (m_1\omega^2 Y_1)\delta_{11} + (m_2\omega^2 Y_2)\delta_{12} \\ Y_2 = (m_1\omega^2 Y_1)\delta_{21} + (m_2\omega^2 Y_2)\delta_{22} \end{cases} \tag{14-82}$$

式（14-82）表明，质点位移幅值 Y_1、Y_2 即为体系在惯性力幅值 $m_1\omega^2 Y_1$、$m_2\omega^2 Y_2$ 作用下所产生的静位移，如图 14-33（d）所示。

式（14-82）可以改写成以质点振幅 Y_1、Y_2 为未知量的齐次线性方程组（称为振型方程）：

$$\begin{cases} \left(\delta_{11}m_1 - \dfrac{1}{\omega^2}\right)Y_1 + \delta_{12}m_2 Y_2 = 0 \\ \delta_{21}m_1 Y_1 + \left(\delta_{22}m_2 - \dfrac{1}{\omega^2}\right)Y_2 = 0 \end{cases} \tag{14-83}$$

显然，当 $Y_1 = Y_2 = 0$ 时是式（14-83）的一组解答，但它代表无振动的静止状态，因此不是振动解答。为使得到 Y_1、Y_2 不全为零的解，应使其系数行列式等于零，即：

$$D = \begin{vmatrix} \delta_{11}m_1 - \dfrac{1}{\omega^2} & \delta_{12}m_2 \\ \delta_{21}m_1 & \delta_{22}m_2 - \dfrac{1}{\omega^2} \end{vmatrix} = 0 \tag{14-84}$$

由式（14-84）可确定结构的自振频率 ω，故此式称为频率方程或特征方程，它是用柔度系数表示的。

将频率方程式（14-84）展开并令 $\lambda = \dfrac{1}{\omega^2}$，经整理可得到一个关于 λ 的二次代数方程：

$$\lambda^2 - (\delta_{11}m_1 + \delta_{22}m_2)\lambda + (\delta_{11}\delta_{22} - \delta_{12}\delta_{21})m_1 m_2 = 0$$

由此可解出 λ 的两个根为：

$$\lambda_{1,2} = \frac{(\delta_{11}m_1 + \delta_{22}m_2) \pm \sqrt{(\delta_{11}m_1 + \delta_{22}m_2)^2 - 4(\delta_{11}\delta_{22} - \delta_{12}\delta_{21})m_1 m_2}}{2}$$

这两个根都是正实根，从而可求得两个自振频率：

$$\omega_1 = \frac{1}{\sqrt{\lambda_1}}, \qquad \omega_2 = \frac{1}{\sqrt{\lambda_2}} \tag{14-85}$$

由此可见，双自由度体系有两个自振频率。较小的圆频率用 ω_1 表示，称为第一圆频率或基本圆频率；另一圆频率 ω_2 称为第二圆频率。

3. 主振型

将两个自振频率中的任一个 ω_k（ω_1 或 ω_2）代入振动微分方程特解表达式（14-80）

中，可得两质点振动位移为：

$$y_1(t)^{(k)} = Y_1 \sin(\omega_k t + \varphi) \atop y_2(t)^{(k)} = Y_2 \sin(\omega_k t + \varphi)\Bigg\}$$

(14-86)

式中，振动位移右上角标 (k) 表示频率的序号，位移下角标（1、2）表示质点自由度的序号。例如 $y_2(t)^{(1)}$ 表示按第一频率 ω_1 振动时，质点 m_2 的位移；$y_1(t)^{(2)}$ 表示按第二频率 ω_2 振动时质点 m_1 的位移。

式（14-86）表明，振动过程中两质点位移随着时间发生变化，但两者比值始终保持不变，即：

$$\frac{y_1(t)^{(k)}}{y_2(t)^{(k)}} = \frac{Y_1}{Y_2} = 常数$$

(14-87)

即在振动任意时刻，体系振动都保持同一形状，整个体系就像一个单自由度体系一样在振动。把多自由度体系按任一自振频率 ω_k 进行的简谐振动称为主振动，将体系位移形状保持不变的振动形式称为主振型或振型。

双自由度体系有两个自振频率，相应地有两个主振型。在振型方程式（14-83）中，由于系数行列式 $D=0$，方程组中两个方程是线性相关的，实际上只有一个是独立的，因而可由其中的任一式求得质点 m_1、m_2 位移振幅的比值。

求第一主振型时，将 ω_1 代入振型方程式（14-83）中的任一式，可得：

$$\frac{Y_1^{(1)}}{Y_2^{(1)}} = -\frac{\delta_{12}m_2}{\delta_{11}m_1 - \dfrac{1}{\omega_1^2}} = -\frac{\delta_{22}m_2 - \dfrac{1}{\omega_1^2}}{\delta_{21}m_1}$$

(14-88)

式（14-88）表示与第一圆频率 ω_1 相对应的主振型，称为第一主振型或基本振型。

求第二主振型时，将 ω_2 代入振型方程式（14-83）中的任一式，可得：

$$\frac{Y_1^{(2)}}{Y_2^{(2)}} = -\frac{\delta_{12}m_2}{\delta_{11}m_1 - \dfrac{1}{\omega_2^2}} = -\frac{\delta_{22}m_2 - \dfrac{1}{\omega_2^2}}{\delta_{21}m_1}$$

(14-89)

式（14-89）表示与第二圆频率 ω_2 相对应的主振型，称为第二主振型。

由此可见，主振型和自振频率一样，与初始条件及外因干扰无关，而完全由体系本身的动力特性所决定。

二、刚度法

1. 运动方程的建立

按刚度法建立自由振动微分方程的思路是：取质点作为隔离体，根据达朗贝尔原理，建立振动体系的动平衡方程。仍以图 14-34（a）所示双自由度体系为例，振动任一时刻 t，质点 m_1、m_2 的位移分别为 $y_1(t)$、$y_2(t)$。

码 14-13　双自由度自由振动（刚度法）

质点 m_1、m_2 的受力分析如图 14-34（b）所示，各隔离体受力有两种：一是惯性力 $-m_1\ddot{y}_1(t)$、$-m_2\ddot{y}_2(t)$；二是弹性力 F_{e1}、F_{e2}，它们分别与位移

$y_1(t)$、$y_2(t)$ 的方向相反。根据达朗贝尔原理,可列动力学平衡方程:

$$\begin{cases} m_1\ddot{y}_1(t)+F_{e1}=0 \\ m_2\ddot{y}_2(t)+F_{e2}=0 \end{cases} \qquad (14\text{-}90)$$

这里,弹性力 F_{e1}、F_{e2} 分别是质点 m_1、m_2 与结构之间的相互作用力。图 14-34(b)中的 F_{e1}、F_{e2} 是质点 m_1、m_2 受到的弹性力,图 14-34(c)中的 F_{e1}、F_{e2} 是结构受到的弹性力,两者方向彼此相反。

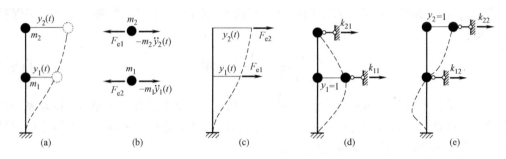

图 14-34　双自由度体系自由振动(刚度法)

(a)双自由度体系;(b)质点隔离体受力;(c)弹性柱的受力(弹性力);

(d)k_{11}、k_{21} 的含义;(e)k_{12}、k_{22} 的含义

在图 14-34(c)中,结构受到的弹性力 F_{e1}、F_{e2} 与结点位移 $y_1(t)$、$y_2(t)$ 之间应满足刚度方程:

$$\begin{cases} F_{e1}=k_{11}y_1+k_{12}y_2 \\ F_{e2}=k_{21}y_1+k_{22}y_2 \end{cases} \qquad (14\text{-}91)$$

式中,k_{ij}($i=1$、2,$j=1$、2)为刚度系数,其物理意义分别如图 14-34(d)、(e)所示,即当 j 处发生单位位移(其余各点位移均为零)时 i 处附加链杆的反力,由反力互等定理有:$k_{ij}=k_{ji}$。

将式(14-91)代入式(14-90)可得:

$$\begin{cases} m_1\ddot{y}_1(t)+k_{11}y_1(t)+k_{12}y_2(t)=0 \\ m_2\ddot{y}_2(t)+k_{21}y_1(t)+k_{22}y_2(t)=0 \end{cases} \qquad (14\text{-}92)$$

式(14-92)为按刚度法建立的双自由度体系的振动微分方程,它是通过动力学平衡方程的形式建立的。

2. 频率方程和自振频率

仍假设质点 m_1 和 m_2 按同一频率、同一相位作同步简谐振动,其位移 $y_1(t)$、$y_2(t)$ 仍可用式(14-80)表示。将式(14-80)代入式(14-92)并消去公因子 $\sin(\omega t+\varphi)$ 后,可得振型方程为:

$$\begin{cases} (k_{11}-\omega^2 m_1)Y_1+k_{12}Y_2=0 \\ k_{21}Y_1+(k_{22}-\omega^2 m_2)Y_2=0 \end{cases} \qquad (14\text{-}93)$$

为了得到使 Y_1、Y_2 有不全为零的解,式(14-93)的系数行列式必等于零,即得到以刚度系数表示的频率方程或特征方程为:

$$D = \begin{vmatrix} k_{11} - \omega^2 m_1 & k_{12} \\ k_{21} & k_{22} - \omega^2 m_2 \end{vmatrix} = 0 \qquad (14\text{-}94)$$

将式（14-94）展开经整理可得：

$$(\omega^2)^2 - \left(\frac{k_{11}}{m_1} + \frac{k_{22}}{m_2}\right)\omega^2 + \frac{k_{11}k_{22} - k_{12}k_{21}}{m_1 m_2} = 0$$

从而可求得以刚度系数表示的两个自振频率分别为：

$$\omega_{1,2}^2 = \frac{1}{2}\left[\left(\frac{k_{11}}{m_1} + \frac{k_{22}}{m_2}\right) \mp \sqrt{\left(\frac{k_{11}}{m_1} + \frac{k_{22}}{m_2}\right)^2 - \frac{4(k_{11}k_{22} - k_{12}k_{21})}{m_1 m_2}}\right] \qquad (14\text{-}95)$$

其中，较小的 ω_1 称为第一圆频率，ω_2 称为第二圆频率。

3. 主振型

在振型方程式（14-93）中，由于系数行列式 $D=0$，方组组中的两个方程是线性相关的，不能求出质点振幅 Y_1、Y_2，只能由其中的任一式求得 Y_1、Y_2 的比值为：

$$\frac{Y_1}{Y_2} = -\frac{k_{12}}{k_{11} - m_1 \omega^2} = -\frac{k_{22} - m_2 \omega^2}{k_{21}} \qquad (14\text{-}96)$$

这表明振动过程中两质点位移比值始终保持不变，这种保持不变的振动形式为主振型。分别将自振频率 ω_1、ω_2 代入式（14-96）中，可得到以刚度系数表示的两个主振型分别为：

$$\frac{Y_1^{(1)}}{Y_2^{(1)}} = -\frac{k_{12}}{k_{11} - m_1 \omega_1^2} = -\frac{k_{22} - m_2 \omega_1^2}{k_{21}} \qquad (14\text{-}97a)$$

$$\frac{Y_1^{(2)}}{Y_2^{(2)}} = -\frac{k_{12}}{k_{11} - m_1 \omega_2^2} = -\frac{k_{22} - m_2 \omega_2^2}{k_{21}} \qquad (14\text{-}97b)$$

三、振动方程的一般解

由上面讨论可知，双自由度体系如果按某个主振型振动，由于其振动形式保持不变，因此实际上像一个单自由度体系那样在振动。双自由度体系能按某个主振型振动的条件是：初位移和初速度应当与此主振型相对应。比如，对于图 14-33（a）所示体系，若通过以初位移的方式使其产生第一主振动，则质点 m_1、m_2 的初位移必须满足式（14-87）或（14-97a）的关系；若使其产生第二主振动，则初位移必须符合式（14-88）或（14-97b）。同理，若通过以初速度的方式使其产生某一振型的自由振动，则质点 m_1、m_2 的初速度也应保证上述关系。

双自由度体系有两个自振频率，相应地便有两个主振型，它们都是振动微分方程的特解。双自由度体系的自由振动可看作是两种频率及其主振型的组合振动，即振动微分方程式（14-79）或式（14-92）的一般解可表示为：

$$\left.\begin{array}{l} y_1(t) = Y_1^{(1)}\sin(\omega_1 t + \varphi_1) + Y_1^{(2)}\sin(\omega_2 t + \varphi_2) \\ y_2(t) = Y_2^{(1)}\sin(\omega_1 t + \varphi_1) + Y_2^{(2)}\sin(\omega_2 t + \varphi_2) \end{array}\right\} \qquad (14\text{-}98)$$

式中，待定常数为各主振型分量的振幅 $Y_i^{(k)}$ 及初相角 φ_k，可由初始条件确定。对每一主振型，各质点振幅之比是固定的，故只要确定了任一质点的振幅，另一质点的振幅便可确定了。因此，在式（14-98）中，独立的质点振幅只有 2 个，还有 2 个初相角，总共有 4

个待定常数。它们可由两个质点的初位移和初速度共 4 个初始条件确定。显然，初始条件不同，一般解答式（14-98）中振幅及初相角也随之不同。一般情况下，按振动方程一般解确定的体系自由振动不再是简谐振动，只有在质点的初位移和初速度与某个主振型一致的前提下，体系才会按该主振型作简谐振动。

【例 14-8】 求图 14-35（a）所示简支梁的自振频率及主振型。已知 $EI=$ 常数，质量集中在 m_1 和 m_2 上，且 $m_1=m_2=m$。

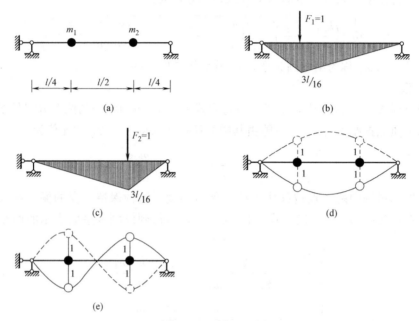

图 14-35　例 14-8 图

（a）双自由度体系；（b）$\overline{M}_1$ 图；（c）$\overline{M}_2$ 图；（d）第一主振型；（e）第二主振型

【解】 该体系具有两个振动自由度，采用柔度法分析较简单。

（1）计算柔度系数

沿振动方向分别施加单位力，并作相应的弯矩图 $\overline{M}_1$ 和 $\overline{M}_2$，分别如图 14-35（b）、（c）所示。由图乘法可得：

$$\delta_{11} = \sum\int\frac{\overline{M}_1^2\mathrm{d}x}{EI} = \frac{1}{EI}\left(\frac{1}{2}\times\frac{1}{4}l\times\frac{3}{16}l\times\frac{2}{3}\times\frac{3}{16}l+\frac{1}{2}\times\frac{3}{4}l\times\frac{3}{16}l\times\frac{2}{3}\times\frac{3}{16}l\right) = \frac{3l^3}{256EI}$$

$$\delta_{22} = \sum\int\frac{\overline{M}_2^2\mathrm{d}x}{EI} = \frac{3l^3}{256EI}$$

$$\delta_{12}=\delta_{21} = \sum\int\frac{\overline{M}_1\overline{M}_2\mathrm{d}x}{EI} = \frac{1}{EI}\left(\frac{1}{2}\times\frac{1}{4}l\times\frac{3}{16}l\times\frac{2}{3}\times\frac{1}{16}l\times2\right)$$

$$+\frac{1}{EI}\left[\frac{1}{2}\times\frac{1}{2}l\times\frac{3}{16}l\times\left(\frac{2}{3}\times\frac{1}{16}l+\frac{1}{3}\times\frac{3}{16}l\right)+\frac{1}{2}\times\frac{1}{2}l\times\frac{1}{16}l\times\left(\frac{1}{3}\times\frac{1}{16}l+\frac{2}{3}\times\frac{3}{16}l\right)\right]$$

$$=\frac{7l^3}{768EI}$$

（2）计算自振频率

将柔度系数及质点质量代入式（14-85）得：

$$\lambda_1 = (\delta_{11} + \delta_{12})m = \frac{ml^3}{48EI}, \quad \lambda_2 = (\delta_{11} - \delta_{12})m = \frac{ml^3}{384EI}$$

$$\omega_1 = \frac{1}{\sqrt{\lambda_1}} = 6.928\sqrt{\frac{EI}{ml^3}}, \quad \omega_2 = \frac{1}{\sqrt{\lambda_2}} = 19.596\sqrt{\frac{EI}{ml^3}}$$

（3）确定主振型

将计算得到的柔度系数和自振频率分别代入式（14-88）、式（14-89），可得两个主振型分别为：

$$\frac{Y_1^{(1)}}{Y_2^{(1)}} = -\frac{\delta_{12}m_2}{\delta_{11}m_1 - \omega_1^{-2}} = -\frac{\dfrac{7ml^3}{768EI}}{\dfrac{3ml^3}{256EI} - \dfrac{ml^3}{48EI}} = \frac{1}{1}$$

$$\frac{Y_1^{(2)}}{Y_2^{(2)}} = -\frac{\delta_{12}m_2}{\delta_{11}m_1 - \omega_2^{-2}} = -\frac{\dfrac{7ml^3}{768EI}}{\dfrac{3ml^3}{256EI} - \dfrac{ml^3}{384EI}} = \frac{1}{-1}$$

由此可见：该体系按第一频率 ω_1 振动时，两质点始终保持同向且相等的位移，振型保持对称形式，如图 14-35（d）所示；按第二频率 ω_2 振动时，两质点位移始终是等值反向的，振型保持反对称形式，如图 14-35（e）所示。主振型是对称的和反对称的，这是对称体系振动的一般规律。

【例 14-9】 求如图 14-36（a）所示体系的自振频率和主振型。已知梁、柱质量不计，EI 均为常数。

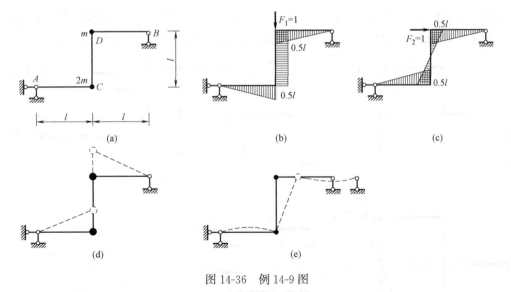

图 14-36 例 14-9 图

(a) 双自由度体系；(b) $\overline{M}_1$ 图；(c) $\overline{M}_2$ 图；(d) 第一主振型；(e) 第二主振型

【解】 该体系具有两个振动自由度，记两质点竖向振动为 1 方向，D 处质点的水平振动为 2 方向，则 $m_1 = 3m$、$m_2 = m$。

（1）计算柔度系数

沿两个振动方向分别施加单位力，并作其弯矩图 $\overline{M}_1$、$\overline{M}_2$，分别如图 14-36（b）、（c）所示。由图乘法可得：

$$\delta_{11}=\sum\int\frac{\overline{M}_1^2\mathrm{d}x}{EI}=\frac{5l^3}{12EI},\ \delta_{22}=\sum\int\frac{\overline{M}_2^2\mathrm{d}x}{EI}=\frac{l^3}{4EI},\ \delta_{12}=\delta_{21}=\sum\int\frac{\overline{M}_1\overline{M}_2\mathrm{d}x}{EI}=0$$

（2）求自振频率

将柔度系数代入频率方程式（14-85）得：

$$\lambda_{1,2}=\frac{(\delta_{11}m_1+\delta_{22}m_2)\pm\sqrt{(\delta_{11}m_1+\delta_{22}m_2)^2-4(\delta_{11}\delta_{22}-\delta_{12}\delta_{21})m_1m_2}}{2}=\begin{cases}\dfrac{5ml^3}{4EI}\\[2mm]\dfrac{ml^3}{4EI}\end{cases}$$

可求得两个自振频率为：

$$\omega_1=\frac{1}{\sqrt{\lambda_1}}=0.894\sqrt{\frac{EI}{ml^3}},\ \omega_2=\frac{1}{\sqrt{\lambda_2}}=2\sqrt{\frac{EI}{ml^3}}$$

（3）求主振型

由于 $\delta_{12}=\delta_{21}=0$，不能由式（14-88）、式（14-89）确定主振型，应直接由式（14-83）计算主振型。将 ω_1 代入式（14-83）中，可得：$Y_2^{(1)}=0$；将 ω_2 代入式（14-83）中，可得：$Y_1^{(2)}=0$。因此，两主振型分别为：

$$Y^{(1)}=\begin{bmatrix}1\\0\end{bmatrix},\ Y^{(2)}=\begin{bmatrix}0\\1\end{bmatrix}$$

两个主振型的形式分别如图 14-36（d）、（e）所示。

【例 14-10】 求如图 14-37（a）所示刚架的自振频率及主振型。设横梁为无限刚性，各柱刚度如图中所示，$EI=$ 常数，体系的质量都集中在横梁上，且 $m_1=m$、$m_2=1.5m$。

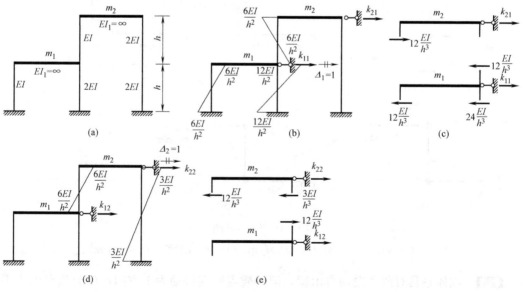

图 14-37　例 14-10 图

（a）双自由度体系；（b）$\overline{M}_1$ 图；（c）k_{11}、k_{21} 的求解；（d）$\overline{M}_2$ 图；（e）k_{12}、k_{22} 的求解

【解】 刚架水平振动下，计算刚度系数比柔度系数简单，所以用刚度法求解。

（1）计算刚度系数

当仅质点 m_1 沿振动方向有单位水平位移时，在质点 m_1、m_2 振动方向上所产生的约束力即为刚度系数 k_{11}、k_{21}，如图 14-37（b）所示。分别取质点 m_1、m_2 为隔离体，如图 14-37（c）所示，根据柱端剪力利用平衡条件求得：

$$k_{11}=\frac{48EI}{h^3}, \ k_{21}=-\frac{12EI}{h^3}$$

同理，当仅质点 m_2 沿振动方向有单位水平位移时（图 14-37d），分别取质点 m_1、m_2 为隔离体（图 14-37e），利用平衡条件求得刚度系数：

$$k_{12}=-\frac{12EI}{h^3}, \ k_{22}=\frac{15EI}{h^3}$$

（2）计算自振频率

将刚度系数代入频率计算式（14-95）中，为计算方便这里令 $k=\frac{12EI}{h^3}$，则有：

$$k_{11}=4k, k_{12}=k_{21}=-k, k_{22}=\frac{5}{4}k$$

$$\omega^2=\frac{29\pm\sqrt{457}}{12m}k$$

由此可得两个自振频率分别为：

$$\omega_1=0.797\sqrt{\frac{k}{m}}=2.761\sqrt{\frac{EI}{mh^3}}$$

$$\omega_2=2.049\sqrt{\frac{k}{m}}=7.098\sqrt{\frac{EI}{mh^3}}$$

（3）求主振型

将求得的刚度系数和自振频率代入主振型表达式（14-97），可得：

$$\frac{Y_1^{(1)}}{Y_2^{(1)}}=-\frac{k_{12}}{k_{11}-m_1\omega_1^2}=-\frac{(-k)}{4k-0.635k}=\frac{1}{3.365}$$

$$\frac{Y_1^{(2)}}{Y_2^{(2)}}=-\frac{k_{12}}{k_{11}-m_1\omega_2^2}=-\frac{(-k)}{4k-4.198k}=-\frac{1}{0.198}$$

两个主振型的形状分别如图 14-38（a）、（b）所示。

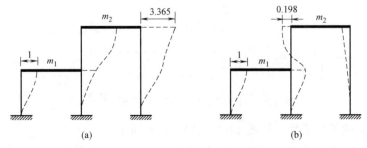

图 14-38 例 14-10 的主振型

（a）第一主振型；（b）第二主振型

第六节 n 自由度体系的自由振动

上一节针对双自由度体系自由振动情况推导频率方程和主振型的思路，可推广到 n 个自由度体系自由振动，当然也适用于单自由度体系。

一、柔度法

如图 14-39 (a) 所示体系，n 个集中质量分别记为 m_i。设在振动任一时刻 t，质点 m_i 自静力平衡位置量起的位移记为 $y_i(t)$，作用于各质点上的惯性力为：$-m_i\ddot{y}_i(t)$，这里，$i=1, 2, \cdots, n$。

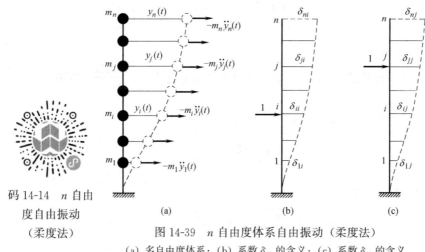

码 14-14 n 自由度自由振动（柔度法）

图 14-39 n 自由度体系自由振动（柔度法）
(a) 多自由度体系；(b) 系数 δ_{ji} 的含义；(c) 系数 δ_{ij} 的含义

将各质点处的惯性力看作静力荷载，在这些荷载共同作用下，利用叠加方法可求得所有质点的位移分别为：

$$\begin{cases} y_1=-m_1\ddot{y}_1\delta_{11}-m_2\ddot{y}_2\delta_{12}-\cdots-m_n\ddot{y}_n\delta_{1n} \\ y_2=-m_1\ddot{y}_1\delta_{21}-m_2\ddot{y}_2\delta_{22}-\cdots-m_n\ddot{y}_n\delta_{2n} \\ \qquad\qquad\cdots \\ y_n=-m_1\ddot{y}_1\delta_{n1}-m_2\ddot{y}_2\delta_{n2}-\cdots-m_n\ddot{y}_n\delta_{nn} \end{cases} \tag{14-99a}$$

或

$$\begin{cases} y_1+m_1\ddot{y}_1\delta_{11}+m_2\ddot{y}_2\delta_{12}+\cdots+m_n\ddot{y}_n\delta_{1n}=0 \\ y_2+m_1\ddot{y}_1\delta_{21}+m_2\ddot{y}_2\delta_{22}+\cdots+m_n\ddot{y}_n\delta_{2n}=0 \\ \qquad\qquad\cdots \\ y_n+m_1\ddot{y}_1\delta_{n1}+m_2\ddot{y}_2\delta_{n2}+\cdots+m_n\ddot{y}_n\delta_{nn}=0 \end{cases} \tag{14-99b}$$

式中，δ_{ij} 为体系的柔度系数，如图 14-39 (b)、(c) 所示。

式 (14-99) 是由柔度法建立的 n 自由度结构的自由振动微分方程。为了表达方便，将其写成矩阵形式：

144

$$\begin{Bmatrix} y_1 \\ y \\ \vdots \\ y_n \end{Bmatrix} + \begin{bmatrix} \delta_{11} & \delta_{12} & \cdots & \delta_{1n} \\ \delta & \delta & \cdots & \delta_{-n} \\ & & \cdots & \\ \delta_{n1} & \delta_{n2} & \cdots & \delta_{nn} \end{bmatrix} \begin{bmatrix} m_1 & & & \mathbf{0} \\ & m & & \\ & & \ddots & \\ \mathbf{0} & & & m_n \end{bmatrix} \begin{Bmatrix} \ddot{y}_1 \\ \ddot{y} \\ \vdots \\ \ddot{y}_n \end{Bmatrix} = \begin{Bmatrix} 0 \\ 0 \\ \vdots \\ 0 \end{Bmatrix} \qquad (14\text{-}99c)$$

或简记为：

$$\boldsymbol{y} + \boldsymbol{\delta M \ddot{y}} = \mathbf{0} \qquad (14\text{-}99d)$$

式中，$\boldsymbol{\delta}$、$\boldsymbol{M}$ 分别为柔度矩阵和质量矩阵，其形式如下：

$$\boldsymbol{\delta} = \begin{bmatrix} \delta_{11} & \delta_{12} & \cdots & \delta_{1n} \\ \delta_{21} & \delta_{22} & \cdots & \delta_{2n} \\ & & \cdots & \\ \delta_{n1} & \delta_{n2} & \cdots & \delta_{nn} \end{bmatrix}, \boldsymbol{M} = \begin{bmatrix} m_1 & & & \mathbf{0} \\ & m_2 & & \\ & & \ddots & \\ \mathbf{0} & & & m_n \end{bmatrix}$$

式中，$\boldsymbol{\delta}$ 是 n 阶对称方阵；在集中质量振动体系中，$\boldsymbol{M}$ 是对角矩阵。

$\boldsymbol{y}$、$\boldsymbol{\ddot{y}}$ 分别为位移、加速度列向量，其形式如下：

$$\boldsymbol{y} = \begin{Bmatrix} y_1 \\ y_2 \\ \vdots \\ y_n \end{Bmatrix}, \boldsymbol{\ddot{y}} = \begin{Bmatrix} \ddot{y}_1 \\ \ddot{y}_2 \\ \vdots \\ \ddot{y}_n \end{Bmatrix}$$

参照两个自由度体系时的方法，假设所有集中质量按同一频率同一相位作简谐振动，即可设式（14-99）的特解形式为：

$$\begin{cases} y_1(t) = Y_1 \sin(\omega t + \varphi) \\ \cdots \\ y_i(t) = Y_i \sin(\omega t + \varphi) \\ \cdots \\ y_n(t) = Y_n \sin(\omega t + \varphi) \end{cases} \qquad (14\text{-}100a)$$

或简记为：

$$\boldsymbol{y} = \boldsymbol{Y} \sin(\omega t + \varphi) \qquad (14\text{-}100b)$$

式中，Y_i 为各质点的位移振幅；ω 为体系的自振频率；φ 为相位角。$\boldsymbol{Y}$ 为振幅向量，即：

$$\boldsymbol{Y} = \begin{Bmatrix} Y_1 \\ Y_2 \\ \vdots \\ Y_n \end{Bmatrix}$$

将式（14-100）代入式（14-99）中并消去公因子 $\sin(\omega t + \varphi)$，可得：

$$\begin{cases} \left(\delta_{11}m_1 - \dfrac{1}{\omega^2}\right)Y_1 + \delta_{12}m_2 Y_2 + \cdots + \delta_{1n}m_n Y_n = 0 \\ \delta_{21}m_1 Y_1 + \left(\delta_{22}m_2 - \dfrac{1}{\omega^2}\right)Y_2 + \cdots + \delta_{2n}m_n Y_n = 0 \\ \qquad\qquad\qquad \cdots \\ \delta_{n1}m_1 Y_1 + \delta_{n2}m_2 Y_2 + \cdots + \left(\delta_{nn}m_n - \dfrac{1}{\omega^2}\right)Y_n = 0 \end{cases} \tag{14-101a}$$

或简记为:

$$\left(\boldsymbol{\delta M} - \frac{1}{\omega^2}\boldsymbol{I}\right)\boldsymbol{Y} = \boldsymbol{0} \tag{14-101b}$$

即为 n 个自由度体系的振型方程,其中 $\boldsymbol{I}$ 为单位矩阵,其余符号同前。

式(14-101)是以质点位移振幅 Y_i 为未知量的齐次线性方程组,为了得到非零解,则应使系数行列式为零,即:

$$D = \begin{vmatrix} \delta_{11}m_1 - \dfrac{1}{\omega^2} & \delta_{12}m_2 & \cdots & \delta_{1n}m_n \\ \delta_{21}m_1 & \delta_{22}m_2 - \dfrac{1}{\omega^2} & \cdots & \delta_{2n}m_n \\ \cdots & \cdots & \cdots & \cdots \\ \delta_{n1}m_1 & \delta_{n2}m_2 & \cdots & \delta_{nn}m_n - \dfrac{1}{\omega^2} \end{vmatrix} = 0 \tag{14-102a}$$

或简记为:

$$\left|\boldsymbol{\delta M} - \frac{1}{\omega^2}\boldsymbol{I}\right| = 0 \tag{14-102b}$$

式(14-102)是用柔度矩阵表示的 n 自由度体系的频率方程。若将其展开,能得到关于 ω^2 的 n 次代数方程,从而可确定体系的 n 个自振频率 ω_1,ω_2,$\cdots$,ω_n。将它们按数值由小到大依次排列,分别称为第一频率、第二频率、$\cdots$、第 n 频率。很明显,从 n 自由度体系的频率方程中可得到双自由度体系的频率方程及自振频率。

求出各个自振频率后,利用振型方程式(14-101)就可以确定多自由度体系的主振型。将任一自振频率 ω_k($k=1$,2,$\cdots$,n)代入式(14-101)得:

$$\begin{cases} \left(\delta_{11}m_1 - \dfrac{1}{\omega_k^2}\right)Y_1 + \delta_{12}m_2 Y_2 + \cdots + \delta_{1n}m_n Y_n = 0 \\ \delta_{21}m_1 Y_1 + \left(\delta_{22}m_2 - \dfrac{1}{\omega_k^2}\right)Y_2 + \cdots + \delta_{2n}m_n Y_n = 0 \\ \qquad\qquad\qquad \cdots \\ \delta_{n1}m_1 Y_1 + \delta_{n2}m_2 Y_2 + \cdots + \left(\delta_{nn}m_n - \dfrac{1}{\omega_k^2}\right)Y_n = 0 \end{cases} \tag{14-103a}$$

或简记为:

$$\left(\boldsymbol{\delta M} - \frac{1}{\omega_k^2}\boldsymbol{I}\right)\boldsymbol{Y}^{(k)} = \boldsymbol{0} \tag{14-103b}$$

式中,$\boldsymbol{Y}^{(k)}$ 为与频率 ω_k 相应的振幅列向量,即:

$$Y^{(k)} = \begin{bmatrix} Y_1^{(k)} \\ Y_2^{(k)} \\ \cdots \\ Y_n^{(k)} \end{bmatrix}$$

由式（14-103）不能求得各质点振幅 $Y_1^{(k)}$、$Y_2^{(k)}$、$\cdots$、$Y_n^{(k)}$ 的确定值，但可确定各质点振幅间的相对比值，这便确定了与频率 ω_k 相应的振型。因此，振幅列向量 $Y^{(k)}$ 也表示与频率 ω_k 相应的主振型向量。在式（14-103）中分别令 $k=1,\ 2,\ \cdots,\ n$，便可求出 n 个主振型向量 $Y^{(1)}$、$Y^{(2)}$、$\cdots$、$Y^{(k)}$、$\cdots$、$Y^{(n)}$。

这里要注意，每一个向量方程式都代表 n 个联立代数方程，以 $Y_1^{(k)}$、$Y_2^{(k)}$、$\cdots$、$Y_n^{(k)}$ 为未知量。这是一组齐次方程，即如果 $Y_1^{(k)}$、$Y_2^{(k)}$、$\cdots$、$Y_n^{(k)}$ 是方程的解，那么 $CY_1^{(k)}$、$CY_2^{(k)}$、$\cdots$、$CY_n^{(k)}$ 也是方程组的解（C 为任意常数）。也就是说，由式（14-103）可唯一确定主振型 $Y^{(k)}$ 的形状，但不能唯一地确定其振幅。

为了使主振型向量中 $Y^{(k)}$ 的元素具有确定值，通常将主振型作标准化处理，一般做法是：规定主振型向量中某个元素为 1，比如通常假设主振型向量中第一个元素 $Y_1^{(k)}=1$ 或最后一个元素 $Y_n^{(k)}=1$，则主振型向量中其余元素的值便可由比例关系得到，这样求得的主振型称为标准化主振型。

二、刚度法

仍以图 14-40（a）所示 n 自由度体系为例，介绍刚度法求解过程。取任一质点 m_i（$i=1,\ 2,\ \cdots,\ n$）作为隔离体，如图 14-40（b）所示，其上受到惯性力 $-m_i \ddot{y}_i(t)$ 和弹性力 F_{ei} 的作用，根据平衡条件有：

码 14-15 n 自由度自由振动（刚度法）

$$m_i \ddot{y}_i(t) + F_{ei} = 0 \quad (i=1,2,\cdots,n) \tag{14-104}$$

弹性力 F_{ei} 是质点 m_i 与结构之间的相互作用力，图 14-40（c）中所示 F_{ei} 是结构受到的力。采取类似于位移法的处理方法，可写出结构所受到的力 F_{ei} 与位移 $y_i(t)$ 之间的刚度方程如下：

$$F_{ei} = k_{i1}y_1 + \cdots + k_{ij}y_j + \cdots + k_{in}y_n \quad (i=1,2,\cdots,n) \tag{14-105}$$

式中，k_{ij} 为刚度系数，其物理意义分别如图 14-40（d）、（e）所示，即当 j 处发生单位位移（其余各点位移均为零）时 i 点处附加链杆的反力。

将式（14-105）代入式（14-104）可得：

$$\begin{cases} m_1 \ddot{y}_1 + k_{11}y_1 + k_{12}y_2 + \cdots + k_{1n}y_n = 0 \\ m_2 \ddot{y}_2 + k_{21}y_1 + k_{22}y_2 + \cdots + k_{2n}y_n = 0 \\ \qquad\qquad \cdots \\ m_n \ddot{y}_n + k_{n1}y_1 + k_{n2}y_2 + \cdots + k_{nn}y_n = 0 \end{cases} \tag{14-106a}$$

将式（14-106）用矩阵形式可表示为：

$$\begin{bmatrix} m_1 & & & \mathbf{0} \\ & m & & \\ & & \ddots & \\ \mathbf{0} & & & m_n \end{bmatrix} \begin{bmatrix} \ddot{y}_1 \\ \ddot{y}_2 \\ \vdots \\ \ddot{y}_n \end{bmatrix} + \begin{bmatrix} k_{11} & k_{12} & \cdots & k_{1n} \\ k & k & \cdots & k_{2n} \\ & & \cdots & \\ k_{n1} & k_{n2} & \cdots & k_{nn} \end{bmatrix} \begin{bmatrix} y_1 \\ y_2 \\ \vdots \\ y_n \end{bmatrix} = \begin{bmatrix} 0 \\ 0 \\ \vdots \\ 0 \end{bmatrix} \tag{14-106b}$$

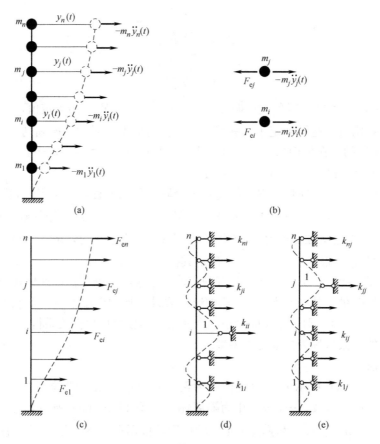

图 14-40　n 自由度体系自由振动（刚度法）

(a) 多自由度体系；(b) 质点隔离体的受力；(c) 弹性柱的受力（弹性力）；

(d) 系数 k_{ji} 的含义；(e) 系数 k_{ij} 的含义

或简记为：

$$M\ddot{y}+Ky=0 \tag{14-106c}$$

式中，y、$\ddot{y}$ 分别为位移列向量和加速度向量；M 为质量矩阵；刚度矩阵 K 的形式如下：

$$K=\begin{pmatrix} k_{11} & k_{12} & \cdots & k_{1n} \\ k_{21} & k_{22} & \cdots & k_{2n} \\ & \cdots & & \\ k_{n1} & k_{n2} & \cdots & k_{nn} \end{pmatrix}$$

刚度矩阵 K 为 n 阶对称方阵。

式 (14-106) 即是由刚度法建立的 n 自由度体系自由振动微分方程。由于体系的刚度矩阵与柔度矩阵之间为互逆关系，因此采用刚度法或柔度法建立的振动微分方程式 (14-99) 和式 (14-106) 实质上是相同的，只是表现形式不同。

这里假定振动中各质点按同一频率同一相位作同步简谐振动，但各质点的振幅值各不相同，则式 (14-106) 的解答仍可用式 (14-100) 表示。将式 (14-100) 代入式 (14-106) 中并消去公因子 $\sin(\omega t+\varphi)$ 后，即得：

$$
\begin{cases}
(k_{11}-m_1\omega^2)Y_1+k_{12}Y_2+\cdots+k_{1n}Y_n=0 \\
k_{21}Y_1+(k_{22}-m_2\omega^2)Y_2+\cdots+k_{2n}Y_n=0 \\
\cdots \\
k_{n1}Y_1+k_{n2}Y_2+\cdots+(k_{nn}-m_n\omega^2)Y_n=0
\end{cases}
\tag{14-107a}
$$

或简记为：

$$
(\boldsymbol{K}-\omega^2\boldsymbol{M})\boldsymbol{Y}=\boldsymbol{0} \tag{14-107b}
$$

即为刚度系数表示的 n 自由度体系的振型方程。式（14-107）是关于振幅 Y_1、Y_2、$\cdots$、Y_n 的齐次方程，其取得非零解的必要充分条件是系数行列式为零，即：

$$
D=
\begin{vmatrix}
k_{11}-m_1\omega^2 & k_{12} & \cdots & k_{1n} \\
k_{21} & k_{22}-m_2\omega^2 & \cdots & k_{2n} \\
\cdots & \cdots & \cdots & \cdots \\
k_{n1} & k_{n2} & \cdots & k_{nn}-m_n\omega^2
\end{vmatrix}=0
$$

或简记为：

$$
|\boldsymbol{K}-\omega^2\boldsymbol{M}|=0 \tag{14-108}
$$

式（14-108）就是用刚度矩阵表示的 n 自由度体系的频率方程，将其展开后即可求得 n 个自振频率 ω_1，ω_2，$\cdots$，ω_n（按从小到大的顺序排列）。

令 $\boldsymbol{Y}^{(k)}$ 表示与频率 ω_k 相应的主振型向量，将频率 ω_k 代入振型方程式（14-107）得：

$$
(\boldsymbol{K}-\omega_k^2\boldsymbol{M})\boldsymbol{Y}^{(k)}=\boldsymbol{0} \tag{14-109}
$$

在式（14-109）中，分别令 $k=1$，2，$\cdots\cdots$，n，可得 n 个向量方程，便可求出 n 个主振型向量 $\boldsymbol{Y}^{(1)}$、$\boldsymbol{Y}^{(2)}$、$\cdots$、$\boldsymbol{Y}^{(k)}$、$\cdots$、$\boldsymbol{Y}^{(n)}$。为了使主振型向量 $\boldsymbol{Y}^{(k)}$ 中的元素具有确定值，也可将主振型作标准化处理。

实际上，若将 $\boldsymbol{\delta}^{-1}$ 左乘由柔度法得到的振动方程式（14-99b），并记

$$
\boldsymbol{K}=\boldsymbol{\delta}^{-1}
$$

即可得到用刚度系数表达的振动方程式（14-106c）。可见，刚度矩阵 $\boldsymbol{K}$ 与柔度矩阵 $\boldsymbol{\delta}$ 互为逆矩阵，但刚度矩阵中的元素 k_{ij} 与柔度矩阵中的元素 δ_{ij} 并非简单的倒数关系。

三、振动方程的一般解

n 自由度体系有 n 个自振频率，相应地便有 n 个主振型，它们都是振动微分方程的特解。将这些主振型线性组合起来，就构成了振动微分方程式（14-99）式（14-106）的一般解，即：

$$
\begin{cases}
y_1(t)=Y_1^{(1)}\sin(\omega_1 t+\varphi_1)+Y_1^{(2)}\sin(\omega_2 t+\varphi_2)+\cdots+Y_1^{(n)}\sin(\omega_n t+\varphi_n) \\
y_2(t)=Y_2^{(1)}\sin(\omega_1 t+\varphi_1)+Y_2^{(2)}\sin(\omega_2 t+\varphi_2)+\cdots+Y_2^{(n)}\sin(\omega_n t+\varphi_n) \\
\cdots \\
y_n(t)=Y_n^{(1)}\sin(\omega_1 t+\varphi_1)+Y_n^{(2)}\sin(\omega_2 t+\varphi_2)+\cdots+Y_n^{(n)}\sin(\omega_n t+\varphi_n)
\end{cases}
\tag{14-110}
$$

式（14-110）中，各质点振幅 $Y_i^{(k)}$ 及初相角 φ_k 为选定参数，由初始条件确定。对每个主振型，各质点振幅之比是固定的，只要确定了任一质点的振幅，另外质点的振幅便可

确定。因此，式（14-110）中独立的质点振幅参数只有 n 个，还有 n 个独立的初相角，总共有 $2n$ 个待定常数。它们可由 n 个质点的初位移和初速度（共 $2n$ 个初始条件）确定。

【例 14-11】 求图 14-41（a）所示刚架的自振频率和主振型。已知横梁刚度 $EI = \infty$，各层柱刚度分别为 EI_1、$EI_2 = EI_1/3$ 和 $EI_3 = EI_1/5$。刚架质量均集中在各楼层上，第一、二、三楼层处的质量分别为 $m_1 = 2m$、$m_2 = m$ 和 $m_3 = m$。层高均为 h。

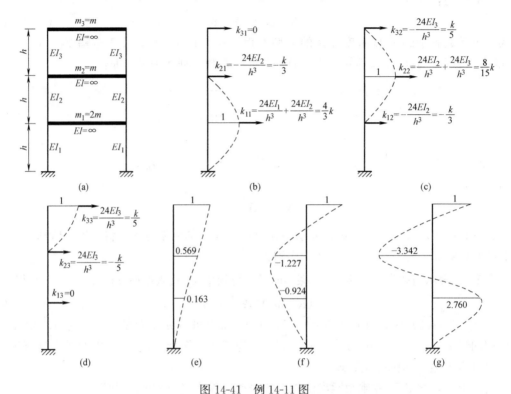

图 14-41 例 14-11 图

（a）三自由度体系；（b）k_{11}、k_{21}、k_{31} 的求解；（c）k_{12}、k_{22}、k_{32} 的求解；（d）k_{13}、k_{23}、k_{33} 的求解

（e）第一主振型；（f）第二主振型；（g）第三主振型

【解】 该刚架沿水平方向振动具有 3 个自由度，采用刚度法计算较简便。

（1）求刚度矩阵

刚度系数的求解分别如图 14-41（b）、（c）、（d），这里令 $k = 24EI_1/h^3$，可求得刚度矩阵为：

$$\boldsymbol{K} = \frac{k}{15} \begin{bmatrix} 20 & -5 & 0 \\ -5 & 8 & -3 \\ 0 & -3 & 3 \end{bmatrix}$$

质量矩阵为：

$$\boldsymbol{M} = m \begin{bmatrix} 2 & 0 & 0 \\ 0 & 1 & 0 \\ 0 & 0 & 1 \end{bmatrix}$$

（2）求自振频率

由频率方程式（14-108）得：

$$\boldsymbol{K}-\omega^2\boldsymbol{M}=\frac{k}{15}\begin{bmatrix}20-2\lambda & -5 & 0\\ -5 & 8-\lambda & -3\\ 0 & -3 & 3-\lambda\end{bmatrix}=0$$

式中，$\lambda=\dfrac{15m}{k}\omega^2$。

将频率方程展开后得：

$$2\lambda^3-42\lambda^2+225\lambda-225=0$$

方程的三个根（可用试算法求）为：

$$\lambda_1=1.293,\quad \lambda_2=6.68,\quad \lambda_3=13.027$$

由此可求得自振频率为：

$$\omega_1=0.2936\sqrt{\frac{k}{m}},\quad \omega_2=0.6673\sqrt{\frac{k}{m}},\quad \omega_3=0.9319\sqrt{\frac{k}{m}}$$

（3）求主振型

主振型 $\boldsymbol{Y}^{(k)}$ 由式（14-109）来求解，依次将三个自振频率代入，从而得到与各自振频率相应的各质点振幅比值，即可得到 3 个主振型向量。

比如，确定第一主振型时，将 ω_1 代入主振型方程式（14-109）。将主振型作标准化处理时，这里假设主振型向量中第 3 个元素 $Y_3^{(1)}=1$。根据主振型方程中的任两个方程，比如这里根据后两个方程可得到这个方程组：

$$\begin{cases}-5Y_1^{(1)}+6.707Y_2^{(1)}-3=0\\ -3Y_2^{(1)}+1.707Y_3^{(1)}=0\end{cases}$$

解这个方程组，从而求得第一主振型向量中其他两个元素值：

$$Y_1^{(1)}=0.163,\quad Y_2^{(1)}=0.569$$

于是，可得到第一主振型向量为：

$$\boldsymbol{Y}^{(1)}=\begin{bmatrix}Y_1^{(1)}\\ Y_2^{(1)}\\ Y_3^{(1)}\end{bmatrix}=\begin{bmatrix}0.163\\ 0.569\\ 1.000\end{bmatrix}$$

按同样的方法，可得到第二、第三主振型向量分别为：

$$\boldsymbol{Y}^{(2)}=\begin{bmatrix}Y_1^{(2)}\\ Y_2^{(2)}\\ Y_3^{(2)}\end{bmatrix}=\begin{bmatrix}-0.924\\ -1.227\\ 1.000\end{bmatrix}\qquad \boldsymbol{Y}^{(3)}=\begin{bmatrix}Y_1^{(3)}\\ Y_2^{(3)}\\ Y_3^{(3)}\end{bmatrix}=\begin{bmatrix}2.760\\ -3.342\\ 1.000\end{bmatrix}$$

求得的三个主振型模态分别如图 14-41（e）、（f）、（g）所示。

【例 14-12】 求如图 14-42（a）所示排架的自振频率和主振型。已知横梁 $EI_1=\infty$，柱刚度 EI 为常数，横梁总质量为 $2m$，两柱中点质量均为 m。

【解】 当体系及质量分布都对称时，体系的振型必定是对称或反对称的，可以取半边结构计算相应的自振频率。图 14-42（b）为对称振动情况，具有一个自由度；图 14-42

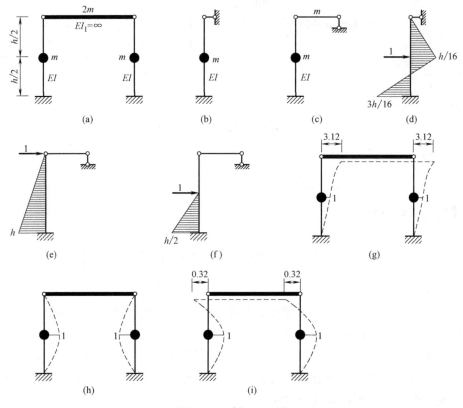

图 14-42 例 14-12 图

(a) 多自由度体系；(b) 半结构（对称振动）；(c) 半结构（反对称振动）；(d) $\overline{M}$ 图（对称振动）；

(e) $\overline{M}_1$ 图（反对称振动）；(f) $\overline{M}_2$ 图（反对称振动）；(g) 第一主振型；(h) 第二主振型；(i) 第三主振型

(c) 为反对称振动情况，具有两个自由度。采用柔度法计算简便些。

（1）求自振频率

对正对称振动情况，由图 14-42（d）所示 $\overline{M}$ 图，可求出柔度系数为：

$$\delta = \sum \int \frac{\overline{M}^2 \mathrm{d}x}{EI} = \frac{7h^3}{768EI}$$

计算频率为：

$$\omega_{\text{对称}} = \sqrt{\frac{1}{m\delta}} = \sqrt{\frac{768EI}{7mh^3}} = 10.474 \sqrt{\frac{EI}{mh^3}}$$

对反对称振动情况，先作如图 14-42（e）、（f）所示的 $\overline{M}_1$ 图、$\overline{M}_2$ 图，并计算柔度系数如下：

$$\delta_{11} = \sum \int \frac{\overline{M}_1^2 \mathrm{d}x}{EI} = \frac{h^3}{3EI}, \ \delta_{22} = \sum \int \frac{\overline{M}_2^2 \mathrm{d}x}{EI} = \frac{h^3}{24EI}$$

$$\delta_{12} = \delta_{21} = \sum \int \frac{\overline{M}_1 \overline{M}_2 \mathrm{d}x}{EI} = \frac{5h^3}{48EI}$$

由频率方程式（14-84），这里 $m_1=m_2=m$，可求得：

$$\omega_{1反对称}=1.651\sqrt{\frac{EI}{mh^3}}, \quad \omega_{2反对称}=10.986\sqrt{\frac{EI}{mh^3}}$$

因此原体系的三个自振频率（按由小到大顺序排列）分别为：

$$\omega_1=1.651\sqrt{\frac{EI}{mh^3}}, \quad \omega_2=10.47\sqrt{\frac{EI}{mh^3}}, \quad \omega_3=10.986\sqrt{\frac{EI}{mh^3}}$$

（2）求主振型

第二频率对应正对称主振型，第二主振型如图 14-42（h）所示。

第一、三频率对应反对称主振型，分别将 $\omega=\omega_1$、$\omega=\omega_3$ 代入式（14-89a）可得：

$$\frac{Y_1^{(1)}}{Y_2^{(1)}}=\frac{\delta_{12}m_2}{\dfrac{1}{\omega_1^2}-\delta_{11}m_1}=3.121$$

$$\frac{Y_1^{(3)}}{Y_2^{(3)}}=\frac{\delta_{12}m_2}{\dfrac{1}{\omega_3^2}-\delta_{11}m_1}=-0.32$$

反对称主振型分别如图 14-42（g）、(i) 所示。三个主振型向量分别为：

$$\boldsymbol{Y}^{(1)}=\begin{bmatrix}3.12\\1\\1\end{bmatrix}, \quad \boldsymbol{Y}^{(2)}=\begin{bmatrix}0\\1\\-1\end{bmatrix}, \quad \boldsymbol{Y}^{(3)}=\begin{bmatrix}-0.32\\1\\1\end{bmatrix}$$

第七节　主振型的正交性

在多自由度体系的自由振动分析中可知，具有 n 个自由度体系必有 n 个自振频率，n 个自振频率又对应 n 个主振型。利用功的互等定理可以证明：多自由度体系中任意两主振型间都存在着正交性。利用这一特性，可以使多自由度体系受迫振动问题转化为单自由度问题，从而使动力响应计算大为简化。

如图 14-43（a）所示为某体系的第 i 主振型，自振频率为 ω_i，振幅向量为：

码 14-16　主振型的正交性

$$\boldsymbol{Y}^{(i)}=\begin{bmatrix}Y_1^{(i)}\\\cdots\\Y_s^{(i)}\\\cdots\\Y_n^{(i)}\end{bmatrix}$$

各质点振幅值正好等于相应惯性力幅值（$m_1\omega_i^2Y_1^{(i)}$，$\cdots$，$m_s\omega_i^2Y_s^{(i)}$，$\cdots$，$m_n\omega_i^2Y_n^{(i)}$）共同作用所产生的静位移。

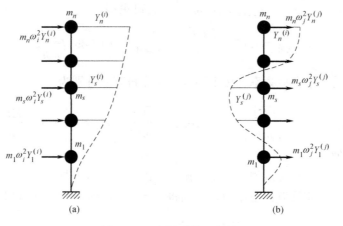

图 14-43　主振型的正交性

(a) 第 i 主振型；(b) 第 j 主振型

如图 14-43（b）所示为某体系的第 j 主振型，自振频率为 ω_j，振幅向量为：

$$\boldsymbol{Y}^{(j)} = \begin{bmatrix} Y_1^{(j)} \\ \cdots \\ Y_s^{(j)} \\ \cdots \\ Y_n^{(j)} \end{bmatrix}$$

各质点振幅值正好等于相应惯性力幅值（$m_1\omega_j^2 Y_1^{(j)}$，$\cdots$，$m_s\omega_j^2 Y_s^{(j)}$，$\cdots$，$m_n\omega_j^2 Y_n^{(j)}$）共同作用所产生的静位移。

这两个主振型分别相应于两个不同的动力平衡状态。

先以图 14-43（a）中的惯性力对图 14-43（b）中的位移做虚功，可得：

$$W_1 = m_1\omega_i^2 Y_1^{(i)} Y_1^{(j)} + \cdots + m_s\omega_i^2 Y_s^{(i)} Y_s^{(j)} + \cdots + m_n\omega_i^2 Y_n^{(i)} Y_n^{(j)}$$

再以图 14-43（b）中的惯性力对图 14-43（a）中的位移做虚功，可得：

$$W_2 = m_1\omega_j^2 Y_1^{(j)} Y_1^{(i)} + \cdots + m_s\omega_j^2 Y_s^{(j)} Y_s^{(i)} + \cdots + m_n\omega_j^2 Y_n^{(j)} Y_n^{(i)}$$

根据功的互等定理 $W_1 = W_2$，有：

$$m_1\omega_i^2 Y_1^{(i)} Y_1^{(j)} + \cdots + m_s\omega_i^2 Y_s^{(i)} Y_s^{(j)} + \cdots + m_n\omega_i^2 Y_n^{(i)} Y_n^{(j)}$$
$$= m_1\omega_j^2 Y_1^{(j)} Y_1^{(i)} + \cdots + m_s\omega_j^2 Y_s^{(j)} Y_s^{(i)} + \cdots + m_n\omega_j^2 Y_n^{(j)} Y_n^{(i)}$$

经整理可得：

$$(\omega_i^2 - \omega_j^2)(m_1 Y_1^{(i)} Y_1^{(j)} + \cdots + m_s Y_s^{(i)} Y_s^{(j)} + \cdots + m_n Y_n^{(i)} Y_n^{(j)}) = 0$$

因为 $\omega_i \neq \omega_j$，故有：

$$m_1 Y_1^{(i)} Y_1^{(j)} + \cdots + m_s Y_s^{(i)} Y_s^{(j)} + \cdots + m_n Y_n^{(i)} Y_n^{(j)} = 0 \tag{14-111a}$$

可将式（14-111a）以矩阵形式表示为：

$$\begin{bmatrix} Y_1^{(i)} \\ Y_2^{(i)} \\ \vdots \\ Y_n^{(i)} \end{bmatrix}^{\mathrm{T}} \begin{bmatrix} m_1 & & & \boldsymbol{0} \\ & m_2 & & \\ & & \ddots & \\ \boldsymbol{0} & & & m_n \end{bmatrix} \begin{bmatrix} Y_1^{(j)} \\ Y_2^{(j)} \\ \vdots \\ Y_n^{(j)} \end{bmatrix} = (\boldsymbol{0}) \tag{14-111b}$$

或简写为：

$$(\boldsymbol{Y}^{(i)})^{\mathrm{T}}\boldsymbol{M}\boldsymbol{Y}^{(j)}=\boldsymbol{0} \tag{14-111c}$$

式中，$\boldsymbol{Y}^{(i)}$、$\boldsymbol{Y}^{(j)}$ 分别为第 i 主振型、第 j 主振型中各质点位移振幅构成的振幅列向量；$\boldsymbol{M}$ 为质量矩阵。

式（14-111）称为第一正交性关系式，它表明：相对于质量矩阵 $\boldsymbol{M}$ 来说，不同频率的两个主振型是彼此正交的。

此外，由式（14-107）得：

$$(\boldsymbol{K}-\omega_j^2\boldsymbol{M})\boldsymbol{Y}^{(j)}=\boldsymbol{0} \tag{14-112a}$$

将式（14-112a）左乘 $(\boldsymbol{Y}^{(i)})^{\mathrm{T}}$ 后得：

$$(\boldsymbol{Y}^{(i)})^{\mathrm{T}}(\boldsymbol{K}-\omega_j^2\boldsymbol{M})\boldsymbol{Y}^{(j)}=\boldsymbol{0} \tag{14-112b}$$

由于 $(\boldsymbol{Y}^{(i)})^{\mathrm{T}}\boldsymbol{M}\boldsymbol{Y}^{(j)}=\boldsymbol{0}$，于是得到：

$$(\boldsymbol{Y}^{(i)})^{\mathrm{T}}\boldsymbol{K}\boldsymbol{Y}^{(j)}=\boldsymbol{0} \tag{14-113}$$

式（14-113）称为第二正交性关系式，它表明：相对于刚度矩阵 $\boldsymbol{K}$ 来说，不同频率的两个主振型也是彼此正交的。

下面讨论主振型正交性的物理意义。

对多自由度结构中第 i 主振型和第 j 主振型，任一质点 m_s 的振动位移可表示为：

$$\begin{cases} y_s^{(i)}=Y_s^{(i)}\sin(\omega_i t+\varphi_i) \\ y_s^{(j)}=Y_s^{(j)}\sin(\omega_j t+\varphi_j) \end{cases} \quad (s=1,2,\cdots,n) \tag{14-114}$$

根据式（14-114）中的第一式，可写出第 i 主振型中任一质点 m_s 受到的惯性力为：

$$F_{ls}^{(i)}=-m_s\ddot{y}_s^{(i)}=m_s\omega_i^2 Y_s^{(i)}\sin(\omega_i t+\varphi_i) \tag{14-115}$$

根据式（14-114）中的第二式，可写出第 j 主振型中在 $\mathrm{d}t$ 时间内任一质点 m_s 产生的动位移为：

$$\mathrm{d}y_s^{(j)}=\dot{y}_s^{(j)}\mathrm{d}t=\omega_j Y_s^{(j)}\cos(\omega_j t+\varphi_j)\mathrm{d}t \tag{14-116}$$

由式（14-115）及式（14-116）可知，在 $\mathrm{d}t$ 时间内，第 i 振型中各质点惯性力在第 j 振型相应位移上所作的功可表示为：

$$\begin{aligned} \mathrm{d}W =&\, m_1\omega_i^2\omega_j Y_1^{(i)} Y_1^{(j)}\sin(\omega_i t+\varphi_i)\cos(\omega_j t+\varphi_j)\mathrm{d}t \\ &+\cdots+m_s\omega_i^2\omega_j Y_s^{(i)} Y_s^{(j)}\sin(\omega_i t+\varphi_i)\cos(\omega_j t+\varphi_j)\mathrm{d}t \\ &+\cdots+m_n\omega_i^2\omega_j Y_n^{(i)} Y_n^{(j)}\sin(\omega_i t+\varphi_i)\cos(\omega_j t+\varphi_j)\mathrm{d}t \end{aligned} \tag{14-117a}$$

或简记为：

$$\mathrm{d}W=\omega_i^2\omega_j(\boldsymbol{Y}^{(j)})^{\mathrm{T}}\boldsymbol{M}\boldsymbol{Y}^{(i)}\sin(\omega_i t+\varphi_i)\cos(\omega_j t+\varphi_j)\mathrm{d}t \tag{14-117b}$$

根据主振型第一正交性（式 14-111）得：

$$\mathrm{d}W=0 \tag{14-117c}$$

这表明，在多自由体系自由振动时，相应于某一主振型的各质点惯性力，不会在其他主振型上做功，这就是第一正交性的物理意义。同理，第二正交性的物理意义是相应于某一主振型的弹性力不会在其他主振型上做功。因此，多自由体系按某主振型自由振动时，能量不会转移到其他振型上从而激起按其他振型的振动，即多自由体系自由振动时各振型可以单独出现。

【例 14-13】 检验例 14-11 所求得的各个主振型是否满足正交关系。

【解】 由例 14-11 得知刚度矩阵和质量矩阵分别为：

$$\boldsymbol{K}=\frac{k}{15}\begin{bmatrix} 20 & -5 & 0 \\ -5 & 8 & -3 \\ 0 & -3 & 3 \end{bmatrix},\ \boldsymbol{M}=m\begin{bmatrix} 2 & 0 & 0 \\ 0 & 1 & 0 \\ 0 & 0 & 1 \end{bmatrix}$$

三个主振型分别为：

$$\boldsymbol{Y}^{(1)}=\begin{bmatrix} Y_1^{(1)} \\ Y_2^{(1)} \\ Y_3^{(1)} \end{bmatrix}=\begin{bmatrix} 0.163 \\ 0.569 \\ 1 \end{bmatrix}\quad \boldsymbol{Y}^{(2)}=\begin{bmatrix} Y_1^{(2)} \\ Y_2^{(2)} \\ Y_{6\ 3}^{(2)} \end{bmatrix}=\begin{bmatrix} -0.924 \\ -1.227 \\ 1 \end{bmatrix}\quad \boldsymbol{Y}^{(3)}=\begin{bmatrix} Y_1^{(3)} \\ Y_2^{(3)} \\ Y_3^{(3)} \end{bmatrix}=\begin{bmatrix} 2.760 \\ -3.342 \\ 1 \end{bmatrix}$$

(1) 验证第一正交性关系式（14-111）

$$(\boldsymbol{Y}^{(1)})^{\mathrm{T}}\boldsymbol{M}\boldsymbol{Y}^{(2)}=m(0.163\quad 0.569\quad 1)\begin{bmatrix} 2 & 0 & 0 \\ 0 & 1 & 0 \\ 0 & 0 & 1 \end{bmatrix}\begin{bmatrix} -0.924 \\ -1.227 \\ 1 \end{bmatrix}=0.0006m\approx 0$$

$$(\boldsymbol{Y}^{(1)})^{\mathrm{T}}\boldsymbol{M}\boldsymbol{Y}^{(3)}=m(0.163\quad 0.569\quad 1)\begin{bmatrix} 2 & 0 & 0 \\ 0 & 1 & 0 \\ 0 & 0 & 1 \end{bmatrix}\begin{bmatrix} 2.760 \\ -3.342 \\ 1 \end{bmatrix}=-0.002m\approx 0$$

$$(\boldsymbol{Y}^{(2)})^{\mathrm{T}}\boldsymbol{M}\boldsymbol{Y}^{(3)}=m(-0.924\quad -1.227\quad 1)\begin{bmatrix} 2 & 0 & 0 \\ 0 & 1 & 0 \\ 0 & 0 & 1 \end{bmatrix}\begin{bmatrix} 2.760 \\ -3.342 \\ 1 \end{bmatrix}=0.0002m\approx 0$$

(2) 验证第二正交性关系式（14-113）

$$(\boldsymbol{Y}^{(1)})^{\mathrm{T}}\boldsymbol{K}\boldsymbol{Y}^{(2)}=\frac{k}{15}(0.163\quad 0.569\quad 1)\begin{bmatrix} 20 & -5 & 0 \\ -5 & 8 & -3 \\ 0 & -3 & 3 \end{bmatrix}\begin{bmatrix} -0.924 \\ -1.227 \\ 1 \end{bmatrix}=\frac{k}{15}\times 0.005\approx 0$$

$$(\boldsymbol{Y}^{(1)})^{\mathrm{T}}\boldsymbol{M}\boldsymbol{Y}^{(3)}=\frac{k}{15}(0.163\quad 0.569\quad 1)\begin{bmatrix} 20 & -5 & 0 \\ -5 & 8 & -3 \\ 0 & -3 & 3 \end{bmatrix}\begin{bmatrix} 2.760 \\ -3.342 \\ 1 \end{bmatrix}=\frac{k}{15}(-0.02)\approx 0$$

$$(\boldsymbol{Y}^{(2)})^{\mathrm{T}}\boldsymbol{M}\boldsymbol{Y}^{(3)}=\frac{k}{15}(-0.924\quad -1.227\quad 1)\begin{bmatrix} 20 & -5 & 0 \\ -5 & 8 & -3 \\ 0 & -3 & 3 \end{bmatrix}\begin{bmatrix} 2.760 \\ -3.342 \\ 1 \end{bmatrix}=\frac{k}{15}(-0.0002)\approx 0$$

第八节　多自由度体系在简谐荷载下的强迫振动

多自由度体系强迫振动的运动方程仍可采用柔度法或刚度法建立，下面分别介绍。

一、柔度法

码 14-17　多自由度
强迫振动（柔度法）

1. 振动方程的建立

如图 14-44（a）所示 n 自由度振动体系受 k 个同步简谐荷载作用 $F(t)=F_l\sin(\theta t)$（$l=1,\ 2,\ \cdots,\ k$），其作用位置任意。振动任一时刻 t，任一质点 m_i 的位移记为 $y_i(t)$，其受到的惯性力为 $-m_i\ddot{y}_i(t)$。

在动荷载作用下，任一质点 m_i 处的位移可表示为：

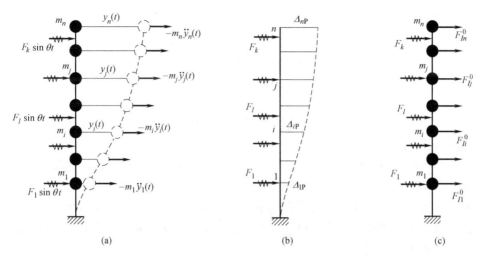

图 14-44　多自由度体系的强迫振动（柔度法）

(a) n 自由度体系；(b) Δ_{iP} 的含义；(c) 动内力幅值的计算

$$y_{iP} = \sum_{l=1}^{k} \delta'_{il} F_l \sin(\theta t) = \Delta_{iP} \sin(\theta t) \qquad (14\text{-}118)$$

式中，δ'_{il} 为结构的柔度系数，表示在第 l 个动载作用点处作用单位力时，质点 m_i 沿振动方向产生的位移；$\Delta_{iP} = \sum_{l=1}^{k} \delta'_{il} F_l$，表示各简谐荷载同时达到最大值时在质点 m_i 处所引起的静力位移，如图 14-44（b）所示。

根据柔度法建立振动方程的思路：任一质点的位移应等于体系在各惯性力 $-m_i \ddot{y}_i(t)$ 和动荷载 $F(t) = F_l \sin\theta t$ 共同作用下产生的位移，即由叠加可得：

$$\begin{cases} y_1(t) = -m_1 \ddot{y}_1 \delta_{11} - m_2 \ddot{y}_2 \delta_{12} \cdots - m_n \ddot{y}_n \delta_{1n} + \Delta_{1P} \sin(\theta t) \\ y_2(t) = -m_1 \ddot{y}_1 \delta_{21} - m_2 \ddot{y}_2 \delta_{22} \cdots - m_n \ddot{y}_n \delta_{2n} + \Delta_{2P} \sin(\theta t) \\ \qquad\qquad\qquad\qquad \cdots \\ y_n(t) = -m_1 \ddot{y}_1 \delta_{n1} - m_2 \ddot{y}_2 \delta_{n2} \cdots - m_n \ddot{y}_n \delta_{nn} + \Delta_{nP} \sin(\theta t) \end{cases} \qquad (14\text{-}119\text{a})$$

式（14-119a）可写成矩阵形式：

$$\begin{Bmatrix} y_1 \\ y \\ \vdots \\ y_n \end{Bmatrix} + \begin{Bmatrix} \delta_{11} & \delta_{12} & \cdots & \delta_{1n} \\ \delta & \delta & \cdots & \delta_{2n} \\ & & \cdots & \\ \delta_{n1} & \delta_{n2} & \cdots & \delta_{nn} \end{Bmatrix} \begin{Bmatrix} m_1 & & & 0 \\ & m_2 & & \\ & & \ddots & \\ 0 & & & m_n \end{Bmatrix} \begin{Bmatrix} \ddot{y}_1 \\ \ddot{y}_2 \\ \vdots \\ \ddot{y}_n \end{Bmatrix} = \begin{Bmatrix} \Delta_{1P} \\ \Delta_{1P} \\ \vdots \\ \Delta_{nP} \end{Bmatrix} \sin(\theta t)$$

$$(14\text{-}119\text{b})$$

或简记为：

$$\boldsymbol{y} + \boldsymbol{\delta M} \ddot{\boldsymbol{y}} = \boldsymbol{\Delta}_{P} \sin(\theta t) \qquad (14\text{-}119\text{c})$$

式中，$\boldsymbol{y}$、$\ddot{\boldsymbol{y}}$ 分别为位移列向量和加速度向量；$\boldsymbol{\delta}$ 为柔度矩阵；$\boldsymbol{M}$ 为质量矩阵，$\boldsymbol{\Delta}_{P}$ 为简谐荷载幅值引起的静位移列向量，即：

$$\boldsymbol{\Delta}_{\mathrm{P}}=\begin{bmatrix} \Delta_{1\mathrm{P}} \\ \cdots \\ \Delta_{i\mathrm{P}} \\ \cdots \\ \Delta_{n\mathrm{P}} \end{bmatrix}$$

式（14-119）为 n 自由度体系在简谐荷载作用下由柔度法建立的强迫振动微分方程。

2. 质点振幅的计算

式（14-119）的一般解包括两部分：一部分为相应齐次方程的通解，它反映了体系的自由振动；另一部分为非齐次方程的特解，它反映了稳态阶段的纯强迫振动。与单自由度体系一样，多自由度体系在动力荷载作用下强迫振动，开始也存在一个过渡阶段，由于实际阻尼的存在，不久即进入稳态阶段，这才对实际工程有重要意义。因此，这里只讨论稳态阶段的纯强迫振动问题。

设在稳态阶段各质点均按荷载频率 θ 作同步简谐振动，即特解形式可取为：

$$y_i(t)=Y_i\sin(\theta t) \quad (i=1,2,\cdots,n) \tag{14-120}$$

这里，Y_i 为质点 m_i 的位移幅值（振幅）。

将式（14-120）代入式（14-119），经整理可得到关于质点振幅的线性非齐次方程组（振幅方程）：

$$\begin{cases} \left(\delta_{11}m_1-\dfrac{1}{\theta^2}\right)Y_1+\delta_{12}m_2Y_2+\cdots+\delta_{1n}m_nY_n+\dfrac{\Delta_{1\mathrm{P}}}{\theta^2}=0 \\[2mm] \delta_{21}m_1Y_1+\left(\delta_{22}m_2-\dfrac{1}{\theta^2}\right)Y_2+\cdots+\delta_{2n}m_nY_n+\dfrac{\Delta_{2\mathrm{P}}}{\theta^2}=0 \\[2mm] \qquad\qquad\qquad\cdots \\[2mm] \delta_{n1}m_1Y_1+\delta_{n2}m_2Y_2+\cdots+\left(\delta_{nn}m_n-\dfrac{1}{\theta^2}\right)Y_n+\dfrac{\Delta_{n\mathrm{P}}}{\theta^2}=0 \end{cases} \tag{14-121a}$$

式（14-121a）也可写成矩阵形式：

$$\left(\boldsymbol{\delta M}-\dfrac{1}{\theta^2}\boldsymbol{I}\right)\boldsymbol{Y}+\dfrac{1}{\theta^2}\boldsymbol{\Delta}_{\mathrm{P}}=0 \tag{14-121b}$$

式中，$\boldsymbol{I}$ 为单位矩阵；$\boldsymbol{Y}$ 是由质点振幅构成的向量。

式（14-121）为一组线性代数方程，解此方程即可求得各质点在纯强迫振动中的振幅。

当荷载频率 θ 与体系的任一自振频率 ω_i 相同时，由式（14-101）可知，式（14-121）的系数行列式 $D=0$，此时质点振幅为无穷大，即出现共振现象。

3. 动内力幅值的计算

由式（14-121）求得各质点振幅后，可按下式求得各质点的惯性力为：

$$F_{Ii}=-m_i\ddot{y}_i(t)=m_i\theta^2Y_i\sin(\theta t)=F_{Ii}^0\sin(\theta t)$$

式中，F_{Ii}^0 为各质点的惯性力幅值，即：

$$F_{Ii}^0=m_i\theta^2Y_i \tag{14-122}$$

由上可知，质点的动位移和惯性力与简谐荷载同时达到幅值，动内力也在同一时间达到幅值。因此，动内力幅值的计算可以在各质点的惯性力及荷载幅值共同作用下按静力分析方法计算。

以如图 14-44 （a）所示体系为例，在求出各质点的惯性力幅值 F_{Ii}^0 后，可在惯性力幅值 F_{Ii}^0 （$i=1$，2，$\cdots$，n）和荷载幅值 F_l （$l=1$，2，$\cdots$，k）共同作用下，如图 14-44 （c）所示，由静力平衡条件计算任一截面的动内力幅值，或绘制动内力幅值图。也可利用叠加公式绘制动内力幅值图或任一截面的动内力幅值。以任一截面的动弯矩幅值为例，叠加公式为：

$$M_{\max}=\overline{M}_1 F_{I1}^0+\overline{M}_2 F_{I1}^0+\cdots+\overline{M}_n F_{In}^0+M_{\mathrm{P}} \tag{14-123}$$

式中，$\overline{M}_i$ 为惯性力 $F_{Ii}^0=1$ 时该截面的弯矩值；M_{P} 为动载幅值 F_l （$l=1$，2，$\cdots$，k）静力作用下该截面的弯矩值。

对于其他内力，如剪力、轴力等也可按同样方法计算。应该注意，动内力有正负号的变化，在与静荷载叠加时需加以考虑。

另外，若以 θ^2 左乘式 （14-121）各项，可得到关于惯性力幅值的一组线性代数方程：

$$\begin{cases}
\left(\delta_{11}-\dfrac{1}{m_1\theta^2}\right)F_{I1}+\delta_{12}F_{I2}+\cdots+\delta_{1n}F_{In}+\Delta_{1\mathrm{P}}=0 \\
\delta_{21}F_{I1}+\left(\delta_{22}-\dfrac{1}{m_2\theta^2}\right)F_{I2}+\cdots+\delta_{2n}F_{In}+\Delta_{2\mathrm{P}}=0 \\
\qquad\qquad\cdots \\
\delta_{n1}F_{I1}+\delta_{n2}F_{I2}+\cdots+\left(\delta_{nn}-\dfrac{1}{m_n\theta^2}\right)F_{In}+\Delta_{n\mathrm{P}}=0
\end{cases} \tag{14-124a}$$

或记为：

$$\left(\boldsymbol{\delta}-\frac{1}{\theta^2}\boldsymbol{M}^{-1}\right)\boldsymbol{I}+\boldsymbol{\Delta}_{\mathrm{P}}=0 \tag{14-124b}$$

解方程组 （14-124）即可求得各质点在纯强迫振动中的惯性力幅值，再由式 （14-122）求得各动位移幅值。

4. 双自由度体系在简谐荷载下的纯强迫振动

对双自由度体系在简谐荷载下的纯强迫振动问题，振幅方程（式 14-121）可简化为：

$$\begin{cases}
(m_1\theta^2\delta_{11}-1)Y_1+m_2\theta^2\delta_{12}Y_2+\Delta_{1\mathrm{P}}=0 \\
m_1\theta^2\delta_{21}Y_1+(m_2\theta^2\delta_{22}-1)Y_2+\Delta_{2\mathrm{P}}=0
\end{cases} \tag{14-125}$$

式中，Y_1、Y_2 表示两质点的位移振幅值；$\Delta_{1\mathrm{P}}$、$\Delta_{2\mathrm{P}}$ 分别表示由荷载幅值所产生的在两个质点处的静力位移。

求解式 （14-125）可得两质点的位移振幅值：

$$Y_1=\frac{D_1}{D_0}, \quad Y_2=\frac{D_2}{D_0} \tag{14-126}$$

式中

$$D_0=\begin{vmatrix} m_1\theta^2\delta_{11}-1 & m_2\theta^2\delta_{12} \\ m_1\theta^2\delta_{21} & m_2\theta^2\delta_{22}-1 \end{vmatrix}$$

$$D_1 = \begin{vmatrix} -\Delta_{1P} & m_2\theta^2\delta_{12} \\ -\Delta_{2P} & m_2\theta^2\delta_{22}-1 \end{vmatrix}$$

$$D_2 = \begin{vmatrix} m_1\theta^2\delta_{11}-1 & -\Delta_{1P} \\ m_1\theta^2\delta_{21} & -\Delta_{2P} \end{vmatrix}$$

下面对双自由度体系在简谐荷载下纯强迫振动作下述说明：

① 当荷载频率 $\theta \to 0$ 时

由式（14-126）可知：$Y_1 \to \Delta_{1P}$、$Y_2 \to \Delta_{2P}$。这说明，荷载变化很慢时其动力作用不明显，质点位移振幅相当于动荷载幅值作为静荷载所产生的静力位移。

② 当荷载频率 $\theta \to \infty$ 时

由式（14-126）可知：$Y_1 \to 0$、$Y_2 \to 0$。这说明荷载变化很快时，质点趋于静止状态。

③ 当荷载频率 $\theta \to \omega_1$ 或 $\theta \to \omega_2$ 时

由式（14-126）可知：$Y_1 \to \infty$、$Y_2 \to \infty$。即荷载频率与体系任一自振频率相同时，振幅趋于无穷大，会产生共振现象。

二、刚度法

如图 14-45 所示 n 自由度体系，在质点上分别承受同步简谐荷载作用 $F(t)=F_i\sin(\theta t)$。仿照 n 自由度体系自由振动运动方程（式 14-106）的建立过程，取各质点作为隔离体，建立体系的动力平衡方程为：

$$\begin{cases} m_1\ddot{y}_1(t)+k_{11}y_1(t)+k_{12}y_2(t)+\cdots+k_{1n}y_n(t)=F_1\sin(\theta t) \\ m_2\ddot{y}_2(t)+k_{21}y_1(t)+k_{22}y_2(t)+\cdots+k_{2n}y_n(t)=F_2\sin(\theta t) \\ \qquad\qquad\cdots \\ m_n\ddot{y}_n(t)+k_{n1}y_1(t)+k_{n2}y_2(t)+\cdots+k_{nn}y_n(t)=F_n\sin(\theta t) \end{cases} \tag{14-127a}$$

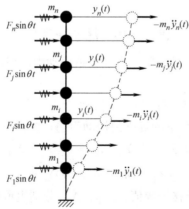

码 14-18 多自由
度强迫振动
（刚度法）

图 14-45 多自由度体系的强迫振动（刚度法）

式（14-127a）可写成矩阵形式：

$$\begin{bmatrix} m_1 & & & 0 \\ & m_2 & & \\ & & \ddots & \\ 0 & & & m_n \end{bmatrix}\begin{Bmatrix} \ddot{y}_1 \\ \ddot{y} \\ \vdots \\ \ddot{y}_n \end{Bmatrix} + \begin{bmatrix} k_{11} & k_{12} & \cdots & k_{1n} \\ k & k & \cdots & k_{2n} \\ & & \cdots & \\ k_{n1} & k_{n2} & \cdots & k_{nn} \end{bmatrix}\begin{Bmatrix} y_1 \\ y \\ \vdots \\ y_n \end{Bmatrix} = \begin{Bmatrix} F_1 \\ F \\ \vdots \\ F_n \end{Bmatrix}\sin(\theta t) \tag{14-127b}$$

或简记为：

$$M\ddot{y} + Ky = F\sin(\theta t)$$ (14-127c)

式中，F 为由简谐荷载幅值构成的向量，即：

$$F = \begin{bmatrix} F_1 \\ \cdots \\ F_i \\ \cdots \\ F_n \end{bmatrix}$$

式（14-127）为多自由度结构在简谐荷载作用下由刚度法建立的强迫振动微分方程。

设在稳态阶段各质点均按荷载频率作同步简谐振动，将式（14-120）代入式（14-127），经整理可得到关于质点位移振幅的线性非齐次方程组（振幅方程）：

$$\begin{cases} (k_{11} - m_1\theta^2)Y_1 + k_{12}Y_2 + \cdots + k_{1n}Y_n = F_1 \\ k_{21}Y_1 + (k_{22} - m_2\theta^2)Y_2 + \cdots + k_{2n}Y_n = F_2 \\ \cdots \\ k_{n1}Y_1 + k_{n2}Y_2 + \cdots + (k_{nn} - m_n\theta^2)Y_n = F_n \end{cases}$$ (14-128a)

也可写成矩阵形式：

$$(K - \theta^2 M)Y = F$$ (14-128b)

求解式（14-128）可求得各质点的振幅值。

这里要注意：动位移幅值方程式（14-128）只适用于简谐荷载直接作用于质点上的情况。若有荷载未作用在质点上时，可假设该处质量为零后再套用这个公式计算振幅。当有简谐分布荷载作用时需先转化为作用于质量处的等效动力荷载，或者采用柔度法计算。

同样地，对双自由度振动体系，振幅方程式（14-128）可简化为：

$$\begin{cases} (k_{11} - m_1\theta^2)Y_1 + k_{12}Y_2 = F_1 \\ k_{21}Y_1 + (k_{22} - m_2\theta^2)Y_2 = F_2 \end{cases}$$ (14-129)

式中，F_1、F_2 分别为动荷载幅值。

求解式（14-129）可得两质点的位移振幅值分别为：

$$Y_1 = \frac{D_1}{D_0}, \quad Y_2 = \frac{D_2}{D_0}$$ (14-130)

式中

$$D_0 = \begin{vmatrix} k_{11} - m_1\theta^2 & k_{12} \\ k_{21} & k_{22} - m_2\theta^2 \end{vmatrix}$$

$$D_1 = \begin{vmatrix} F_1 & k_{12} \\ F_2 & k_{22} - m_2\theta^2 \end{vmatrix}$$

$$D_2 = \begin{vmatrix} k_{11} - m_1\theta^2 & F_1 \\ k_{21} & F_2 \end{vmatrix}$$

在求得动位移幅值 Y_1、Y_2 后，可以在两质点的惯性力幅值及动荷载幅值共同作用下，按静力分析方法计算动内力幅值。

【例 14-14】 求如图 14-46（a）所示体系中两质点处的振幅，并作最大动力弯矩图。已知：各杆刚度 EI 均为常数，$m_1 = m_2 = m$，简谐荷载频率 $\theta = \sqrt{\dfrac{EI}{ml^3}}$，均布荷载幅值 $q = \dfrac{F}{l}$。

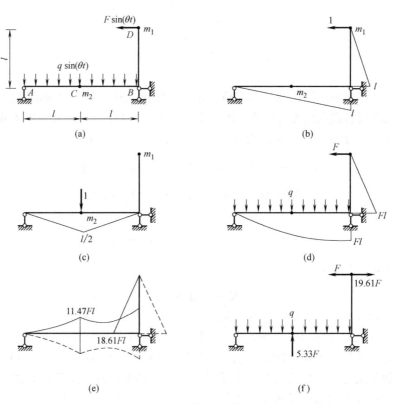

图 14-46　例 14-14 图

（a）双自由度体系；（b）$\overline{M}_1$ 图；（c）$\overline{M}_2$ 图；（d）M_P 图；（e）最大动力弯矩图；（f）动内力幅值的云计算

【解】 此刚架有两个动力自由度，承受简谐荷载作用，采用柔度法先计算振幅及惯性力幅值，再绘制动弯矩幅值图。

（1）计算柔度系数

沿两个振动方向分别施加单位力，并作其弯矩图 $\overline{M}_1$、$\overline{M}_2$，分别如图 14-46（b）、（c）所示。由图乘法可得：

$$\delta_{11} = \sum \int \frac{\overline{M}_1^2 \mathrm{d}x}{EI} = \frac{l^3}{EI}, \quad \delta_{22} = \sum \int \frac{\overline{M}_2^2 \mathrm{d}x}{EI} = \frac{l^3}{6EI}$$

$$\delta_{12} = \delta_{21} = \sum \int \frac{\overline{M}_1 \overline{M}_2 \mathrm{d}x}{EI} = \frac{l^3}{4EI}$$

（2）计算荷载幅值所产生的静力位移 Δ_{1P}、Δ_{2P}

作体系在荷载幅值作用下的弯矩图 M_P，如图 14-46（d）所示。由图乘法计算可得：

$$\Delta_{1P} = \sum \int \frac{\overline{M}_1 M_P \mathrm{d}x}{EI} = \frac{4Fl^3}{3EI}, \quad \Delta_{2P} = \sum \int \frac{\overline{M}_2 M_P \mathrm{d}x}{EI} = \frac{11Fl^3}{24EI}$$

（3）计算质点振幅 Y_1、Y_2

将求得的柔度系数、Δ_{1P}、Δ_{2P} 及 $\theta=\sqrt{\dfrac{EI}{ml^3}}$ 代入振幅方程式（14-125）得：

$$
\begin{cases}
0 \times Y_1 + \dfrac{1}{4} \times Y_2 + \dfrac{4Fl^3}{3EI} = 0 \\[2mm]
\dfrac{1}{4} \times Y_1 - \dfrac{5}{6} \times Y_2 + \dfrac{11Fl^3}{24EI} = 0
\end{cases}
$$

从而可求得两质点处的振幅分别为：

$$
Y_1 = -\frac{353Fl^3}{18EI}, \quad Y_2 = -\frac{16Fl^3}{3EI}
$$

（4）计算动内力幅值

先计算惯性力幅值：

$$
F_{I1}^0 = m_1 \theta^2 Y_1 = m \times \frac{EI}{ml^3} \times \left(-\frac{353Fl^3}{18EI}\right) = -19.61F
$$

$$
F_{I2}^0 = m_2 \theta^2 Y_2 = m \times \frac{EI}{ml^3} \times \left(-\frac{16Fl^3}{3EI}\right) = -5.33F
$$

动弯矩幅值可按叠加 $M = \overline{M}_1 F_{I1}^0 + \overline{M}_2 F_{I2}^0 + M_P$ 求得，比如结点 B、C 处弯矩值计算如下：

$$
M_{Bmax} = \overline{M}_1 F_{I1}^0 + \overline{M}_2 F_{I2}^0 + M_P = l \times (-19.61F) + Fl = -18.61Fl \quad（内侧受拉）
$$

$$
M_{Cmax} = \overline{M}_1 F_{I1}^0 + \overline{M}_2 F_{I2}^0 + M_P = \frac{l}{2} \times (-19.61F) +
$$

$$
\frac{l}{2} \times (-5.33F) + Fl = -11.47Fl \quad（上侧受拉）
$$

最大动力弯矩图如图 14-46（e）所示。当简谐荷载分别向左、向下时，对应的弯矩图为实线所示；当简谐荷载分别向右、向上时，对应的弯矩图为虚线所示。

动内力幅值的计算也可以根据图 14-46（f）所示，按静力方法由平衡条件求得。

这里要注意，多自由度体系中，各截面的位移或内力的动力系数一般是不同的，因此没有统一的动力系数。

【例 14-15】 如图 14-47（a）所示刚架承受简谐荷载 $F\sin(\theta t)$，已知荷载频率 $\theta = 4\sqrt{\dfrac{EI}{mh^3}}$，横梁刚度均为无穷大，柱刚度 EI 均为常数，刚架质量均集中在楼层处，且 $m_1 = m_2 = m$。计算刚架中楼层侧移幅值，并作最大动力弯矩图。

【解】 采用刚度法求解。

（1）计算刚度系数

体系的刚度系数计算过程分别如图 14-47（b）、（c）所示，即：

$$
k_{11} = \frac{48EI}{h^3}, \quad k_{21} = k_{12} = -\frac{24EI}{h^3}, \quad k_{22} = \frac{24EI}{h^3}
$$

（2）计算质点的振幅

将刚度系数、荷载频率及荷载幅值（$F_1 = 0$，$F_2 = F$）代入式（14-130）得：

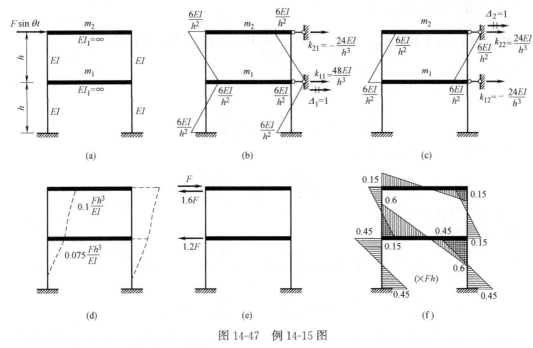

图 14-47　例 14-15 图

(a) 双自由度体系；(b) $\overline{M}_1$ 图；(c) $\overline{M}_2$ 图；(d) 位移幅值图；(e) 动内力幅值的云计算；(f) 最大动力弯矩图

$$D_0=\begin{vmatrix} k_{11}-m_1\theta^2 & k_{12} \\ k_{21} & k_{22}-m_2\theta^2 \end{vmatrix}=\begin{vmatrix} (48-16) & -24 \\ -24 & (24-16) \end{vmatrix}\left(\frac{EI}{h^3}\right)^2=-320\left(\frac{EI}{h^3}\right)^2$$

$$D_1=\begin{vmatrix} F_1 & k_{12} \\ F_2 & k_{22}-m_2\theta^2 \end{vmatrix}=\begin{vmatrix} 0 & -24 \\ F & 8 \end{vmatrix}\frac{EI}{h^3}=24F\frac{EI}{h^3}$$

$$D_2=\begin{vmatrix} k_{11}-m_1\theta^2 & F_1 \\ k_{21} & F_2 \end{vmatrix}=\begin{vmatrix} 32 & 0 \\ -24 & F \end{vmatrix}\frac{EI}{h^3}=32F\frac{EI}{h^3}$$

$$Y_1=\frac{D_1}{D_0}=-0.075F\frac{h^3}{EI},\ Y_2=\frac{D_2}{D_0}=-0.1F\frac{h^3}{EI}$$

图 14-47（d）所示为结构动位移幅值图。

（3）计算动内力幅值

质点处惯性力幅值分别为：

$$F_{I1}^0=m_1\theta^2 Y_1=m\times\frac{16EI}{mh^3}\times(-0.075)\frac{Fh^3}{EI}=-1.2F$$

$$F_{I2}^0=m_2\theta^2 Y_2=m\times\frac{16EI}{mh^3}\times(-0.1)\frac{Fh^3}{EI}=-1.6F$$

如图 14-47（e）所示为刚架在惯性力幅值及动荷载幅值共同作用下的受力图，可采用剪力分配法作最大动力弯矩图，如图 14-47（f）所示。

附录：《结构力学》（下册）学习指导及习题集

第十一章　矩阵位移法学习指导及习题集

第一节　学　习　要　求

本章讨论结构分析的矩阵位移法。矩阵位移法与传统位移法同源，但其采用矩阵表达形式和程序化的计算步骤，为大型复杂结构提供了快捷、通用的计算方法。它是以传统位移法为理论基础，取结点位移作为基本未知量，通过对结构离散化，进行单元分析和整体分析（全部采用矩阵表达形式），建立结构刚度方程，求得结点位移，进而求得杆端内力。

学习要求如下：

（1）掌握局部坐标系中一般单元的刚度矩阵，能根据一般单元的刚度矩阵经过修改得到特殊单元的刚度矩阵；

（2）掌握整体坐标系中单元刚度矩阵的确定方法，理解单元坐标转换矩阵的意义；

（3）掌握后处理法：先由直接刚度法建立结构原始刚度方程，再引入支承条件建立结构刚度方程；

（4）掌握先处理法：理解单元集成法的意义，能熟练地运用单元集成法形成结构的整体刚度矩阵；

（5）掌握单元上非结点荷载的等效结点荷载的概念以及确定方法；

（6）掌握用矩阵位移法分析梁、刚架、桁架及组合结构等的解题步骤，理解矩阵位移法和位移法的内在联系。

其中，利用单元集成法直接由单元刚度矩阵形成结构整体刚度矩阵，是矩阵位移法的核心内容。

第二节　基　本　内　容

一、基本概念

1. 单元和结点

结构离散化是指将结构分离成若干个独立的杆件（单元），以便于单元分析。

单元为等截面直杆，杆件结构中每根直杆可以作为一个或几个单元（桁架杆件只作为一个单元），单元的端点称为结点。

2. 单元的分类

按单元端部的约束情况，可将单元划分为自由式单元和约束单元。自由式单元在平面内不受任何约束，可作任何运动。约束单元在单元端部施加了某方向的约束，在约束方向不产生任何位移。

按单元受力性质，可将单元划分为桁架单元和刚架单元。桁架单元只有轴力，只发生轴向变形。刚架单元产生弯矩、剪力和轴力，以弯曲变形为主。

3. 局部坐标系（单元坐标系）

单元局部坐标系是为进行单元分析而建立的，一般用 $\overline{xoy}$ 表示，其中坐标原点位于单元起点，$\overline{x}$ 轴方向由单元起点指向单元终点，$\overline{y}$ 轴在单元平面内由 $\overline{x}$ 轴逆时针旋转 $90°$ 得到。

4. 整体坐标系

结构整体坐标系是为进行结构整体分析而建立的，一般用 xoy 表示。坐标原点可选结构平面内任意一点，x 轴方向通常取结构平面内水平向右方向，也可根据解题方便而取结构平面内其他方向，y 轴在结构平面内由 x 轴逆时针旋转 $90°$ 得到。

二、单元分析（局部坐标系）

单元分析：分析单元杆端力与杆端位移之间的关系，并用矩阵的形式来表达这种关系，即建立单元刚度方程，并得到单元刚度矩阵。

1. 一般单元

单元刚度方程为：

$$\overline{\boldsymbol{F}}^{e}=\overline{\boldsymbol{k}}^{e}\overline{\boldsymbol{\delta}}^{e}$$

单元刚度矩阵为：

$$
\overline{\boldsymbol{k}}^{e}=
\begin{matrix}
& \overline{u}_i^e & \overline{v}_i^e & \overline{\varphi}_i^e & \overline{u}_j^e & \overline{v}_j^e & \overline{\varphi}_j^e & \\
\left[\begin{array}{cccccc}
\dfrac{EA}{l} & 0 & 0 & -\dfrac{EA}{l} & 0 & 0 \\
0 & \dfrac{12EI}{l^3} & \dfrac{6EI}{l^2} & 0 & -\dfrac{12EI}{l^3} & \dfrac{6EI}{l^2} \\
0 & \dfrac{6EI}{l^2} & \dfrac{4EI}{l} & 0 & -\dfrac{6EI}{l^2} & \dfrac{2EI}{l} \\
-\dfrac{EA}{l} & 0 & 0 & \dfrac{EA}{l} & 0 & 0 \\
0 & -\dfrac{12EI}{l^3} & -\dfrac{6EI}{l^2} & 0 & \dfrac{12EI}{l^3} & -\dfrac{6EI}{l^2} \\
0 & \dfrac{6EI}{l^2} & \dfrac{2EI}{l} & 0 & -\dfrac{6EI}{l^2} & \dfrac{4EI}{l}
\end{array}\right]
&
\begin{array}{c}
\overline{F}_{Ni}^e \\
\overline{F}_{Si}^e \\
\overline{M}_i^e \\
\overline{F}_{Nj}^e \\
\overline{F}_{Sj}^e \\
\overline{M}_j^e
\end{array}
\end{matrix}
$$

单元刚度矩阵的性质：对称性、奇异性。

由一般单元的刚度矩阵可方便地推导出某些特殊单元的单元刚度矩阵。

2. 连续梁单元刚度矩阵

$$
\overline{\boldsymbol{k}}^{e}=
\begin{matrix}
& \overline{\varphi}_i^e & \overline{\varphi}_j^e & \\
\left[\begin{array}{cc}
\dfrac{4EI}{l} & \dfrac{2EI}{l} \\
\dfrac{2EI}{l} & \dfrac{4EI}{l}
\end{array}\right]
&
\begin{array}{c}
\overline{M}_i^e \\
\overline{M}_j^e
\end{array}
\end{matrix}
$$

3. 桁架单元

$$\bar{k}^e = \begin{matrix} \overline{u}_i^e & \overline{u}_j^e \end{matrix}$$

$$\bar{k}^e = \begin{bmatrix} \dfrac{EA}{l} & -\dfrac{EA}{l} \\ -\dfrac{EA}{l} & \dfrac{EA}{l} \end{bmatrix} \begin{matrix} \overline{F}_{Ni}^e \\ \overline{F}_{Nj}^e \end{matrix}$$

或

$$\bar{k}^e = \begin{matrix} \overline{u}_i^e & \overline{v}_i^e & \overline{u}_j^e & \overline{v}_j^e \end{matrix}$$

$$\bar{k}^e = \begin{pmatrix} \dfrac{EA}{l} & 0 & -\dfrac{EA}{l} & 0 \\ 0 & 0 & 0 & 0 \\ -\dfrac{EA}{l} & 0 & \dfrac{EA}{l} & 0 \\ 0 & 0 & 0 & 0 \end{pmatrix} \begin{matrix} \overline{F}_{Ni}^e \\ \overline{F}_{Si}^e \\ \overline{F}_{Nj}^e \\ \overline{F}_{Sj}^e \end{matrix}$$

三、单元分析（整体坐标系）

两种坐标系中单元杆端力间的关系为：

$$\overline{\boldsymbol{F}}^e = \boldsymbol{T}\boldsymbol{F}^e$$

或

$$\boldsymbol{F}^e = \boldsymbol{T}^T\overline{\boldsymbol{F}}^e$$

两种坐标系中单元杆端位移间的关系为：

$$\overline{\boldsymbol{\delta}}^e = \boldsymbol{T}\boldsymbol{\delta}^e$$

或

$$\boldsymbol{\delta}^e = \boldsymbol{T}^T\overline{\boldsymbol{\delta}}^e$$

单元刚度矩阵由局部坐标系向整体坐标系转换的公式为：

$$\boldsymbol{k}^e = \boldsymbol{T}^T\overline{\boldsymbol{k}}^e\boldsymbol{T}$$

式中，$\boldsymbol{T}$ 为单元坐标转换矩阵，是正交矩阵。

$$\boldsymbol{T} = \begin{Bmatrix} \cos\alpha & \sin\alpha & 0 & & & \\ -\sin\alpha & \cos\alpha & 0 & & \boldsymbol{0} & \\ 0 & 0 & 1 & & & \\ & & & \cos\alpha & \sin\alpha & 0 \\ & \boldsymbol{0} & & -\sin\alpha & \cos\alpha & 0 \\ & & & 0 & 0 & 1 \end{Bmatrix}$$

且

$$\boldsymbol{T}^{-1} = \boldsymbol{T}^T$$

两种坐标系之间的夹角 α 的定义为：从整体坐标系 x 轴沿逆时针方向转至局部坐标系 $\overline{x}$ 轴的角度。

整体坐标系下单元刚度方程为：

$$\boldsymbol{F}^e = \boldsymbol{k}^e\boldsymbol{\delta}^e$$

对桁架单元，坐标转换矩阵为：

$$T = \begin{pmatrix} \cos\alpha & \sin\alpha & 0 & 0 \\ -\sin\alpha & \cos\alpha & 0 & 0 \\ 0 & 0 & \cos\alpha & \sin\alpha \\ 0 & 0 & -\sin\alpha & \cos\alpha \end{pmatrix}$$

四、整体分析（后处理法）

1. 整体分析

以整体结构为研究对象，利用单元分析的结果，考虑结构的几何条件和平衡条件，建立表达结构中结点力和结点位移关系的结构刚度方程，进而求解结构刚度方程，得到结点位移。

2. 后处理法

在形成结构原始刚度矩阵之后引入边界约束条件。

3. 原始刚度方程

用结点位移表示的所有结点的平衡方程，它表明了结点力与结点位移之间的关系，即：

$$F^0 = K^0 \Delta^0$$

所谓"原始"是指该方程尚未考虑结构支承约束条件。

4. 原始刚度矩阵 K^0 的形成

对所有单元均采用自由单元的单元刚度矩阵，按照单元连接结点的编号，将单元刚度矩阵划分成 4 个子块，将各单元刚度矩阵中 4 个子块按照其对应的 2 个结点编码逐一送到结构原始刚度矩阵中对应的行和列的位置上去，即得到结构原始刚度矩阵。这种由单刚子块直接组装形成总刚的方法称为直接刚度法。该方法可以简单地概括为"子块搬家，对号入座"。

若某一个单元两端的结点号分别为 i、j，则该单元刚度矩阵中的各子块在总刚中的位置可以由结点号 i 和 j 完全确定，即单刚子块 k_{ij}^e 应该被送到总刚（以子块形式表示）中第 i 行 j 列的位置上，如图 11-11 所示。

5. 结点位移和结点力

在后处理法中，结点位移列向量 Δ^0 包括自由结点的未知位移和支座结点处的位移（为零或已知值），结点力列向量 F^0 包括自由结点的已知外荷载和支座结点处的支反力（未知）。

6. 引入边界条件

对刚性支座，可采用划行划列法处理：在原始刚度方程中直接划去和零位移对应的行和列，即可得结构刚度方程：

$$F = K\Delta$$

五、整体分析（先处理法）

先处理法：在形成结构刚度方程之前，已引入了边界约束条件和特定的位移关系。

1. 结构刚度方程：

$$F = K\Delta$$

2. 结构刚度矩阵 K 的形成：

单元定位向量 $\boldsymbol{\lambda}^e$ 是指由单元的结点位移总码组成的向量，它表示了该单元每个结点位移分量的局部编码与其在结构位移分量总码中的对应关系。在确定结构的结点位移分量总码时，对于已知为零的结点位移分量，其总码均编为零。

单元定位向量定义了整体坐标系下单元刚度矩阵中的元素在整体刚度矩阵中的具体位置，故也称为"单元换码向量"。

按单元的编码次序，利用单元定位向量 $\boldsymbol{\lambda}^e$，将整体坐标系下的单元刚度矩阵中的元素集成到整体刚度矩阵 K 中的对应位置，其过程可表示为：

$$k_{ij}^e \xrightarrow{\boldsymbol{\lambda}^e} K_{\lambda_i \lambda_j}$$

整体刚度矩阵是对称、非奇异的方阵。

3. 结点位移和结点力

在先处理法中，结点位移列向量 $\boldsymbol{\Delta}$ 只包含独立的未知结点位移，结点力列向量 $\boldsymbol{F}$ 只包括自由结点的已知外荷载（不含支座结点处的未知反力）。

六、等效结点荷载

作用在单元上的非结点荷载需转化为作用在结点上的等效结点荷载作用于结点后，才能形成结点力列向量。"等效"是指经转化得到的等效结点荷载与转化前的非结点荷载引起的结点位移是相等的。

将非结点荷载转化为等效结点荷载，其确定步骤如下：

1. 在局部坐标系中，把单元ⓔ看成两端固定梁，计算在非结点荷载作用下的单元固端力：

$$\overline{\boldsymbol{F}}^{fe} = (\overline{F}_{Ni}^{fe} \quad \overline{F}_{Si}^{fe} \quad \overline{M}_i^{fe} \quad \overline{F}_{Nj}^{fe} \quad \overline{F}_{Sj}^{fe} \quad \overline{M}_j^{fe})^T$$

2. 计算整体坐标系中单元固端力：

$$\boldsymbol{F}^{fe} = \boldsymbol{T}^T \overline{\boldsymbol{F}}^{fe} = (F_{xi}^{fe} \quad F_{yi}^{fe} \quad M_i^{fe} \quad F_{xj}^{fe} \quad F_{yj}^{fe} \quad M_j^{fe})^T$$

3. 将整体坐标系中单元固端力反号，即得该单元非结点荷载产生的等效结点荷载：

$$\boldsymbol{F}_E^e = -\boldsymbol{F}^{fe}$$

4. 将各单元上的非结点荷载均作如上处理以后，任一结点 i 上的等效结点荷载 $\boldsymbol{F}_{Ei}$ 为：

$$\boldsymbol{F}_{Ei} = \begin{bmatrix} F_{Exi} \\ F_{Eyi} \\ M_{Ei} \end{bmatrix} = \begin{bmatrix} -\sum F_{xi}^{fe} \\ -\sum F_{yi}^{fe} \\ -\sum F_i^{fe} \end{bmatrix} = -\sum \boldsymbol{F}_i^{fe}$$

式中，$\sum \boldsymbol{F}_i^{fe}$ 为结点 i 的相关单元 i 端的固端力之和。

在先处理法中，得出单元非结点荷载产生的等效结点荷载列向量 $\boldsymbol{F}_E^e$ 后，也可以按单元定位向量 $\boldsymbol{\lambda}^e$ 依次将 $\boldsymbol{F}_E^e$ 中的元素在整体结构的等效结点荷载向量 $\boldsymbol{F}_E$ 中进行定位并累加。

综合结点荷载由直接作用于结点的结点荷载 $\boldsymbol{F}_{Di}$ 及等效结点荷载 $\boldsymbol{F}_{Ei}$ 叠加而成，即：

$$\boldsymbol{F}_i = \boldsymbol{F}_{Di} + \boldsymbol{F}_{Ei}$$

七、单元杆端力的计算

各单元的最终杆端力，将是综合结点荷载作用下产生的杆端力与固端力叠加，即：

$$F^e = k^e \Delta^e + F^{fe}$$

固端力可以通过载常数求解，综合结点荷载作用下杆端力则通过矩阵位移法求解。

如果需要求各杆在局部坐标系下的最终杆端力，则可以利用下面的公式计算：

$$\overline{F}^e = T k^e \Delta^e + \overline{F}^{fe}$$

或

$$\overline{F}^e = \overline{k}^e T \Delta^e + \overline{F}^{fe}$$

八、矩阵位移法的计算步骤

1. 采用后处理法进行矩阵位移法的计算步骤

（1）结构标识：对单元、结点、结点位移分量进行编号，建立整体和局部坐标系；

（2）单元分析：建立局部坐标系的单元刚度矩阵 $\overline{k}^e$，以及整体坐标系下的单元刚度矩阵 k^e；

（3）整体分析：按照"子块搬家，对号入座"的原则，由单元刚度矩阵 k^e 形成结构原始刚度矩阵 K^0；

（4）计算等效结点荷载和综合结点荷载，建立结构原始刚度方程 $F^0 = K^0 \Delta^0$；

（5）引入支承条件，修改结构原始刚度方程得到结构刚度方程 $F = K\Delta$；

（6）求解结构刚度方程，得到结点位移 Δ；

（7）根据结点位移，计算各单元杆端力，并绘制内力图。

2. 采用先处理法进行矩阵位移法的计算步骤

（1）结构标识：对单元、结点、结点位移分量进行编号，建立整体和局部坐标系；

（2）单元分析：建立局部坐标系的单元刚度矩阵 $\overline{k}^e$，以及整体坐标系下的单元刚度矩阵 k^e；

（3）整体分析：按照"元素搬家，对号入座"的原则，根据单元定位向量 λ^e 将单刚 k^e 内的元素装配形成总刚 K；

（4）计算等效结点荷载和综合结点荷载，建立结构刚度方程 $F = K\Delta$；

（5）求解结构刚度方程，得到结点位移 Δ；

（6）根据结点位移，计算各单元杆端力，并可绘制内力图。

第三节　例题分析

【附例 11-1】 求如附图 11-1（a）所示桁架结构的内力。已知各杆 EA 相同。

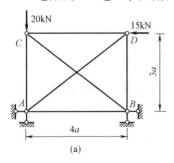　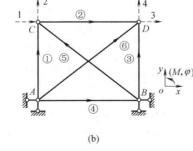　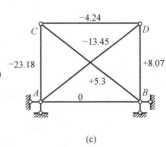

附图 11-1

（a）计算简图；（b）结构标识；（c）F_N 图（kN）

【解】 （1）单元编码、结点位移分量编码、局部坐标系及整体坐标系，如附图 11-1（b）所示。

（2）单元分析

局部坐标系下的单元刚度矩阵分别为：

$$\bar{k}^{①}=\bar{k}^{③}=\frac{EA}{3a}\begin{pmatrix} 1 & 0 & -1 & 0 \\ 0 & 0 & 0 & 0 \\ -1 & 0 & 1 & 0 \\ 0 & 0 & 0 & 0 \end{pmatrix}, \quad \bar{k}^{②}=\bar{k}^{④}=\frac{EA}{4a}\begin{pmatrix} 1 & 0 & -1 & 0 \\ 0 & 0 & 0 & 0 \\ -1 & 0 & 1 & 0 \\ 0 & 0 & 0 & 0 \end{pmatrix}$$

$$\bar{k}^{⑤}=\bar{k}^{⑥}=\frac{EA}{5a}\begin{pmatrix} 1 & 0 & -1 & 0 \\ 0 & 0 & 0 & 0 \\ -1 & 0 & 1 & 0 \\ 0 & 0 & 0 & 0 \end{pmatrix}$$

下面计算整体坐标系下的单元刚度矩阵。

单元①和③：$\alpha=90°$

$$T^{①}=T^{③}=\begin{pmatrix} \cos\alpha & \sin\alpha & 0 & 0 \\ -\sin\alpha & \cos\alpha & 0 & 0 \\ 0 & 0 & \cos\alpha & \sin\alpha \\ 0 & 0 & -\sin\alpha & \cos\alpha \end{pmatrix}=\begin{pmatrix} 0 & 1 & 0 & 0 \\ -1 & 0 & 0 & 0 \\ 0 & 0 & 0 & 1 \\ 0 & 0 & -1 & 0 \end{pmatrix}$$

$$k^{①}=k^{③}=T^{①\mathrm{T}}\bar{k}^{①}T^{①}=\begin{pmatrix} 0 & -1 & 0 & 0 \\ 1 & 0 & 0 & 0 \\ 0 & 0 & 0 & -1 \\ 0 & 0 & 1 & 0 \end{pmatrix}\times\frac{EA}{3a}\begin{pmatrix} 1 & 0 & -1 & 0 \\ 0 & 0 & 0 & 0 \\ -1 & 0 & 1 & 0 \\ 0 & 0 & 0 & 0 \end{pmatrix}\begin{pmatrix} 0 & 1 & 0 & 0 \\ -1 & 0 & 0 & 0 \\ 0 & 0 & 0 & 1 \\ 0 & 0 & -1 & 0 \end{pmatrix}$$

$$=\frac{EA}{3a}\begin{pmatrix} 0 & 0 & 0 & 0 \\ 0 & 1 & 0 & -1 \\ 0 & 0 & 0 & 0 \\ 0 & -1 & 0 & 1 \end{pmatrix}$$

单元②和④：局部坐标系与整体坐标系重合，无需坐标转换

$$k^{②}=k^{④}=\bar{k}^{②}=\bar{k}^{④}=\frac{EA}{4a}\begin{pmatrix} 1 & 0 & -1 & 0 \\ 0 & 0 & 0 & 0 \\ -1 & 0 & 1 & 0 \\ 0 & 0 & 0 & 0 \end{pmatrix}$$

单元⑤：$\sin\alpha=0.6$，$\cos\alpha=-0.8$

$$T^{⑤}=\begin{pmatrix} -0.8 & 0.6 & 0 & 0 \\ -0.6 & -0.8 & 0 & 0 \\ 0 & 0 & -0.8 & 0.6 \\ 0 & 0 & -0.6 & -0.8 \end{pmatrix}$$

172

$$\boldsymbol{k}^{⑤}=\boldsymbol{T}^{⑤\mathrm{T}}\bar{\boldsymbol{k}}^{⑤}\boldsymbol{T}^{⑤}=\begin{pmatrix} -0.8 & -0.6 & 0 & 0 \\ 0.6 & -0.8 & 0 & 0 \\ 0 & 0 & -0.8 & -0.6 \\ 0 & 0 & 0.6 & -0.8 \end{pmatrix}\times$$

$$\frac{EA}{5a}\begin{pmatrix} 1 & 0 & -1 & 0 \\ 0 & 0 & 0 & 0 \\ -1 & 0 & 1 & 0 \\ 0 & 0 & 0 & 0 \end{pmatrix}\begin{pmatrix} -0.8 & 0.6 & 0 & 0 \\ -0.6 & -0.8 & 0 & 0 \\ 0 & 0 & -0.8 & 0.6 \\ 0 & 0 & -0.6 & -0.8 \end{pmatrix}$$

$$=\frac{EA}{5a}\begin{pmatrix} 0.64 & -0.48 & 0.64 & 0.48 \\ -0.48 & 0.36 & 0.48 & -0.36 \\ -0.64 & 0.48 & 0.64 & -0.48 \\ 0.48 & -0.36 & -0.48 & 0.36 \end{pmatrix}$$

单元⑥：$\sin\alpha=0.6$，$\cos\alpha=0.8$

$$\boldsymbol{T}^{⑥}=\begin{pmatrix} 0.8 & 0.6 & 0 & 0 \\ -0.6 & 0.8 & 0 & 0 \\ 0 & 0 & 0.6 & 0.6 \\ 0 & 0 & -0.6 & 0.8 \end{pmatrix}$$

$$\boldsymbol{k}^{⑥}=\boldsymbol{T}^{⑥\mathrm{T}}\bar{\boldsymbol{k}}^{⑥}\boldsymbol{T}^{⑥}=\begin{pmatrix} 0.8 & -0.6 & 0 & 0 \\ 0.6 & 0.8 & 0 & 0 \\ 0 & 0 & 0.8 & -0.6 \\ 0 & 0 & 0.6 & 0.8 \end{pmatrix}\times$$

$$\frac{EA}{5a}\begin{pmatrix} 1 & 0 & -1 & 0 \\ 0 & 0 & 0 & 0 \\ -1 & 0 & 1 & 0 \\ 0 & 0 & 0 & 0 \end{pmatrix}\begin{pmatrix} 0.8 & 0.6 & 0 & 0 \\ -0.6 & 0.8 & 0 & 0 \\ 0 & 0 & 0.8 & 0.6 \\ 0 & 0 & -0.6 & 0.8 \end{pmatrix}$$

$$=\frac{EA}{5a}\begin{pmatrix} 0.64 & 0.48 & -0.64 & -0.48 \\ 0.48 & 0.36 & -0.48 & -0.36 \\ -0.64 & -0.48 & 0.64 & 0.48 \\ -0.48 & -0.36 & 0.48 & 0.36 \end{pmatrix}$$

（3）整体分析：用单元集成法形成整体刚度矩阵

$$\boldsymbol{\lambda}^{①}=\begin{bmatrix}0\\0\\1\\2\end{bmatrix}\quad \boldsymbol{\lambda}^{②}=\begin{bmatrix}1\\2\\3\\4\end{bmatrix}\quad \boldsymbol{\lambda}^{③}=\begin{bmatrix}0\\0\\3\\4\end{bmatrix}\quad \boldsymbol{\lambda}^{④}=\begin{bmatrix}0\\0\\0\\0\end{bmatrix}\quad \boldsymbol{\lambda}^{⑤}=\begin{bmatrix}0\\0\\1\\2\end{bmatrix}\quad \boldsymbol{\lambda}^{⑥}=\begin{bmatrix}0\\0\\3\\4\end{bmatrix}$$

$$\boldsymbol{K} = \frac{EA}{a} \times \begin{pmatrix} 0.378 & -0.096 & -0.25 & 0 \\ -0.096 & 0.405 & 0 & 0 \\ -0.25 & 0 & 0.378 & 0.096 \\ 0 & 0 & 0.096 & 0.405 \end{pmatrix}$$

（4）建立整体刚度方程，并求得结点位移

结点力向量为：

$$\boldsymbol{F} = \begin{pmatrix} 0 \\ -20\text{kN} \\ -15\text{kN} \\ 0 \end{pmatrix}$$

整体刚度方程为：

$$\frac{EA}{a} \times \begin{pmatrix} 0.378 & -0.096 & -0.25 & 0 \\ -0.096 & 0.405 & 0 & 0 \\ -0.25 & 0 & 0.378 & 0.096 \\ 0 & 0 & 0.096 & 0.405 \end{pmatrix} \begin{pmatrix} u_\text{C} \\ v_\text{C} \\ u_\text{D} \\ v_\text{D} \end{pmatrix} = \begin{pmatrix} 0 \\ -20\text{kN} \\ -15\text{kN} \\ 0 \end{pmatrix}$$

解刚度方程得结点位移为：

$$\begin{pmatrix} u_\text{C} \\ v_\text{C} \\ u_\text{D} \\ v_\text{D} \end{pmatrix} = \frac{a}{EA} \begin{pmatrix} -85.271 \\ -69.538 \\ -102.228 \\ 24.212 \end{pmatrix}$$

（5）求杆端力

$$\overline{\boldsymbol{F}}^{\textcircled{1}} = \boldsymbol{T}^{\textcircled{1}} \boldsymbol{F}^{\textcircled{1}} = \boldsymbol{T}^{\textcircled{1}} \boldsymbol{k}^{\textcircled{1}} \boldsymbol{\Delta}^{\textcircled{1}} = \begin{pmatrix} 0 & 1 & 0 & 0 \\ -1 & 0 & 0 & 0 \\ 0 & 0 & 0 & 1 \\ 0 & 0 & -1 & 0 \end{pmatrix} \times \frac{EA}{3a} \begin{pmatrix} 0 & 0 & 0 & 0 \\ 0 & 1 & 0 & -1 \\ 0 & 0 & 0 & 0 \\ 0 & -1 & 0 & 1 \end{pmatrix} \times$$

$$\frac{a}{EA} \begin{pmatrix} 0 \\ 0 \\ -85.271 \\ -69.538 \end{pmatrix} = \begin{pmatrix} 23.18\text{kN} \\ 0 \\ -23.18\text{kN} \\ 0 \end{pmatrix}$$

$$\overline{\boldsymbol{F}}^{\textcircled{2}} = \boldsymbol{F}^{\textcircled{2}} = \boldsymbol{k}^{\textcircled{2}} \boldsymbol{\Delta}^{\textcircled{2}} = \frac{EA}{4a} \begin{pmatrix} 1 & 0 & -1 & 0 \\ 0 & 0 & 0 & 0 \\ -1 & 0 & 1 & 0 \\ 0 & 0 & 0 & 0 \end{pmatrix} \times \frac{a}{EA} \begin{pmatrix} -85.271 \\ -69.538 \\ -102.228 \\ 24.212 \end{pmatrix} = \begin{pmatrix} 4.24\text{kN} \\ 0 \\ -4.24\text{kN} \\ 0 \end{pmatrix}$$

$$\overline{\boldsymbol{F}}^{\textcircled{3}} = \boldsymbol{T}^{\textcircled{3}} \boldsymbol{F}^{\textcircled{3}} = \boldsymbol{T}^{\textcircled{3}} \boldsymbol{k}^{\textcircled{3}} \boldsymbol{\Delta}^{\textcircled{3}} = \begin{pmatrix} 0 & 1 & 0 & 0 \\ -1 & 0 & 0 & 0 \\ 0 & 0 & 0 & 1 \\ 0 & 0 & -1 & 0 \end{pmatrix} \times \frac{EA}{3a} \begin{pmatrix} 0 & 0 & 0 & 0 \\ 0 & 1 & 0 & -1 \\ 0 & 0 & 0 & 0 \\ 0 & -1 & 0 & 1 \end{pmatrix} \times$$

$$\frac{a}{EA}\begin{Bmatrix} 0 \\ 0 \\ -102.228 \\ 24.212 \end{Bmatrix}=\begin{Bmatrix} -8.07\text{kN} \\ 0 \\ 8.07\text{kN} \\ 0 \end{Bmatrix}$$

$$\overline{\boldsymbol{F}}^{④}=\boldsymbol{F}^{④}=\boldsymbol{k}^{④}\boldsymbol{\Delta}^{④}=\boldsymbol{0}$$

$$\overline{\boldsymbol{F}}^{⑤}=\boldsymbol{T}^{⑤}\boldsymbol{F}^{⑤}=\boldsymbol{T}^{⑤}\boldsymbol{k}^{⑤}\boldsymbol{\Delta}^{⑤}=\begin{bmatrix} -0.8 & 0.6 & 0 & 0 \\ -0.6 & -0.8 & 0 & 0 \\ 0 & 0 & -0.8 & 0.6 \\ 0 & 0 & -0.6 & -0.8 \end{bmatrix}\times$$

$$\frac{EA}{5a}\begin{bmatrix} 0.64 & -0.48 & -0.64 & 0.48 \\ -0.48 & 0.36 & 0.48 & -0.36 \\ -0.64 & 0.48 & 0.64 & -0.48 \\ 0.48 & -0.36 & -0.48 & 0.36 \end{bmatrix}\times\frac{a}{EA}\begin{Bmatrix} 0 \\ 0 \\ -85.271 \\ -69.538 \end{Bmatrix}=\begin{Bmatrix} -5.3\text{kN} \\ 0 \\ 5.3\text{kN} \\ 0 \end{Bmatrix}$$

$$\overline{\boldsymbol{F}}^{⑥}=\boldsymbol{T}^{⑥}\boldsymbol{F}^{⑥}=\boldsymbol{T}^{⑥}\boldsymbol{k}^{⑥}\boldsymbol{\Delta}^{⑥}=\begin{bmatrix} 0.8 & 0.6 & 0 & 0 \\ -0.6 & 0.8 & 0 & 0 \\ 0 & 0 & 0.8 & 0.6 \\ 0 & 0 & -0.6 & 0.8 \end{bmatrix}\times$$

$$\frac{EA}{5a}\begin{bmatrix} 0.64 & 0.48 & -0.64 & -0.48 \\ 0.48 & 0.36 & -0.48 & -0.36 \\ -0.64 & -0.68 & 0.64 & 0.48 \\ -0.48 & -0.36 & 0.48 & 0.36 \end{bmatrix}\times\frac{a}{EA}\begin{Bmatrix} 0 \\ 0 \\ -102.228 \\ 24.212 \end{Bmatrix}=\begin{Bmatrix} 13.45\text{kN} \\ 0 \\ -13.45\text{kN} \\ 0 \end{Bmatrix}$$

桁架轴力图如附图 11-1（c）所示。

【**附例 11-2**】 求如附图 11-2（a）所示两跨梁的刚度方程。已知 EI 为常数，不考虑轴向变形，弹性支座刚度系数为 k。

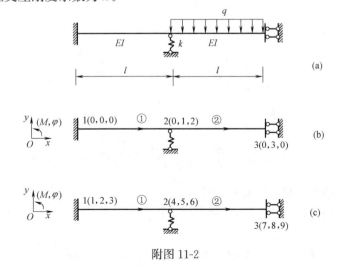

附图 11-2

【解法一】 先处理法

(1) 划分单元，对单元、结点及结点位移分量进行统一编号，并建立整体坐标系和局部坐标系，如附图 11-2（b）所示。

(2) 单元分析

因局部坐标系与整体坐标系相同，局部坐标系下的单元刚度矩阵即等于整体坐标系下的单元刚度矩阵，即：

$$\boldsymbol{k}^{①}=\boldsymbol{k}^{②}=\begin{pmatrix} \dfrac{EA}{l} & 0 & 0 & -\dfrac{EA}{l} & 0 & 0 \\[2mm] 0 & \dfrac{12EI}{l^3} & \dfrac{6EI}{l^2} & 0 & -\dfrac{12EI}{l^3} & \dfrac{6EI}{l^2} \\[2mm] 0 & \dfrac{6EI}{l^2} & \dfrac{4EI}{l} & 0 & -\dfrac{6EI}{l^2} & \dfrac{2EI}{l} \\[2mm] -\dfrac{EA}{l} & 0 & 0 & \dfrac{EA}{l} & 0 & 0 \\[2mm] 0 & -\dfrac{12EI}{l^3} & -\dfrac{6EI}{l^2} & 0 & \dfrac{12EI}{l^3} & -\dfrac{6EI}{l^2} \\[2mm] 0 & \dfrac{6EI}{l^2} & \dfrac{2EI}{l} & 0 & -\dfrac{6EI}{l^2} & \dfrac{4EI}{l} \end{pmatrix}$$

(3) 整体分析：用单元集成法形成整体刚度矩阵

单元定位向量分别为：

$$\boldsymbol{\lambda}^{①}=\begin{bmatrix} 0 \\ 0 \\ 0 \\ 0 \\ 1 \\ 2 \end{bmatrix} \quad \boldsymbol{\lambda}^{②}=\begin{bmatrix} 0 \\ 1 \\ 2 \\ 0 \\ 3 \\ 0 \end{bmatrix}$$

根据各单元定位向量，形成整体刚度矩阵为：

$$\boldsymbol{K}=\begin{pmatrix} \dfrac{24EI}{l^3} & 0 & -\dfrac{12EI}{l^3} \\[2mm] 0 & \dfrac{8EI}{l} & -\dfrac{6EI}{l^2} \\[2mm] -\dfrac{12EI}{l^3} & -\dfrac{6EI}{l^2} & \dfrac{12EI}{l^3} \end{pmatrix}$$

(4) 计算等效结点荷载及综合结点荷载

单元②的固端力为：

$$\boldsymbol{F}^{\mathrm{f}②}=\begin{pmatrix} 0 & \dfrac{1}{2}ql & \dfrac{1}{12}ql^2 & 0 & \dfrac{1}{2}ql & -\dfrac{1}{12}ql^2 \end{pmatrix}^{\mathrm{T}}$$

单元②上非结点荷载产生的等效结点荷载为：

$$\boldsymbol{F}_{\mathrm{E}}^{②}=-\boldsymbol{F}^{\mathrm{f}②}=\left(0 \quad -\frac{1}{2}ql \quad -\frac{1}{12}ql^2 \quad 0 \quad -\frac{1}{2}ql \quad \frac{1}{12}ql^2\right)^{\mathrm{T}}$$

利用单元定位向量 $\boldsymbol{\lambda}^{②}$，将 $\boldsymbol{F}_{\mathrm{E}}^{②}$ 中的元素集成到结构的等效结点荷载列向量中：

$$\boldsymbol{F}_{\mathrm{E}}=\begin{pmatrix} -\dfrac{1}{2}ql \\[2mm] -\dfrac{1}{12}ql^2 \\[2mm] -\dfrac{1}{2}ql \end{pmatrix}$$

结点 2 处弹性支承产生竖向位移 v_2，会引起弹性支座处的竖向支座反力为 kv_2（方向向下），这可看成作用在结构上的结点荷载作用，即得综合结点荷载为：

$$\boldsymbol{F}=\boldsymbol{F}_{\mathrm{E}}+\boldsymbol{F}_{\mathrm{D}}=\begin{pmatrix} -\dfrac{1}{2}ql-kv_2 \\[2mm] -\dfrac{1}{12}ql^2 \\[2mm] -\dfrac{1}{2}ql \end{pmatrix}$$

（5）建立结构刚度方程

结构刚度为：

$$\begin{pmatrix} \dfrac{24EI}{l^3} & 0 & -\dfrac{12EI}{l^3} \\[3mm] 0 & \dfrac{8EI}{l} & -\dfrac{6EI}{l^2} \\[3mm] -\dfrac{12EI}{l^3} & -\dfrac{6EI}{l^2} & \dfrac{12EI}{l^3} \end{pmatrix}\begin{bmatrix} v_2 \\[2mm] \varphi_2 \\[2mm] v_3 \end{bmatrix}=\begin{pmatrix} -\dfrac{1}{2}ql-kv_2 \\[2mm] -\dfrac{1}{12}ql^2 \\[2mm] -\dfrac{1}{2}ql \end{pmatrix}$$

将上式等号右端含 v_2 的项移到等号左边，整理后得：

$$\begin{pmatrix} \dfrac{24EI}{l^3}+k & 0 & -\dfrac{12EI}{l^3} \\[3mm] 0 & \dfrac{8EI}{l} & -\dfrac{6EI}{l^2} \\[3mm] -\dfrac{12EI}{l^3} & -\dfrac{6EI}{l^2} & \dfrac{12EI}{l^3} \end{pmatrix}\begin{bmatrix} v_2 \\[2mm] \varphi_2 \\[2mm] v_3 \end{bmatrix}=\begin{pmatrix} -\dfrac{1}{2}ql \\[2mm] -\dfrac{1}{12}ql^2 \\[2mm] -\dfrac{1}{2}ql \end{pmatrix}$$

【解法二】 后处理法

（1）划分单元，对单元、结点进行编号，建立整体坐标系和局部坐标系，如附图 11-2（c）所示。

（2）单元分析：同解法一。

（3）计算结构原始刚度矩阵。

177

按照先处理法"子块搬家，对号入座"的原则，由单刚子块装配形成结构原始刚度矩阵 $\boldsymbol{K}^0$ 如下：

$$
\boldsymbol{K}^0 = \begin{pmatrix}
\dfrac{EA}{l} & 0 & 0 & -\dfrac{EA}{l} & 0 & 0 & 0 & 0 & 0 \\[2ex]
0 & \dfrac{12EI}{l^3} & \dfrac{6EI}{l^2} & 0 & -\dfrac{12EI}{l^3} & \dfrac{6EI}{l^2} & 0 & 0 & 0 \\[2ex]
0 & \dfrac{6EI}{l^2} & \dfrac{4EI}{l} & 0 & -\dfrac{6EI}{l^2} & \dfrac{2EI}{l} & 0 & 0 & 0 \\[2ex]
-\dfrac{EA}{l} & 0 & 0 & \dfrac{2EA}{l} & 0 & 0 & -\dfrac{EA}{l} & 0 & 0 \\[2ex]
0 & -\dfrac{12EI}{l^3} & -\dfrac{6EI}{l^2} & 0 & \dfrac{24EI}{l^3} & 0 & 0 & -\dfrac{12EI}{l^3} & \dfrac{6EI}{l^2} \\[2ex]
0 & \dfrac{6EI}{l^2} & \dfrac{2EI}{l} & 0 & 0 & \dfrac{8EI}{l} & 0 & -\dfrac{6EI}{l^2} & \dfrac{2EI}{l} \\[2ex]
0 & 0 & 0 & -\dfrac{EA}{l} & 0 & 0 & \dfrac{EA}{l} & 0 & 0 \\[2ex]
0 & 0 & 0 & 0 & -\dfrac{12EI}{l^3} & -\dfrac{6EI}{l^2} & 0 & \dfrac{12EI}{l^3} & -\dfrac{6EI}{l^2} \\[2ex]
0 & 0 & 0 & 0 & \dfrac{6EI}{l^2} & \dfrac{2EI}{l} & 0 & -\dfrac{6EI}{l^2} & \dfrac{4EI}{l}
\end{pmatrix}
\begin{matrix} \\ 1 \\ \\ \\ 2 \\ \\ \\ 3 \\ \end{matrix}
$$

（4）计算等效结点荷载和综合结点荷载。

单元①上没有非结点荷载作用，固端力为 $\{0\}$，等效结点荷载也为 $\{0\}$。

单元②上的非结点荷载引起的等效结点荷载为：

$$
\boldsymbol{F}_{\mathrm{E}}^{②} = \begin{pmatrix} 0 & -\dfrac{1}{2}ql & -\dfrac{1}{12}ql^2 & 0 & -\dfrac{1}{2}ql & \dfrac{1}{12}ql^2 \end{pmatrix}^{\mathrm{T}}
$$

结点 B 处弹性支承产生竖向位移 v_2，会引起弹性支座处的竖向支座反力为 kv_2（方向向下），这可看成作用在结构上的结点荷载作用。

结构上的综合结点力向量为：

$$
\boldsymbol{F}^0 = \begin{pmatrix} F_{x1} & F_{y1} & M_1 & 0 & -\dfrac{1}{2}ql - kv_2 & -\dfrac{1}{12}ql^2 & F_{x3} & -\dfrac{1}{2}ql & M_3 \end{pmatrix}^{\mathrm{T}}
$$

（5）引入约束条件，建立结构刚度方程

原结构的结点位移列向量为：

$$
\boldsymbol{\Delta}^0 = (\boldsymbol{\Delta}_1 \quad \boldsymbol{\Delta}_2 \quad \boldsymbol{\Delta}_3)^{\mathrm{T}} = (0 \quad 0 \quad 0 \quad 0 \quad v_2 \quad \varphi_2 \quad 0 \quad v_3 \quad 0)^{\mathrm{T}}
$$

原始刚度方程为：

$$
\boldsymbol{F}^0 = \boldsymbol{K}^0 \boldsymbol{\Delta}^0
$$

在原始刚度方程中要划去第 1，2，3，4，7，9 行与第 1，2，3，4，7，9 列，从而得结构刚度方程为：

$$\begin{bmatrix} \dfrac{24EI}{l^3} & 0 & -\dfrac{12EI}{l^3} \\[3mm] 0 & \dfrac{8EI}{l} & -\dfrac{6EI}{l^2} \\[3mm] -\dfrac{12EI}{l^3} & -\dfrac{6EI}{l^2} & \dfrac{12EI}{l^3} \end{bmatrix} \begin{bmatrix} v_2 \\[3mm] \varphi_2 \\[3mm] v_3 \end{bmatrix} = \begin{bmatrix} -\dfrac{1}{2}ql - kv_2 \\[3mm] -\dfrac{1}{12}ql^2 \\[3mm] -\dfrac{1}{2}ql \end{bmatrix}$$

将上式等号右端含 v_2 的项移到等号左边，整理后得：

$$\begin{bmatrix} \dfrac{24EI}{l^3}+k & 0 & -\dfrac{12EI}{l^3} \\[3mm] 0 & \dfrac{8EI}{l} & -\dfrac{6EI}{l^2} \\[3mm] -\dfrac{12EI}{l^3} & -\dfrac{6EI}{l^2} & \dfrac{12EI}{l^3} \end{bmatrix} \begin{bmatrix} v_2 \\[3mm] \varphi_2 \\[3mm] v_3 \end{bmatrix} = \begin{bmatrix} -\dfrac{1}{2}ql \\[3mm] -\dfrac{1}{12}ql^2 \\[3mm] -\dfrac{1}{2}ql \end{bmatrix}$$

【附例 11-3】 作如附图 11-3（a）所示刚架结构的内力图。已知 EI 为常数，轴向变形忽略不计。

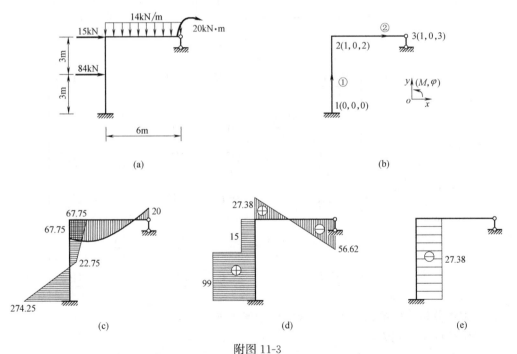

附图 11-3

（a）计算简图；（b）结构标识；（c）M 图（kN·m）；（d）F_S 图（kN）；（e）F_N 图（kN）

【解】 （1）划分单元，对单元、结点及结点位移分量进行编号，建立整体坐标系和局部坐标系，如附图 11-3（b）所示。

（2）单元分析

局部坐标系下的单元刚度矩阵均为（$l=6$m）：

$$\overline{\boldsymbol{k}}^{①}=\overline{\boldsymbol{k}}^{②}=\begin{pmatrix} \dfrac{EA}{l} & 0 & 0 & -\dfrac{EA}{l} & 0 & 0 \\[2mm] 0 & \dfrac{12EI}{l^3} & \dfrac{6EI}{l^2} & 0 & -\dfrac{12EI}{l^3} & \dfrac{6EI}{l^2} \\[2mm] 0 & \dfrac{6EI}{l^2} & \dfrac{4EI}{l} & 0 & -\dfrac{6EI}{l^2} & \dfrac{2EI}{l} \\[2mm] -\dfrac{EA}{l} & 0 & 0 & \dfrac{EA}{l} & 0 & 0 \\[2mm] 0 & -\dfrac{12EI}{l^3} & -\dfrac{6EI}{l^2} & 0 & \dfrac{12EI}{l^3} & -\dfrac{6EI}{l^2} \\[2mm] 0 & \dfrac{6EI}{l^2} & \dfrac{2EI}{l} & 0 & -\dfrac{6EI}{l^2} & \dfrac{4EI}{l} \end{pmatrix}$$

单元②整体坐标系下与局部坐标系下单元刚度矩阵相同。

单元①局部坐标系下的单元刚度矩阵，应转换到整体坐标系中，这里取 $\alpha=90°$。

$$\boldsymbol{T}^{①}=\begin{pmatrix} \cos\alpha & \sin\alpha & 0 & 0 & 0 & 0 \\ -\sin\alpha & \cos\alpha & 0 & 0 & 0 & 0 \\ 0 & 0 & 1 & 0 & 0 & 0 \\ 0 & 0 & 0 & \cos\alpha & \sin\alpha & 0 \\ 0 & 0 & 0 & -\sin\alpha & \cos\alpha & 0 \\ 0 & 0 & 0 & 0 & 0 & 1 \end{pmatrix}=\begin{pmatrix} 0 & 1 & 0 & 0 & 0 & 0 \\ -1 & 0 & 0 & 0 & 0 & 0 \\ 0 & 0 & 1 & 0 & 0 & 0 \\ 0 & 0 & 0 & 0 & 1 & 0 \\ 0 & 0 & 0 & -1 & 0 & 0 \\ 0 & 0 & 0 & 0 & 0 & 1 \end{pmatrix}$$

$$\boldsymbol{k}^{①}=\boldsymbol{T}^{①\mathrm{T}}\overline{\boldsymbol{k}}^{①}\boldsymbol{T}^{①}=\begin{pmatrix} \dfrac{12EI}{l^3} & 0 & -\dfrac{6EI}{l^2} & -\dfrac{12EI}{l^3} & 0 & -\dfrac{6EI}{l^2} \\[2mm] 0 & \dfrac{EA}{l} & 0 & 0 & -\dfrac{EA}{l} & 0 \\[2mm] -\dfrac{6EI}{l^2} & 0 & \dfrac{4EI}{l} & \dfrac{6EI}{l^2} & 0 & \dfrac{2EI}{l} \\[2mm] -\dfrac{12EI}{l^3} & 0 & \dfrac{6EI}{l^2} & \dfrac{12EI}{l^3} & 0 & \dfrac{6EI}{l^2} \\[2mm] 0 & -\dfrac{EA}{l} & 0 & 0 & \dfrac{EA}{l} & 0 \\[2mm] -\dfrac{6EI}{l^2} & 0 & \dfrac{2EI}{l} & \dfrac{6EI}{l^2} & 0 & \dfrac{4EI}{l} \end{pmatrix}$$

（3）整体分析：用单元集成法形成整体刚度矩阵

单元定位向量分别为：

$$\boldsymbol{\lambda}^{①}=\begin{bmatrix} 0 \\ 0 \\ 0 \\ 1 \\ 0 \\ 2 \end{bmatrix} \qquad \boldsymbol{\lambda}^{②}=\begin{bmatrix} 1 \\ 0 \\ 2 \\ 1 \\ 0 \\ 3 \end{bmatrix}$$

根据各单元定位向量，形成整体刚度矩阵为：

$$\boldsymbol{K} = \begin{pmatrix} \dfrac{12EI}{l^3} & \dfrac{6EI}{l^2} & 0 \\[3mm] \dfrac{6EI}{l^2} & \dfrac{8EI}{l} & \dfrac{2EI}{l} \\[3mm] 0 & \dfrac{2EI}{l} & \dfrac{4EI}{l} \end{pmatrix} = \begin{pmatrix} \dfrac{EI}{18} & \dfrac{EI}{6} & 0 \\[3mm] \dfrac{EI}{6} & \dfrac{4EI}{3} & \dfrac{EI}{3} \\[3mm] 0 & \dfrac{EI}{3} & \dfrac{2EI}{3} \end{pmatrix}$$

（4）计算等效结点荷载及综合结点荷载

各单元的固端力（局部坐标系）分别为：

$$\overline{\boldsymbol{F}}^{f①} = \begin{Bmatrix} 0 \\ 42\text{kN} \\ 63\text{kN} \cdot \text{m} \\ 0 \\ 42\text{kN} \\ -63\text{kN} \cdot \text{m} \end{Bmatrix}, \quad \overline{\boldsymbol{F}}^{f②} = \begin{Bmatrix} 0 \\ 42\text{kN} \\ 42\text{kN} \cdot \text{m} \\ 0 \\ 42\text{kN} \\ -42\text{kN} \cdot \text{m} \end{Bmatrix}$$

各单元的固端力（整体坐标系）分别为：

$$\boldsymbol{F}^{f①} = \boldsymbol{T}^{①\text{T}} = \overline{\boldsymbol{F}}^{f①} = \begin{pmatrix} 0 & -1 & 0 & 0 & 0 & 0 \\ 1 & 0 & 0 & 0 & 0 & 0 \\ 0 & 0 & 1 & 0 & 0 & 0 \\ 0 & 0 & 0 & 0 & -1 & 0 \\ 0 & 0 & 0 & 1 & 0 & 0 \\ 0 & 0 & 0 & 0 & 0 & 1 \end{pmatrix} \begin{Bmatrix} 0 \\ 42\text{kN} \\ 63\text{kN} \cdot \text{m} \\ 0 \\ 42\text{kN} \\ -63\text{kN} \cdot \text{m} \end{Bmatrix} = \begin{Bmatrix} -42\text{kN} \\ 0 \\ 63\text{kN} \cdot \text{m} \\ -42\text{kN} \\ 0 \\ -63\text{kN} \cdot \text{m} \end{Bmatrix}$$

$$\boldsymbol{F}^{f②} = \overline{\boldsymbol{F}}^{f②} = \begin{Bmatrix} 0 \\ 42\text{kN} \\ 42\text{kN} \cdot \text{m} \\ 0 \\ 42\text{kN} \\ -42\text{kN} \cdot \text{m} \end{Bmatrix}$$

各单元非结点荷载产生的等效结点荷载分别为：

$$\boldsymbol{F}_{\text{E}}^{①} = -\boldsymbol{F}^{f①} = \begin{Bmatrix} 42\text{kN} \\ 0 \\ -63\text{kN} \cdot \text{m} \\ 42\text{kN} \\ 0 \\ 63\text{kN} \cdot \text{m} \end{Bmatrix}, \quad \boldsymbol{F}_{\text{E}}^{②} = -\boldsymbol{F}^{f②} = \begin{Bmatrix} 0 \\ -42\text{kN} \\ -42\text{kN} \cdot \text{m} \\ 0 \\ -42\text{kN} \\ 42\text{kN} \cdot \text{m} \end{Bmatrix}$$

根据各单元定位向量，形成等效结点荷载列向量为：

$$\boldsymbol{F}_{\mathrm{E}} = \begin{bmatrix} 42\mathrm{kN} \\ 21\mathrm{kN \cdot m} \\ 42\mathrm{kN \cdot m} \end{bmatrix}$$

综合结点荷载为：

$$\boldsymbol{F} = \boldsymbol{F}_{\mathrm{E}} + \boldsymbol{F}_{\mathrm{D}} = \begin{bmatrix} 42\mathrm{kN} \\ 21\mathrm{kN \cdot m} \\ 42\mathrm{kN \cdot m} \end{bmatrix} + \begin{bmatrix} 15\mathrm{kN} \\ 0 \\ -20\mathrm{kN \cdot m} \end{bmatrix} = \begin{bmatrix} 57\mathrm{kN} \\ 21\mathrm{kN \cdot m} \\ 22\mathrm{kN \cdot m} \end{bmatrix}$$

（5）建立结构刚度方程，并求得结点位移

结构刚度方程为：

$$\begin{pmatrix} \dfrac{EI}{18} & \dfrac{EI}{6} & 0 \\[2mm] \dfrac{EI}{6} & \dfrac{4EI}{3} & \dfrac{EI}{3} \\[2mm] 0 & \dfrac{EI}{3} & \dfrac{2EI}{3} \end{pmatrix} \begin{bmatrix} u_2 \\ \varphi_2 \\ \varphi_3 \end{bmatrix} = \begin{bmatrix} 57\mathrm{kN} \\ 21\mathrm{kN \cdot m} \\ 22\mathrm{kN \cdot m} \end{bmatrix}$$

解刚度方程，求得结点位移为：

$$\begin{bmatrix} u_2 \\ \varphi_2 \\ \varphi_3 \end{bmatrix} = \frac{1}{EI} \begin{bmatrix} 1750.49 \\ -241.50 \\ 153.75 \end{bmatrix}$$

（6）求杆端内力

$$\overline{\boldsymbol{F}}^{\textcircled{1}} = \boldsymbol{T}^{\textcircled{1}} \boldsymbol{F}^{\textcircled{1}} + \overline{\boldsymbol{F}}^{\mathrm{f}\textcircled{1}} = \boldsymbol{T}^{\textcircled{1}} \boldsymbol{k}^{\textcircled{1}} \boldsymbol{\Delta}^{\textcircled{1}} + \overline{\boldsymbol{F}}^{\mathrm{f}\textcircled{1}} = \begin{pmatrix} 0 & 1 & 0 & 0 & 0 & 0 \\ -1 & 0 & 0 & 0 & 0 & 0 \\ 0 & 0 & 1 & 0 & 0 & 0 \\ 0 & 0 & 0 & 0 & 1 & 0 \\ 0 & 0 & 0 & -1 & 0 & 0 \\ 0 & 0 & 0 & 0 & 0 & 1 \end{pmatrix} \times$$

$$\begin{pmatrix} \dfrac{12EI}{l^3} & 0 & -\dfrac{6EI}{l^2} & -\dfrac{12EI}{l^3} & 0 & -\dfrac{6EI}{l^2} \\[3mm] 0 & \dfrac{EA}{l} & 0 & 0 & -\dfrac{EA}{l} & 0 \\[3mm] -\dfrac{6EI}{l^2} & 0 & \dfrac{4EI}{l} & \dfrac{6EI}{l^2} & 0 & \dfrac{2EI}{l} \\[3mm] -\dfrac{12EI}{l^3} & 0 & \dfrac{6EI}{l^2} & \dfrac{12EI}{l^3} & 0 & \dfrac{6EI}{l^2} \\[3mm] 0 & -\dfrac{EA}{l} & 0 & 0 & \dfrac{EA}{l} & 0 \\[3mm] -\dfrac{6EI}{l^2} & 0 & \dfrac{2EI}{l} & \dfrac{6EI}{l^2} & 0 & \dfrac{4EI}{l} \end{pmatrix} \times$$

$$\frac{1}{EI}\begin{Bmatrix} 0 \\ 0 \\ 0 \\ 1750.49 \\ 0 \\ -241.50 \end{Bmatrix} + \begin{Bmatrix} 0 \\ 42\text{kN} \\ 63\text{kN} \cdot \text{m} \\ 0 \\ 42\text{kN} \\ -63\text{kN} \cdot \text{m} \end{Bmatrix} = \begin{Bmatrix} 0 \\ 99\text{kN} \\ 274.25\text{kN} \cdot \text{m} \\ 0 \\ -15\text{kN} \\ 67.75\text{kN} \cdot \text{m} \end{Bmatrix}$$

$$\overline{\boldsymbol{F}}^{②} = \boldsymbol{F}^{②} = \boldsymbol{k}^{②}\boldsymbol{\Delta}^{②} + \overline{\boldsymbol{F}}^{\text{f}②} = \begin{bmatrix} \dfrac{EA}{l} & 0 & 0 & -\dfrac{EA}{l} & 0 & 0 \\[2mm] 0 & \dfrac{12EI}{l^3} & \dfrac{6EI}{l^2} & 0 & -\dfrac{12EI}{l^3} & \dfrac{6EI}{l^2} \\[2mm] 0 & \dfrac{6EI}{l^2} & \dfrac{4EI}{l} & 0 & -\dfrac{6EI}{l^2} & \dfrac{2EI}{l} \\[2mm] -\dfrac{EA}{l} & 0 & 0 & \dfrac{EA}{l} & 0 & 0 \\[2mm] 0 & -\dfrac{12EI}{l^3} & -\dfrac{6EI}{l^2} & 0 & \dfrac{12EI}{l^3} & -\dfrac{6EI}{l^2} \\[2mm] 0 & \dfrac{6EI}{l^2} & \dfrac{2EI}{l} & 0 & -\dfrac{6EI}{l^2} & \dfrac{4EI}{l} \end{bmatrix} \times$$

$$\frac{1}{EI}\begin{Bmatrix} 1750.49 \\ 0 \\ -241.50 \\ 1750.49 \\ 0 \\ 153.75 \end{Bmatrix} + \begin{Bmatrix} 0 \\ 42\text{kN} \\ 42\text{kN} \cdot \text{m} \\ 0 \\ 42\text{kN} \\ -42\text{kN} \cdot \text{m} \end{Bmatrix} = \begin{Bmatrix} 0 \\ 27.38\text{kN} \\ -67.75\text{kN} \cdot \text{m} \\ 0 \\ 56.62\text{kN} \\ -20\text{kN} \cdot \text{m} \end{Bmatrix}$$

由于忽略了各单元的轴向变形，因此由矩阵位移法求出各杆的杆端轴力均为零，而杆端轴力可以根据结点的平衡条件确定。根据杆端内力作内力图，分别如附图 11-3（c）、（d）、（e）所示。

【附例 11-4】 作如附图 11-4（a）所示连续梁的内力图。已知 EI 为常数。

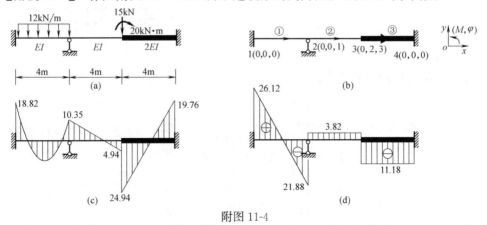

附图 11-4

（a）计算简图；（b）结构标识；（c）M 图（kN·m）；（d）F_S 图（kN）

【解】　（1）结构标识

划分单元，对单元、结点和结点位移分量编号，考虑到支座约束和忽略杆件轴向变形的条件，原结构中独立的未知结点位移分量只有 3 个。结构标识如附图 11-4（b）所示。

（2）单元分析

因整体坐标系与局部坐标系一致，所以整体坐标系下的单刚就等于局部坐标系下的单刚。这里 $l=4\mathrm{m}$。

$$\boldsymbol{k}^{①}=\boldsymbol{k}^{②}=\begin{bmatrix} \dfrac{EA}{l} & 0 & 0 & -\dfrac{EA}{l} & 0 & 0 \\[2mm] 0 & \dfrac{12EI}{l^3} & \dfrac{6EI}{l^2} & 0 & -\dfrac{12EI}{l^3} & \dfrac{6EI}{l^2} \\[2mm] 0 & \dfrac{6EI}{l^2} & \dfrac{4EI}{l} & 0 & -\dfrac{6EI}{l^2} & \dfrac{2EI}{l} \\[2mm] -\dfrac{EA}{l} & 0 & 0 & \dfrac{EA}{l} & 0 & 0 \\[2mm] 0 & -\dfrac{12EI}{l^3} & -\dfrac{6EI}{l^2} & 0 & \dfrac{12EI}{l^3} & -\dfrac{6EI}{l^2} \\[2mm] 0 & \dfrac{6EI}{l^2} & \dfrac{2EI}{l} & 0 & -\dfrac{6EI}{l^2} & \dfrac{4EI}{l} \end{bmatrix}$$

$$\boldsymbol{k}^{③}=\begin{bmatrix} \dfrac{EA}{l} & 0 & 0 & -\dfrac{EA}{l} & 0 & 0 \\[2mm] 0 & \dfrac{24EI}{l^3} & \dfrac{12EI}{l^2} & 0 & -\dfrac{24EI}{l^3} & \dfrac{12EI}{l^2} \\[2mm] 0 & \dfrac{12EI}{l^2} & \dfrac{8EI}{l} & 0 & -\dfrac{12EI}{l^2} & \dfrac{4EI}{l} \\[2mm] -\dfrac{EA}{l} & 0 & 0 & \dfrac{EA}{l} & 0 & 0 \\[2mm] 0 & -\dfrac{24EI}{l^3} & -\dfrac{12EI}{l^2} & 0 & \dfrac{24EI}{l^3} & -\dfrac{12EI}{l^2} \\[2mm] 0 & \dfrac{12EI}{l^2} & \dfrac{4EI}{l} & 0 & -\dfrac{12EI}{l^2} & \dfrac{8EI}{l} \end{bmatrix}$$

（3）整体分析

三个单元的定位向量分别为：

$$\boldsymbol{\lambda}^{①}=\begin{Bmatrix} 0 \\ 0 \\ 0 \\ 0 \\ 0 \\ 1 \end{Bmatrix},\ \boldsymbol{\lambda}^{②}=\begin{Bmatrix} 0 \\ 0 \\ 1 \\ 0 \\ 2 \\ 3 \end{Bmatrix},\ \boldsymbol{\lambda}^{③}=\begin{Bmatrix} 0 \\ 2 \\ 3 \\ 0 \\ 0 \\ 0 \end{Bmatrix}$$

根据单元定位向量将单刚内的元素装配形成总刚如下：

$$K = \begin{Bmatrix} \dfrac{8EI}{l} & -\dfrac{6EI}{l^2} & \dfrac{2EI}{l} \\[2mm] -\dfrac{6EI}{l^2} & \dfrac{36EI}{l^3} & \dfrac{6EI}{l^2} \\[2mm] \dfrac{2EI}{l} & \dfrac{6EI}{l^2} & \dfrac{12EI}{l} \end{Bmatrix} = \dfrac{EI}{16} \begin{bmatrix} 32 & -6 & 8 \\ -6 & 9 & 6 \\ 8 & 6 & 48 \end{bmatrix}$$

（4）计算等效结点荷载和综合结点荷载

各单元固端力分别为：

$$\boldsymbol{F}^{\text{f}①} = \begin{Bmatrix} 0 \\ 24\text{kN} \\ 16\text{kN} \cdot \text{m} \\ 0 \\ 24\text{kN} \\ -16\text{kN} \cdot \text{m} \end{Bmatrix}, \quad \boldsymbol{F}^{\text{f}②} = \boldsymbol{F}^{\text{f}③} = \boldsymbol{0}$$

各单元非结点荷载产生的等效结点荷载分别为：

$$\boldsymbol{F}_{\text{E}}^{①} = \begin{Bmatrix} 0 \\ -24\text{kN} \\ -16\text{kN} \cdot \text{m} \\ 0 \\ -24\text{kN} \\ 16\text{kN} \cdot \text{m} \end{Bmatrix}, \quad \boldsymbol{F}_{\text{E}}^{②} = \boldsymbol{F}_{\text{E}}^{③} = \boldsymbol{0}$$

按单元定位向量形成结构的等效结点荷载为：

$$\boldsymbol{F}_{\text{E}} = \begin{bmatrix} 16\text{kN} \cdot \text{m} \\ 0 \\ 0 \end{bmatrix}$$

则总的结点荷载列阵为：

$$\boldsymbol{F} = \boldsymbol{F}_{\text{E}} + \boldsymbol{F}_{\text{D}} = \begin{bmatrix} 16\text{kN} \cdot \text{m} \\ 0 \\ 0 \end{bmatrix} + \begin{bmatrix} 0 \\ -15\text{kN} \\ -20\text{kN} \cdot \text{m} \end{bmatrix} = \begin{bmatrix} 16\text{kN} \cdot \text{m} \\ -15\text{kN} \\ -20\text{kN} \cdot \text{m} \end{bmatrix}$$

（5）建立结构刚度方程，并求解结点位移

结构刚度方程为：

$$\dfrac{EI}{16} \begin{bmatrix} 32 & -6 & 8 \\ -6 & 9 & 6 \\ 8 & 6 & 48 \end{bmatrix} \begin{bmatrix} \varphi_2 \\ v_3 \\ \varphi_3 \end{bmatrix} = \begin{bmatrix} 16\text{kN} \cdot \text{m} \\ -15\text{kN} \\ -20\text{kN} \cdot \text{m} \end{bmatrix}$$

求解结构刚度方程，得到结点位移如下：

$$\begin{bmatrix} \varphi_2 \\ v_3 \\ \varphi_3 \end{bmatrix} = \dfrac{1}{EI} \begin{bmatrix} 5.647 \\ -19.451 \\ -5.176 \end{bmatrix}$$

（6）计算杆端力，并绘制 M 图

$$\overline{\boldsymbol{F}}^{①}=\boldsymbol{F}^{①}=\boldsymbol{k}^{①}\boldsymbol{\Delta}^{①}+\overline{\boldsymbol{F}}^{\mathrm{f}①}=\begin{pmatrix} \dfrac{EA}{l} & 0 & 0 & -\dfrac{EA}{l} & 0 & 0 \\[2mm] 0 & \dfrac{12EI}{l^3} & \dfrac{6EI}{l^2} & 0 & -\dfrac{12EI}{l^3} & \dfrac{6EI}{l^2} \\[2mm] 0 & \dfrac{6EI}{l^2} & \dfrac{4EI}{l} & 0 & -\dfrac{6EI}{l^2} & \dfrac{2EI}{l} \\[2mm] -\dfrac{EA}{l} & 0 & 0 & \dfrac{EA}{l} & 0 & 0 \\[2mm] 0 & -\dfrac{12EI}{l^3} & -\dfrac{6EI}{l^2} & 0 & \dfrac{12EI}{l^3} & -\dfrac{6EI}{l^2} \\[2mm] 0 & \dfrac{6EI}{l^2} & \dfrac{2EI}{l} & 0 & -\dfrac{6EI}{l^2} & \dfrac{4EI}{l} \end{pmatrix}\times$$

$$\frac{1}{EI}\begin{Bmatrix} 0 \\ 0 \\ 0 \\ 0 \\ 0 \\ 5.647 \end{Bmatrix}+\begin{Bmatrix} 0 \\ 24\text{kN} \\ 16\text{kN}\cdot\text{m} \\ 0 \\ 24\text{kN} \\ -16\text{kN}\cdot\text{m} \end{Bmatrix}=\begin{Bmatrix} 0 \\ 26.12\text{kN} \\ 18.82\text{kN}\cdot\text{m} \\ 0 \\ 21.88\text{kN} \\ -10.35\text{kN}\cdot\text{m} \end{Bmatrix}$$

$$\overline{\boldsymbol{F}}^{②}=\boldsymbol{F}^{②}=\boldsymbol{k}^{②}\boldsymbol{\Delta}^{②}+\overline{\boldsymbol{F}}^{\mathrm{f}②}=\begin{pmatrix} \dfrac{EA}{l} & 0 & 0 & -\dfrac{EA}{l} & 0 & 0 \\[2mm] 0 & \dfrac{12EI}{l^3} & \dfrac{6EI}{l^2} & 0 & -\dfrac{12EI}{l^3} & \dfrac{6EI}{l^2} \\[2mm] 0 & \dfrac{6EI}{l^2} & \dfrac{4EI}{l} & 0 & -\dfrac{6EI}{l^2} & \dfrac{2EI}{l} \\[2mm] -\dfrac{EA}{l} & 0 & 0 & \dfrac{EA}{l} & 0 & 0 \\[2mm] 0 & -\dfrac{12EI}{l^3} & -\dfrac{6EI}{l^2} & 0 & \dfrac{12EI}{l^3} & -\dfrac{6EI}{l^2} \\[2mm] 0 & \dfrac{6EI}{l^2} & \dfrac{2EI}{l} & 0 & -\dfrac{6EI}{l^2} & \dfrac{4EI}{l} \end{pmatrix}\times$$

$$\frac{1}{EI}\begin{Bmatrix} 0 \\ 0 \\ 5.647 \\ 0 \\ -19.451 \\ -5.176 \end{Bmatrix}=\begin{Bmatrix} 0 \\ 3.82\text{kN} \\ 10.35\text{kN}\cdot\text{m} \\ 0 \\ -3.82\text{kN} \\ 4.94\text{kN}\cdot\text{m} \end{Bmatrix}$$

$$\overline{\boldsymbol{F}}^{③}=\boldsymbol{F}^{③}=\boldsymbol{k}^{③}\boldsymbol{\Delta}^{③}+\overline{\boldsymbol{F}}^{\mathrm{f}③}=\begin{bmatrix} \dfrac{EA}{l} & 0 & 0 & -\dfrac{EA}{l} & 0 & 0 \\ 0 & \dfrac{24EI}{l^{3}} & \dfrac{12EI}{l^{2}} & 0 & -\dfrac{24EI}{l^{3}} & \dfrac{12EI}{l^{2}} \\ 0 & \dfrac{12EI}{l^{2}} & \dfrac{8EI}{l} & 0 & -\dfrac{12EI}{l^{2}} & \dfrac{4EI}{l} \\ -\dfrac{EA}{l} & 0 & 0 & \dfrac{EA}{l} & 0 & 0 \\ 0 & -\dfrac{24EI}{l^{3}} & -\dfrac{12EI}{l^{2}} & 0 & \dfrac{24EI}{l^{3}} & -\dfrac{12EI}{l^{2}} \\ 0 & \dfrac{12EI}{l^{2}} & \dfrac{4EI}{l} & 0 & -\dfrac{12EI}{l^{2}} & \dfrac{8EI}{l} \end{bmatrix}\times$$

$$\frac{1}{EI}\begin{Bmatrix} 0 \\ -19.451 \\ -5.176 \\ 0 \\ 0 \\ 0 \end{Bmatrix}=\begin{Bmatrix} 0 \\ -11.18\mathrm{kN} \\ -24.94\mathrm{kN}\cdot\mathrm{m} \\ 0 \\ 11.18\mathrm{kN} \\ -19.76\mathrm{kN}\cdot\mathrm{m} \end{Bmatrix}$$

根据各单元的杆端力可绘制原结构的弯矩图和剪力图，分别如附图 11-4 （c）、（d）所示。

第四节 本 章 习 题

一、判断题

1. 矩阵位移法既能计算超静定结构，也能计算静定结构。　　　　　　　　（　　）

2. 单元 e 在如附图 11-5 所示两种坐标系中的刚度矩阵 $\overline{\boldsymbol{k}}^{\mathrm{e}}$ 是不同的。　　（　　）

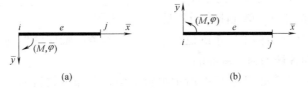

(a)　　　　　　　　　　（b）

附图 11-5

3. 单元刚度矩阵反映了该单元的杆端位移与杆端力之间的关系。　　　　（　　）

4. 单元刚度矩阵均具有对称性和奇异性。　　　　　　　　　　　　　　（　　）

5. 整体坐标系和局部坐标系间的单元坐标转换矩阵 $\boldsymbol{T}$ 是正交矩阵。　　（　　）

6. 结构整体刚度矩阵反映了结构上的结点位移与荷载之间的关系。　　　（　　）

7. 整体刚度矩阵是对称矩阵，这可由位移互等定理验证。　　　　　　　（　　）

8. 采用矩阵位移法计算连续梁时无需对单元刚度矩阵作坐标变换。　　　（　　）

9. 等效结点荷载的"等效"是指与非结点荷载作用下产生相同的结点位移。（　　）

10. 在矩阵位移法中，结构在等效结点荷载作用下的内力，与结构在原非结点荷载作用下的内力相同。 （ ）

11. 一般情况下，矩阵位移法的基本未知量数目比传统位移法基本未知量的数目要多。 （ ）

12. 在矩阵位移法中，处理位移边界条件时有先处理法和后处理法，其中前一种方法的未知量数目比后一种方法少。 （ ）

13. 如附图 11-6 （a）所示结构，采用矩阵位移法求得单元③的杆端力 $\overline{F}^③ = (-3kN, -1kN, -4kN \cdot m, 3kN, 1kN, -2kN \cdot m)^T$，则单元③的弯矩图如附图 11-6 （b）所示。 （ ）

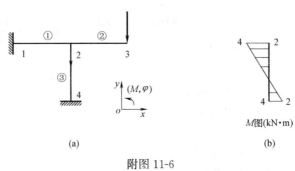

(a)   (b)

附图 11-6

14. 矩阵位移法中的整体刚度方程和位移法典型方程是一回事，都是平衡方程。 （ ）

15. 单元定位向量反映的是变形连续条件和位移边界条件。 （ ）

16. 结点位移编码方式对结构刚度矩阵没有影响。 （ ）

二、填空题

1. 单元刚度矩阵中元素 k_{ij} 的物理意义是＿＿＿＿＿＿＿＿＿＿＿＿＿＿＿＿＿＿＿＿。

2. 整体坐标系下结构刚度矩阵中，元素 K_{ij} 的物理含义是＿＿＿＿＿＿＿＿＿＿＿＿＿＿＿＿＿＿＿＿。

3. 在矩阵位移法中，结构刚度方程表示的是＿＿＿＿＿＿＿和＿＿＿＿＿＿＿的关系。

4. 根据反力互等定理，单元刚度矩阵是＿＿＿＿＿＿矩阵。

5. 如附图 11-7 所示结构采用矩阵位移法计算，若考虑轴向变形的影响，其未知量数目为＿＿＿＿＿个。已知各杆均为等截面的。

6. 用矩阵位移法计算如附图 11-8 所示组合结构，未知量数目为＿＿＿＿＿＿＿个。已知梁式杆 EA、EI 及链杆 E_1A_1 均为常数。

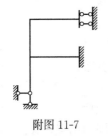

附图 11-7

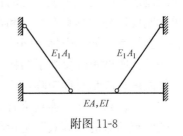

附图 11-8

7. 如附图 11-9 所示桁架结构的刚度矩阵有_____个元素，其数值等于_____。已知 EA 为常数。

8. 采用先处理法对附图 11-10 所示桁架结构进行集成所得结构的刚度方程中，总未知量数目为_____。已知各杆 EA 均为常数。

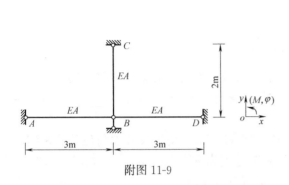

附图 11-9

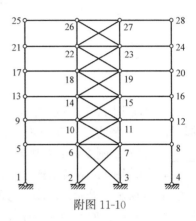

附图 11-10

9. 如附图 11-11 所示刚架中，各杆 $EI=$ 常数，不考虑轴向变形，采用先处理法进行结点位移编号，其中正确编号应是_____。结点位移分量均按水平、竖直、转动方向顺序排列。

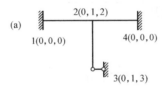

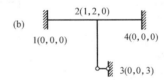

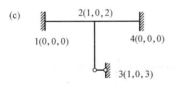

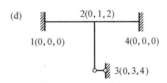

附图 11-11

10. 如附图 11-12 所示连续梁，1、2 分别是结点角位移分量编号，则该结构刚度矩阵中的主元素分别为：$K_{11}=$_____、$K_{22}=$_____。已知 EI 为常数。

11. 如附图 11-13 所示梁结构，轴向变形忽略不计，1、2 分别是结点位移分量编号，则刚度矩阵中元素 $K_{11}=$_____，$K_{12}=$_____。已知 EI 为常数。

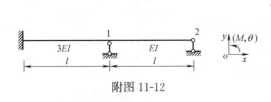

附图 11-12

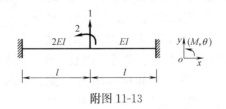

附图 11-13

189

12. 如附图 11-14 所示连续梁，各跨均为等截面杆，图中给出了坐标系、结点编号、单元编码及方向，则该结构刚度矩阵中元素 $K_{45} =$ _____ ，$K_{55} =$ _____ 。已知 i 为线刚度。

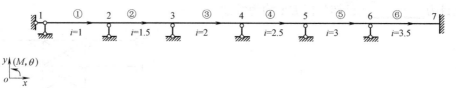

附图 11-14

13. 如附图 11-15 所示刚架，不计轴向变形，圆括号中数字为结点位移编码（力和位移均按水平、竖直、转动方向顺序排列），结构刚度矩阵中元素 $K_{11} =$ _____ ，$K_{22} =$ _____ 。已知线刚度值 i 为常数。

14. 如附图 11-16 所示连续梁，各跨均为等截面杆，单元编号及杆端角位移分量编码如图 11-20 所示，单元①、②、③的固端弯矩列阵分别为 $\overline{\boldsymbol{F}}^{\mathrm{f}①} = (1200 \quad -1200)^{\mathrm{T}}$ 、$\overline{\boldsymbol{F}}^{\mathrm{f}②} = (500 \quad -500)^{\mathrm{T}}$ 、$\overline{\boldsymbol{F}}^{\mathrm{f}③} = (0 \quad 0)^{\mathrm{T}}$ ，则综合结点荷载列阵 $\boldsymbol{F} =$ _____ 。力矩单位为 "kN·m"。

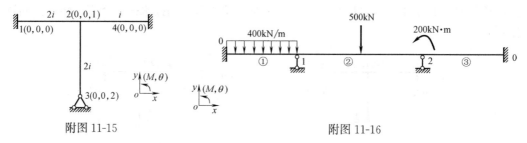

附图 11-15   附图 11-16

15. 采用矩阵位移法解如附图 11-17 所示连续梁时，结点 3 的综合结点荷载 $\boldsymbol{F}_3 =$ _____ 。已知各跨均为等截面杆。

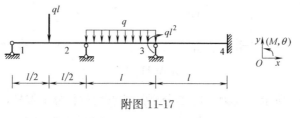

附图 11-17

16. 如附图 11-18 所示刚架，各杆均为等截面，图中给出了坐标系、单元编码及方向，圆括号内数为结点位移分量编码（力和位移均按 x 向、y 向及转动方向顺序排列），则结构的等效结点荷载 $\boldsymbol{F}_{\mathrm{E}} =$ _____ 。

17. 如附图 11-19 所示刚架，各杆均为等截面，图中给出了坐标系、单元编码及方向，圆括号内数为结点位移分量编码（力和位移均按 x 向、y 向及转动方向顺序排列），则结构综合结点荷载为 $\boldsymbol{F} =$ _____ 。

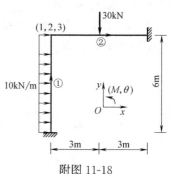

附图 11-18

18. 如附图 11-20 所示刚架结构，轴向变形忽略不计，各杆均为等截面，线刚度值 i 为常数。图中给出了坐标系、单元编码及方向，圆括号内数为结点位移分量编码（力和位移均按 x 向、y 向及转动方向顺序排列）。若已求得结点位移列阵 $\boldsymbol{\Delta} = \left(-\dfrac{5}{816i}ql^2 \quad \dfrac{11}{816i}ql^2 \right)^{\mathrm{T}}$，则单元②的杆端力矩分别为_____、_____。

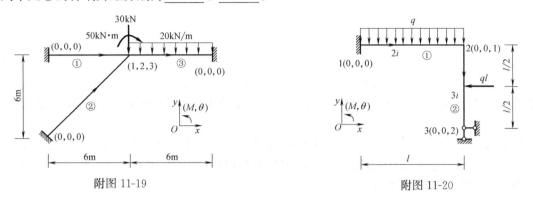

附图 11-19   附图 11-20

19. 用矩阵位移法求解如附图 11-21 所示结构时，已求得 1 端由杆端位移引起的杆端力 $\boldsymbol{F}_1 = (-6\mathrm{kN} \quad -4\mathrm{kN}\cdot\mathrm{m})^{\mathrm{T}}$，则支座 1 处支座反力分别为 $M_1 = \underline{\hspace{2cm}}$、$Y_1 = \underline{\hspace{2cm}}$。已知各跨均为等截面杆。

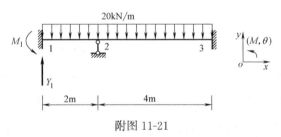

附图 11-21

20. 局部坐标系下的单元刚度矩阵 $\overline{\boldsymbol{k}}^{\mathrm{e}}$ 与整体坐标系下的单元刚度矩阵 $\boldsymbol{k}^{\mathrm{e}}$ 的关系为_____。

21. 在任意荷载作用下，结构中任一单元由于杆端位移所引起的杆端力 $\overline{\boldsymbol{F}}^{\mathrm{e}}$（局部坐标系中）的计算公式为：_____。

三、计算题

1. 写出如附图 11-22 所示连续梁的整体刚度矩阵 $\boldsymbol{K}$，图中给出了结构坐标系及转角位移编码。已知各跨均为等截面杆。

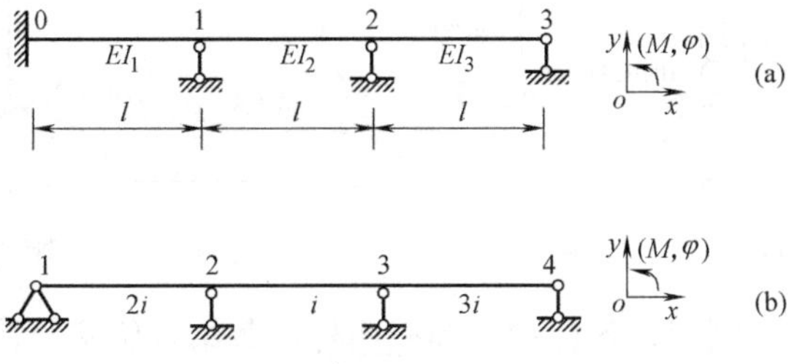

附图 11-22

2. 如附图 11-23 所示梁结构，图中圆括号内数码为结点位移分量编码（位移均按水平、竖直、转动方向顺序排列），求结构刚度矩阵 $\boldsymbol{K}$。已知 $EI =$ 常数。

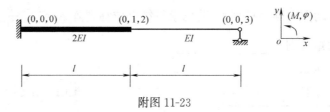

附图 11-23

3. 如附图 11-24 所示刚架，不考虑轴向变形，已知各杆 EI 均为常数。图中圆括号内数字为结点位移分量编码（位移均按水平、竖直、转动方向顺序排列），求结构刚度矩阵 $\boldsymbol{K}$。

4. 如附图 11-25 所示刚架，各杆截面相同，$E = 1 \times 10^7 \mathrm{kN/m^2}$，$A = 0.24 \mathrm{m^2}$，$I = 0.0072 \mathrm{m^4}$，图中圆括号内数为结点位移分量编码（位移均按水平、竖直、转动方向顺序排列），求其结构刚度矩阵 $\boldsymbol{K}$。

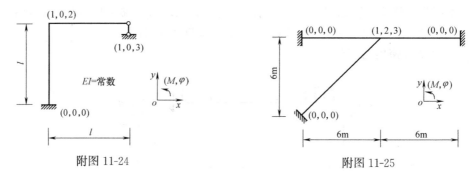

附图 11-24   附图 11-25

5. 如附图 11-26 所示梁结构，圆括号内数为结点位移分量编码（位移均按竖直、转动方向顺序排列），求等效结点荷载列阵 $\boldsymbol{F}_\mathrm{E}$。

6. 如附图 11-27 所示刚架结构，不计轴向变形，圆括号内数为结点位移分量编码（位移均按水平、竖直、转动方向顺序排列），求等效结点荷载列阵 $\boldsymbol{F}_\mathrm{E}$。

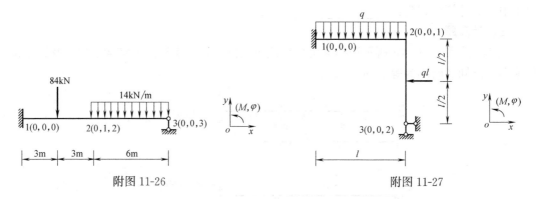

附图 11-26   附图 11-27

7. 如附图 11-28 所示刚架，各杆均为等截面杆，各结点位移分量编码如附图 11-28 中标注（位移均按水平、竖直、转动方向顺序排列）。求结点 2 上的综合结点荷载 $\boldsymbol{F}_2$。

8. 如附图 11-29 所示梁结构，已知 EI 为常数，用矩阵位移法建立其整体刚度方程。

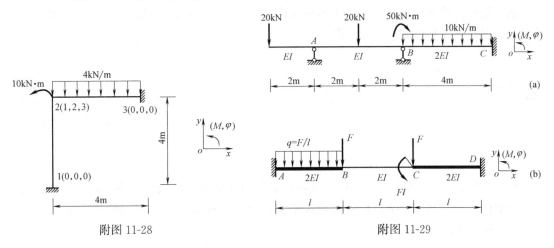

附图 11-28   附图 11-29

9. 如附图 11-30 所示刚架结构，横梁、立柱的惯性矩分别为：$I_b = 0.08m^4$、$I_c = 0.04m^4$，E 为常数，不考虑轴向变形，坐标系方向、结点和单元整体编码如附图 11-30 中所示，用矩阵位移法建立其整体刚度方程。

10. 如附图 11-31 所示桁架结构，设各杆 EA 相同，坐标系、结点和单元整体编码如附图 11-31 中所示，用矩阵位移法建立其整体刚度方程。

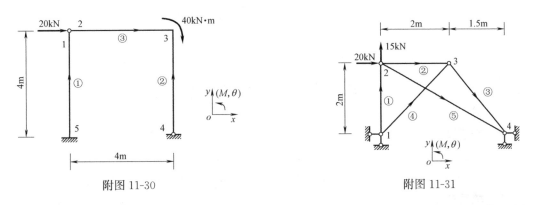

附图 11-30   附图 11-31

11. 如附图 11-32 所示组合结构中，横梁刚度分别为 EI、EA 且 $EA = 2EI/m^2$，吊杆抗拉刚度均为 $E_1A_1 = 0.05EI/m^2$，坐标系、结点和单元整体编码如附图 11-32 中所示，用矩阵位移法建立其整体刚度方程。

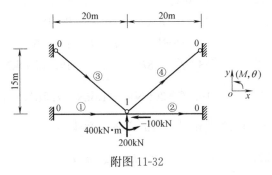

附图 11-32

12. 已知如附图 11-33 所示连续梁结点位移向量 **Δ** 如图所示，图中标出了结构坐标系、结点编号、单元编号及方向。采用矩阵位移法求单元②的杆端力矩阵，并画出该连续梁的弯矩图。已知各杆 EI 均为常数。

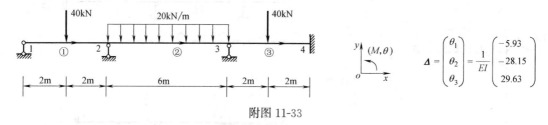

附图 11-33

13. 如附图 11-34 所示桁架结构，设各杆 EA 均为常数，结构坐标系、单元编号及方向如图中标注。已知求得结点位移列阵如下，用矩阵位移法求单元④的杆端力矩阵 $\overline{\boldsymbol{F}}^{④}$，并求支座反力 $\boldsymbol{F}_R$。

$$\Delta = \begin{pmatrix} u_3 \\ v_3 \\ u_4 \\ v_4 \end{pmatrix} = \frac{Fl}{EA} \begin{pmatrix} 0.558 \\ -2.135 \\ -0.442 \\ -1.693 \end{pmatrix}$$

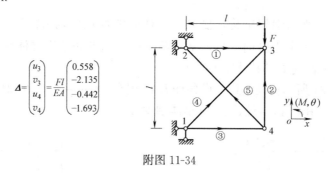

附图 11-34

第五节　习题参考答案

一、判断题

1. √　　2. ×　　3. √　　4. ×　　5. √　　6. ×　　7. ×　　8. √

9. √　　10. ×　　11. √　　12. √　　13. √　　14. ×　　15. √　　16. ×

二、填空题

1. 当且仅当杆端位移 $\delta_j = 1$ 时引起的与 δ_i 相应的杆端力大小

2. 结构上编号为 j 的结点位移分量产生单位位移时，引起编号为 i 的结点力分量

3. 结点力　结点位移　　　4. 对称　　　　　　　5. 8

6. 6　　　　　　　　　　7. 1　$2EA/3$　　　　　8. 48

9. （a）　　　　　　　　10. $16EI/L$　$4EI/L$　　11. $36EI/l^3$　$-6EI/l^2$

12. 5　22　　　　　　　13. $20i$　$8i$　　　　　14. $(700\text{kN·m}\quad 700\text{kN·m})^T$

15. $-\dfrac{11}{12}ql^2$　　　　　　16. $(-30\text{kN}\quad -15\text{kN}\quad 7.5\text{kN·m})^T$

17. $(0\quad -90\text{kN}\quad -110\text{kN·m})^T$　18. $27ql^2/204$　0

19. $\dfrac{8}{3}$ kN·m　14kN　　　　　20. $\boldsymbol{k}^e = \boldsymbol{T}^T \overline{\boldsymbol{k}}^e \boldsymbol{T}$

21. $\overline{\boldsymbol{F}}^{\mathrm{e}}=\overline{\boldsymbol{F}}^{\mathrm{fe}}+\boldsymbol{Tk}^{\mathrm{e}}\boldsymbol{\varDelta}^{\mathrm{e}}$ 或 $\overline{\boldsymbol{F}}^{\mathrm{e}}=\overline{\boldsymbol{F}}^{\mathrm{fe}}+\overline{\boldsymbol{k}}^{\mathrm{e}}\boldsymbol{T\varDelta}^{\mathrm{e}}$

三、计算题

1. (a) $\boldsymbol{K}=\begin{bmatrix} 4(i_1+i_2) & 2i_2 & 0 \\ 2i_2 & 4(i_2+i_3) & 2i_3 \\ 0 & 2i_3 & 4i_3 \end{bmatrix}$，$i_1=EI_1/l$，$i_2=EI_2/l$，$i_3=EI_3/l$

(b) $\boldsymbol{K}=\begin{bmatrix} 8i & 4i & 0 & 0 \\ 4i & 12i & 2i & 0 \\ 0 & 2i & 16i & 6i \\ 0 & 0 & 6i & 12i \end{bmatrix}$

2. $\boldsymbol{K}=\begin{bmatrix} \dfrac{36EI}{l^3} & -\dfrac{6EI}{l^2} & \dfrac{6EI}{l^2} \\[3mm] -\dfrac{6EI}{l^2} & \dfrac{12EI}{l} & \dfrac{2EI}{l} \\[3mm] \dfrac{6EI}{l^2} & \dfrac{2EI}{l} & \dfrac{4EI}{l} \end{bmatrix}$

3. $\boldsymbol{K}=\begin{bmatrix} \dfrac{12EI}{l^3} & \dfrac{6EI}{l^2} & 0 \\[3mm] \dfrac{6EI}{l^2} & \dfrac{8EI}{l} & \dfrac{2EI}{l} \\[3mm] 0 & \dfrac{2EI}{l} & \dfrac{4EI}{l} \end{bmatrix}$

4. $\boldsymbol{K}=10^5\times\begin{bmatrix} 9.42\mathrm{kN/m} & 1.41\mathrm{kN/m} & -0.04\mathrm{kN} \\ 1.41\mathrm{kN/m} & 1.5\mathrm{kN/m} & 0.04\mathrm{kN} \\ -0.04\mathrm{kN} & 0.04\mathrm{kN} & 1.30\mathrm{kN/m} \end{bmatrix}$

5. $\boldsymbol{F}_\mathrm{E}=(-84\mathrm{kN},\ 21\mathrm{kN}\cdot\mathrm{m},\ 42\mathrm{kN}\cdot\mathrm{m})^\mathrm{T}$

6. $\boldsymbol{F}_\mathrm{E}=\left(-\dfrac{ql^2}{24},\ \dfrac{ql^2}{8}\right)^\mathrm{T}$

7. $\boldsymbol{F}_2=\left(0,\ -8\mathrm{kN},\ \dfrac{14}{3}\mathrm{kN}\cdot\mathrm{m}\right)^\mathrm{T}$

8. (a) $\begin{bmatrix} EI & \dfrac{EI}{2} \\[3mm] \dfrac{EI}{2} & 3EI \end{bmatrix}\begin{bmatrix} \theta_\mathrm{A} \\ \theta_\mathrm{B} \end{bmatrix}=\begin{bmatrix} 10\mathrm{kN}\cdot\mathrm{m} \\[3mm] -\dfrac{160}{3}\mathrm{kN}\cdot\mathrm{m} \end{bmatrix}$

(b) $\dfrac{EI}{l}\begin{bmatrix} 36/l^2 & -6/l & -12/l^2 & 6/l \\ -6/l & 12 & -6/l & 2 \\ -12/l^2 & -6/l & 36/l^2 & 6/l \\ 6/l & 2 & 6/l & 12 \end{bmatrix}\begin{Bmatrix} v_\mathrm{B} \\ \theta_\mathrm{B} \\ v_\mathrm{C} \\ \theta_\mathrm{C} \end{Bmatrix}=\begin{Bmatrix} -3F/2 \\ Fl/12 \\ -F \\ Fl \end{Bmatrix}$

9. $E \times 10^{-3} \begin{pmatrix} 15 & 15 & 0 & 15 & 15 \\ 15 & 40 & 0 & 0 & 0 \\ 0 & 0 & 80 & 40 & 0 \\ 15 & 0 & 40 & 120 & 20 \\ 15 & 0 & 0 & 20 & 40 \end{pmatrix} \begin{Bmatrix} u_1 \\ \theta_1 \\ \theta_2 \\ \theta_3 \\ \theta_4 \end{Bmatrix} = \begin{pmatrix} 20\text{kN} \\ 0 \\ 0 \\ -40\text{kN} \cdot \text{m} \\ 0 \end{pmatrix}$

10. $EA \begin{pmatrix} 0.687 & 0.107 & -0.5 & 0 \\ 0.107 & 0.561 & 0 & 0 \\ -0.5 & 0 & 0.821 & 0.015 \\ 0 & 0 & 0.015 & 0.433 \end{pmatrix} \begin{Bmatrix} u_2 \\ v_2 \\ u_3 \\ v_3 \end{Bmatrix} = \begin{pmatrix} 20\text{kN} \\ 15\text{kN} \\ 0 \\ 0 \end{pmatrix}$

11. $0.05EI \begin{bmatrix} 4.05 & 0 & 0 \\ 0 & 0.089 & 0 \\ 0 & 0 & 8 \end{bmatrix} \begin{bmatrix} u_1 \\ v_1 \\ \theta_1 \end{bmatrix} = \begin{bmatrix} -100\text{kN} \\ 200\text{kN} \\ 400\text{kN} \cdot \text{m} \end{bmatrix}$

12. $\boldsymbol{F}^{\textcircled{2}} = \begin{Bmatrix} 60.25\text{kN} \\ 51.11\text{kN} \cdot \text{m} \\ 59.75\text{kN} \\ 49.63\text{kN} \cdot \text{m} \end{Bmatrix}$

M图(kN·m)

13. $\overline{\boldsymbol{F}}^{\textcircled{4}} = \begin{Bmatrix} \overline{F}_{x2} \\ \overline{F}_{y2} \\ \overline{F}_{x3} \\ \overline{F}_{y3} \end{Bmatrix}^{\textcircled{4}} = \begin{pmatrix} 0.789F \\ 0 \\ -0.789F \\ 0 \end{pmatrix}$ $\boldsymbol{F}_R = \begin{Bmatrix} \overline{F}_{x1} \\ \overline{F}_{y1} \\ \overline{F}_{x2} \\ \overline{F}_{y2} \end{Bmatrix}^{\textcircled{4}} = \begin{pmatrix} F \\ 0.558F \\ -F \\ -0.442F \end{pmatrix}$

第十二章　结构的极限荷载学习指导及习题集

第一节　学习要求

本章主要讨论结构中应力超过材料弹性极限 σ_s 以后结构的极限承载能力（极限荷载）的问题，这是结构塑性分析的重要内容。

学习要求如下：

（1）理解弹性分析方法和塑性分析方法的区别；

（2）熟练掌握内力重分布、极限弯矩、塑性铰、破坏机构、破坏荷载等基本概念，弄清塑性铰与普通铰的区别；

（3）能熟练地运用静力法和机动法确定某一可能破坏机构所对应的可破坏荷载；

（4）理解并掌握比例加载时有关极限荷载的几个定理，以及由此得到的极限荷载两种确定方法：穷举法和试算法；

（5）能熟练地运用穷举法和试算法确定单跨超静定梁的极限荷载；

（6）掌握连续梁的可能破坏机构形式，并能熟练地运用穷举法或试算法确定其极限荷载；

（7）掌握刚架结构的可能破坏机构形式，并能确定简单刚架结构的极限荷载。

其中，刚架结构可能破坏机构形式及极限荷载的确定是学习难点。

第二节　基　本　内　容

一、几个基本概念

1. 理想弹塑性材料的应力-应变模型

理想弹塑性材料应力-应变关系如图 12-1 所示。加载时，应力达到屈服极限 σ_s 以前，材料是理想线弹性的，即应力-应变关系为 $\sigma = E\varepsilon$；应力达到屈服极限 σ_s 后，材料是理想塑性的，即应力保持不变但应变可以任意增长。在塑性阶段某点 C 处如果卸载，则应力应变将沿着与加载直线 OA 平行的直线 CD 下降，即卸载时材料恢复弹性。

2. 屈服弯矩（弹性极限弯矩）

当截面上最大应力达到屈服极限 σ_s 时，截面所承受的弯矩称为屈服弯矩 M_e。对附图 12-1（a）所示具有一根对称轴的任意截面，根据附图 12-1（b）可由下式确定截面屈服弯矩大小：

$$\sigma_{\max} = \frac{M_e y_{\max}}{I} = \sigma_s \Rightarrow M_e = \frac{I}{y_{\max}} \sigma_s$$

式中，I 为截面惯性矩；$y_{\max}$ 为截面最外边缘距中性轴（形心轴）最远的距离。

对矩形截面，由上式可得其屈服弯矩为：

$$M_e = \frac{bh^2}{6}\sigma_s$$

式中，b、h 分别为矩形截面宽度和高度。

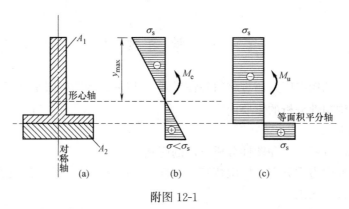

附图 12-1

3. 极限弯矩

当全截面应力都达到屈服极限 σ_s 时，截面所承受的弯矩称为极限弯矩 M_u，如附图 12-1（c）所示。截面极限弯矩的求解步骤如下：

（1）按全截面塑性时截面拉、压区面积相等（$A_1 = A_2 = A/2$，A 为截面全面积）的条件求出等面积平分轴的位置；

（2）分别求出面积 A_1、A_2 对等面积轴的静矩 S_1、S_2，则：

$$M_u = (S_1 + S_2)\sigma_s$$

对矩形截面，由上式可得其极限弯矩为：

$$M_u = \frac{bh^2}{4}\sigma_s$$

4. 塑性铰

当截面达到完全塑性阶段时，截面承受的弯矩不能再增大，但弯曲变形可任意增加。这相当于在该截面附近区域出现了一个铰，这样的截面称为塑性铰。

塑性铰与普通铰的区别如下：

（1）普通铰不能承受弯矩作用，而塑性铰两侧必作用有等于极限弯矩 M_u 的弯矩；

（2）塑性铰是单向铰，它只能沿着弯矩增大的方向自由产生相对转角；但普通铰为双向铰，它可以围绕着铰的两个方向自由产生相对转角。

5. 极限状态与极限荷载

当结构出现若干塑性铰而成为几何可变体系（称为破坏机构），此时结构已丧失了继续承载的能力，即达到了极限状态。结构达到极限状态时所能承受的荷载，称为极限荷载 F_u（或 q_u）。

以结构进入塑性阶段并最后丧失承载能力时的极限状态作为结构破坏的标志，这种分析方法称为塑性分析方法（极限状态分析方法）。

二、静定结构的极限荷载

静定结构只要出现一个塑性铰即到达极限状态。对等截面静定结构，塑性铰首先将出现在弯矩绝对值最大 $|M|_{\max}$ 的截面处，即由 $|M|_{\max}=M_u$ 解算出的荷载就是极限荷载。

对阶形变截面静定结构，塑性铰首先出现在弯矩与极限弯矩之比绝对值最大 $|M/M_u|_{\max}$ 的截面处（特别注意：塑性铰可能出现在截面突变处），使首先出现塑性铰截面处的弯矩等于极限弯矩即可求得极限荷载。

三、比例加载时有关极限荷载的一般定理

1. 比例加载

比例加载指所有作用于结构上的荷载变化时，始终保持它们之间的固定比例关系，且不出现卸载现象。即所有荷载都包含一个公共的荷载参数 F，因此确定极限荷载实际上就是确定极限状态时的荷载参数 F。

2. 结构极限状态时应满足的三个条件

① 平衡条件：在极限状态中，结构的整体和任一局部仍需维持平衡。

② 内力局限条件：在极限状态中，任一截面的弯矩绝对值均不超过其极限弯矩 M_u。

③ 机构条件：在极限状态中，结构必须出现足够数目的塑性铰而成为破坏机构（几何可变体系），这种机构可以是整体的也可以是局部的，可沿荷载做正功的方向发生单向运动，因此也称单向机构条件。

3. 可破坏荷载 F^+ 与可接受荷载 F^-

对于任一单向破坏机构，由平衡条件求出的相应荷载值称为该破坏机构的可破坏荷载 F^+，即：可破坏荷载 F^+ 同时满足机构条件和平衡条件，但不一定满足内力局限条件。

如果在某个荷载作用下，有确定的内力状态与之平衡，而且各截面内力均不超过其极限值，则将此荷载值称为可接受荷载 F^-，即可接受荷载 F^- 同时满足内力局限条件和平衡条件，但不一定满足机构条件。

4. 比例加载时有关极限荷载的几个定理

① 基本定理：可破坏荷载 F^+ 恒不小于可接受荷载 F^-，即 $F^+ \geqslant F^-$。

② 极小定理（上限定理）：极限荷载是所有可破坏荷载中的最小者，即可破坏荷载是极限荷载的上限。

③ 极大定理（下限定理）：极限荷载是所有可接受荷载中的最大者，即可接受荷载是极限荷载的下限。

④ 唯一性定理：极限荷载值只有一个确定值，即若某荷载既是可破坏荷载，又是可接受荷载，则可断定该荷载即为极限荷载。

四、可破坏荷载的确定方法：静力法、机动法

对结构的某一可能破坏机构，确定其对应的可破坏荷载通常可采用静力法或机动法。

1. 静力法（极限平衡法）求解步骤

（1）根据破坏机构中塑性铰处弯矩等于极限弯矩，通过静力平衡条件画出该破坏机构相应的弯矩图；

（2）根据弯矩图由平衡条件反算出相应的荷载值，即为该破坏机构相应的可破坏荷载。通常在 M 图中分离出叠加简支梁 M^0 图，根据荷载的特点来求解相应的荷载值。

2. 机动法求解步骤

（1）将破坏机构中塑性铰截面上的极限弯矩 M_u 变为主动力；

（2）沿荷载的正方向给机构虚位移，根据刚体体系的虚功原理列虚功方程为：

$$\sum_{i=1}^{m}(F_i\delta_i) - \sum_{j=1}^{n}(M_{uj}\theta_j) = 0$$

式中，δ_i 为外荷载 F_i（广义荷载）上相应的虚位移（广义位移）；θ_j 为塑性铰（极限弯矩为 M_{uj}）两侧截面的相对转角。

（3）根据虚功方程，求出相应的荷载值，即为该破坏机构所对应的可破坏荷载。

五、穷举法和试算法

1. 穷举法确定结构极限荷载（利用极小定理）的步骤

① 列举结构所有可能出现的各种破坏机构（塑性铰通常出现的位置有：刚结点处、固定端及滑动支座处的杆端截面、集中荷载作用点、分布荷载范围内弯矩极值点及截面突变处等）；

② 对各个可能的破坏机构，由平衡条件（静力法）或虚功原理（机动法）求出相应的荷载（可破坏荷载），即求出所有的可破坏荷载；

③ 取所有可破坏荷载中的最小者，即为极限荷载。

2. 试算法确定极限荷载（利用单值定理）的步骤

① 任选一种可能的破坏机构形式，由平衡条件（静力法）或虚功原理（机动法）求出相应的荷载（可破坏荷载）；

② 作出该破坏机构所对应的弯矩图，若 M 图均满足内力局限条件，则该机构的可破坏荷载也为可接受荷载，即为结构的极限荷载；若 M 图不满足内力局限条件，则另选一破坏机构再行试算，直至满足为止。

试算时，应选择外力功较大、极限弯矩所作的内力功相对较小的破坏机构进行试算。

因为试算法不必考虑全部的可能破坏机构，而只考虑一种（或几种）破坏机构情况，因此相对于穷举法，试算法较为简便。

六、连续梁的极限荷载

1. 连续梁的破坏机构

各跨内为等截面的连续梁，在同方向比例加载情况下，只可能在各跨独立形成破坏机构，而不可能由相邻几跨共同形成一个联合破坏机构。

2. 用穷举法确定连续梁的极限荷载

（1）用静力法或机动法求出各跨单独破坏时的可破坏荷载 F_i^+；

（2）各跨单独破坏荷载中的最小值，便是连续梁的极限荷载，即 $F_u = \min\{F_i^+\}$。

七、刚架的极限荷载

1. 刚架的破坏机构形式

刚架的可能破坏机构分为基本机构和联合机构两类。常见的基本机构形式有：

① 梁式机构。当梁或柱上作用有横向荷载时，在某根杆的端部和中部出现三个塑性铰而形成单杆破坏机构（其余部分仍为几何不变），称为梁式机构。

② 侧移机构。在柱顶和柱底截面上出现足够多塑性铰，使刚架形成整体或局部可以

侧向移动的破坏机构，称为侧移机构。

③ 结点机构。当有外力矩作用在刚结点上时，可能使该刚结点连接的各杆端出现塑性铰，形成该刚结点发生转动的破坏机构，称为结点机构。

联合机构是指由两种或两种以上基本机构适当组合，得若干新的破坏机构。对基本机构进行组合时，尽量使较多的塑性转角能互相抵消而闭合，使塑性铰处极限弯矩所作的功最小。由这样的组合机构所求得的可破坏荷载较小，有可能是极限荷载。

2. 刚架极限荷载的确定方法

(1) 确定基本机构数，用机动法求出各破坏机构所对应的可破坏荷载；

(2) 由基本机构叠加（有一部分塑性铰闭合）得到联合机构，求出相应的可破坏荷载；

(3) 全部可破坏荷载中的最小值，即为极限荷载。

对于较复杂的刚架，由于可能破坏形式有很多种，容易漏掉一些破坏形式，因而得到的最小值只是极限荷载的上限值，不一定就是极限荷载。因此如果根据平衡条件检查它引起的弯矩分布图满足内力局限条件，则根据单值定理，该荷载即为极限荷载。

第三节　例题分析

【附例 12-1】　求如附图 12-2（a）所示刚架结构的极限荷载 F_u，已知梁、柱截面的极限弯矩值分别为 $4M_u$、M_u。

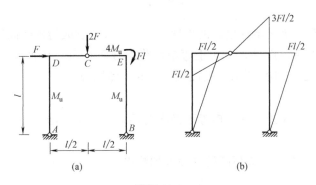

附图 12-2

(a) 计算简图；(b) M 图

【解】　由静力平衡条件可得该静定刚架的 M 图如图 12-2（b）所示。由于梁柱极限弯矩不同，塑性铰不一定首先出现在弯矩最大处，而应该首先出现在 $\left|\dfrac{M}{M_u}\right|_{\max}$ 处，可能出现塑性铰的截面为：柱顶及横梁右端截面。

对横梁右端截面：$\left|\dfrac{M}{M_u}\right|=\dfrac{3Fl/2}{4M_u}=\dfrac{3Fl}{8M_u}$

对柱顶截面：$\left|\dfrac{M}{M_u}\right|=\dfrac{Fl/2}{M_u}=\dfrac{Fl}{2M_u}$

因此塑性铰首先出现在柱顶处，令该处弯矩等于极限弯矩，即有：

$$\frac{Fl}{2} = M_{\mathrm{u}}$$

从而求得极限荷载为：

$$F_{\mathrm{u}} = \frac{2M_{\mathrm{u}}}{l}$$

【附例 12-2】 求如附图 12-3（a）所示两端固定等截面梁的极限荷载 F_{u}，已知极限弯矩为 M_{u}。

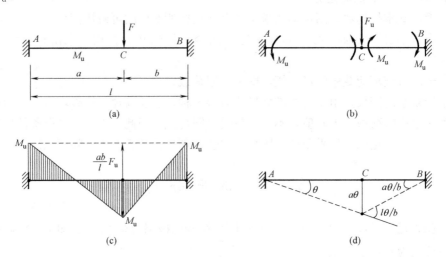

附图 12-3

【解】 该梁具有三个多余约束，需出现三个塑性铰才能成为机构而进入极限状态。最大负弯矩在支座截面 A、B 处，最大正弯矩在跨内截面 C 处，因此塑性铰必定出现在此三个截面。如附图 12-3（b）所示为其极限状态的破坏机构。

（1）用静力法求解

根据极限状态时塑性铰处的弯矩等于极限弯矩，可作出极限状态弯矩图，如附图 12-3（c）所示。

在附图 12-3（c）中，由弯矩图的区段叠加法得：

$$\frac{ab}{l}F_{\mathrm{u}} = M_{\mathrm{u}} + M_{\mathrm{u}}$$

求解可得极限荷载为：

$$F_{\mathrm{u}} = \frac{2l}{ab}M_{\mathrm{u}}$$

（2）用机动法求解

作出破坏机构的虚位移图，如附图 12-3（d）所示。由虚功原理可列虚功方程为：

$$F_{\mathrm{u}} \times a\theta - M_{\mathrm{u}} \times \theta - M_{\mathrm{u}} \times \frac{l}{b}\theta - M_{\mathrm{u}} \times \frac{a}{b}\theta = 0$$

同样可求得极限荷载为：

$$F_{\mathrm{u}} = \frac{2l}{ab}M_{\mathrm{u}}$$

【附例 12-3】 求如附图 12-4（a）所示一端固定一端铰支的变截面梁的极限荷载，已知 M_u 为常数。

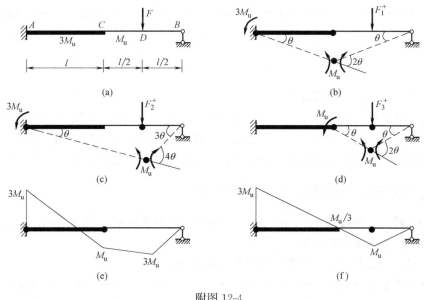

附图 12-4

【解】 此梁出现两个塑性铰即达到极限状态，出现塑性铰的可能位置分别为支座 A、变截面 C 及集中荷载作用点 D 处，因此其可能破坏机构有三种形式。这里先采用穷举法确定极限荷载。

对破坏机构一，如附图 12-4（b）所示。由机动法可得：

$$F_1^+ \times \frac{l}{2}\theta - 3M_u \times \theta - M_u \times 2\theta = 0$$

得：

$$F_1^+ = \frac{10M_u}{l}$$

对破坏机构二，如附图 12-4（c）所示。由机动法可得：

$$F_2^+ \times \frac{l}{2} \times 3\theta - 3M_u \times \theta - M_u \times 4\theta = 0$$

得：

$$F_2^+ = \frac{14M_u}{3l}$$

对破坏机构三，如附图 12-4（d）所示。由机动法可得：

$$F_3^+ \times \frac{l}{2}\theta - M_u \times \theta - M_u \times 2\theta = 0$$

得：

$$F_3^+ = \frac{6M_u}{l}$$

综上所述，由极小值定理可得结构的极限荷载为：

$$F_u^+ = \frac{14M_u}{3l}$$

若采用试算法确定极限荷载，比如先取破坏机构一（附图 12-4b）进行试算，需验证 F_1^+ 是否为可接受荷载，为此作此机构弯矩图，如附图 12-4（e）所示。这里，塑性铰 A、C 处弯矩均等于极限弯矩，即 $M_A = 3M_u$（上拉）、$M_C = M_u$（下拉），CB 段弯矩图可由区段叠加法作出。显然，截面 D 处弯矩 $M_D = \frac{1}{2}M_u + \frac{1}{4} \times \frac{10M_u}{l} \times l > M_u$，该机构不满足内力局限条件，即 F_1^+ 不是可接受荷载。

若再取破坏机构二（附图 12-4c）进行试算，其相应的 M 图如附图 12-4（f）所示。其中，$M_A = 3M_u$（上拉）、$M_C = M_u$（下拉），AD、DB 段弯矩图均为斜直线（无横向荷载作用）。很明显，该机构满足内力局限条件，这就是本例的极限状态，对应的可破坏荷载 $F_2^+ = \frac{14M_u}{3l}$ 也为可接受荷载，即为极限荷载 F_u。

【附例 12-4】 求如附图 12-5（a）所示连续梁的极限荷载 q_u。已知各跨的截面极限弯矩分别为 $2M_u$、M_u 及 $3M_u$，M_u 为常数。

【解】 用穷举法求解，只需考虑各跨单独形成破坏机构。

（1）第 1 跨单独形成破坏机构，如附图 12-5（b）所示。让此机构沿荷载正向产生虚位移，注意 B 支座处截面有突变，极限弯矩应取其两侧的较小值 M_u。根据虚功原理有：

$$q_1^+ l \times l\theta - 2M_u \times 2\theta - M_u\theta = 0$$

从而求得：

$$q_1^+ = 5\frac{M_u}{l^2}$$

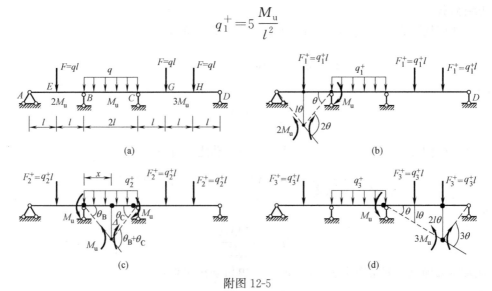

附图 12-5

（2）第 2 跨单独形成破坏机构，如附图 12-5（c）所示。设 BC 跨间形成塑性铰的位置距支座 B 的距离为 x。让此机构沿荷载正向产生虚位移，根据虚功原理有：

$$q_2^+ \left(\frac{1}{2} \times 2l \times \Delta \right) - M_u\theta_B - M_u\theta_C - M_u(\theta_B + \theta_C) = 0$$

由 $\theta_B = \dfrac{\Delta}{x}$，$\theta_C = \dfrac{\Delta}{2l-x}$，求得：$q_2^+ = \dfrac{2M_u}{l}\left(\dfrac{1}{x} + \dfrac{1}{2l-x}\right)$

根据极小值定理，令 $\dfrac{dq_2^+}{dx} = 0$，则：$\dfrac{x-l}{x^2(2l-x)^2} = 0$，得跨间塑性铰的位置为 $x = l$。

将 $x = l$ 代入 q_2^+ 的表达式，可得：

$$q_1^+ = 4\dfrac{M_u}{l^2}$$

在这里，由对称性也可判断最大正弯矩的塑性铰出现在跨中。

（3）第 3 跨单独形成破坏机构，如附图 12-5（d）所示。由弯矩图形状可知最大正弯矩在截面 H 处，故塑性铰出现在 C、H 两点。让此机构沿荷载正向产生虚位移，根据虚功原理有：

$$q_3^+ l \times l\theta + q_3^+ l \times 2l\theta - M_u\theta - 3M_u \times 3\theta = 0$$

从而求得：

$$q_3^+ = 3.33\dfrac{M_u}{l^2}$$

比较以上结果可知：第 3 跨首先形成破坏机构，故极限荷载为：

$$q_u = \min\{q_1^+, q_2^+, q_3^+\} = 3.33\dfrac{M_u}{l^2}$$

【附例 12-5】 求如附图 12-6（a）所示连续梁的极限荷载 F_u，并作极限状态弯矩图，已知极限弯矩值分别为 $M_{u1} = 120\text{kN} \cdot \text{m}$、$M_{u2} = 80\text{kN} \cdot \text{m}$。

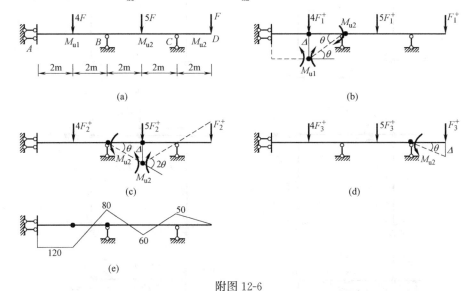

附图 12-6

（a）计算简图；（b）机构 1；（c）机构 2；（d）机构 3；（e）M 图（kN·m）

【解】 采用穷举法。有三种可能的破坏机构形式，分别如附图 12-6（b）、（c）、（d）所示。

对破坏机构 1（附图 12-6b），由虚功方程：

$$4F_1^+ \times 2\theta - M_{u1} \times \theta - M_{u2} \times \theta = 0$$

求得：
$$F_1^+ = 25\text{kN}$$

对破坏机构 2（附图 12-6c），由虚功方程：
$$5F_2^+ \times 2\theta - F_2^+ \times 2\theta - M_{u2} \times \theta - M_{u2} \times 2\theta = 0$$

求得：
$$F_1^+ = 30\text{kN}$$

对破坏机构 3（附图 12-6d），由虚功方程：
$$F_3^+ \times 2\theta - M_{u2} \times \theta = 0$$

求得：
$$F_3^+ = 40\text{kN}$$

因此，极限荷载为：
$$F_u = \min\{F_1^+, F_2^+, F_3^+\} = 25\text{kN}$$

根据极限状态下塑性铰处弯矩值等于极限弯矩，可绘制极限状态弯矩图，如附图 12-6（e）所示。

【附例 12-6】 确定如附图 12-7（a）所示刚架结构的极限荷载 F_u，已知各杆截面的极限弯矩均为 M_u。

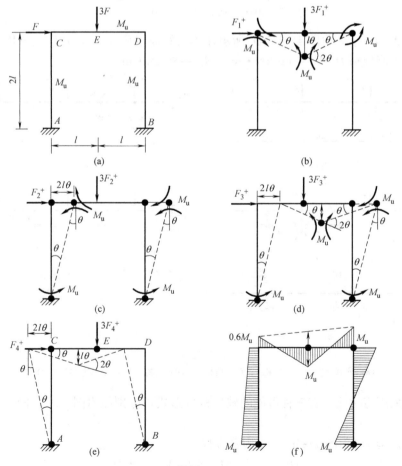

附图 12-7

【解】 由如附图 12-7（a）所示刚架在弹性阶段的弯矩图形状可知，塑性铰只可能在截面 A、B、C、D、E 五个截面出现。但此刚架为 3 次超静定，故只要出现 4 个塑性铰或在一直杆上出现 3 个塑性铰即成为破坏机构。因此，有 4 种可能的破坏机构形式，用穷举法求解。

（1）破坏机构 1：如附图 12-7（b）所示，即梁机构

在横梁 CD 上出现 3 个塑性铰，梁 CD 成为机构，但其余部分仍为几何不变。根据虚功原理可列虚功方程为：

$$3F_1^+ \times l\theta - M_u\theta - M_u \times 2\theta - M_u\theta = 0$$

可求得：

$$F_1^+ = \frac{4M_u}{3l}$$

（2）破坏机构 2：如附图 12-7（c）所示，即侧移机构

4 个塑性铰分别出现在柱底（截面 A、B）及柱顶（截面 C、D）处，整个刚架产生侧移，各杆仍为直杆。根据虚功原理可列虚功方程为：

$$F_2^+ \times 2l\theta - 4 \times M_u\theta = 0$$

可得：

$$F_2^+ = \frac{2M_u}{l}$$

（3）破坏机构 3：如附图 12-7（d）所示，即联合机构

塑性铰出现在截面 A、B、D、E 处，横梁产生转折，同时刚架也产生侧移。此时，C、D 两点的水平位移相等，且刚结点 C 处两杆夹角仍保持直角，据此即可确定虚位移图中的几何关系。虚功方程为：

$$F_3^+ \times 2l\theta + 3F_3^+ \times l\theta - M_u\theta - M_u \times 2\theta - M_u \times 2\theta - M_u\theta = 0$$

可得：

$$F_3^+ = \frac{6M_u}{5l}$$

（4）破坏机构 4：如附图 12-7（e）所示，即联合机构

在截面 A、B、C、E 处出现塑性铰后，机构发生虚位移时设右柱向左转动，则 E 点竖直位移向下使荷载 $3F$ 做正功。此时，刚架向左侧移，故 C 点的水平荷载 F 做负功。于是有：

$$-F_4^+ \times 2l\theta + 3F_4^+ \times l\theta - M_u\theta - M_u \times 2\theta - M_u \times 2\theta - M_u\theta = 0$$

可得：

$$F_4^+ = \frac{6M_u}{l}$$

除上述 4 种机构，再无其他可能的机构，因此由极小定理得到该刚架的极限荷载为：

$$F_u = \min\{F_1^+, F_2^+, F_3^+, F_4^+\} = F_3^+ = \frac{1.2M_u}{l}$$

对应的实际破坏机构为机构 3（附图 12-7d）。

下面作机构 3（附图 12-7d）相应的 M 图。由各塑性铰处的弯矩等于极限弯矩，可绘

出右柱 BD 和横梁右半段 DE 的弯矩图。设结点 C 处两杆端弯矩为 M_C（内侧受拉），由横梁弯矩图的区段叠加法有：

$$\frac{M_u+M_C}{2}+M_u=\frac{1}{4}\times 3F_3^+\times 2l$$

可求得：

$$M_C=0.6M_u<M_u$$

从而可绘出机构 3 的完整弯矩图，如附图 12-7（f）所示，可见所有截面满足内力局限条件，即为极限状态的 M 图。

第四节　本 章 习 题

一、判断题

1. 服从理想弹塑性材料假定的结构，当其某截面达到塑性极限状态时，截面上各点应力均等于材料的屈服极限 σ_s，该截面承受的弯矩值即为极限弯矩 M_u。　　（　　）

2. 结构中出现足够多的塑性铰致使结构中全部杆件都形成破坏机构时，结构即丧失了承载能力，从而达到塑性极限状态。　　（　　）

3. 结构的塑性极限荷载是指：当结构中出现了足够多的塑性铰时，使结构成为破坏机构而丧失承载能力前所能承受的最大荷载。　　（　　）

4. 穷举法（机构法）求极限荷载的理论依据是上限定理（极小定理），即最小的可破坏荷载为极限荷载。　　（　　）

5. 极限状态应满足机构条件、内力局限条件和变形协调条件。　　（　　）

6. 超静定梁和刚架形成破坏机构时，塑性铰的数目与超静定次数无关，只取决于结构体系构造和承受荷载情况。　　（　　）

7. 可接受荷载是极限荷载的下限，极限荷载是可接受荷载中的最大值。　　（　　）

8. 如附图 12-8 所示外伸梁发生塑性极限破坏时，塑性铰发生在弹性阶段剪力等于零处。　　（　　）

附图 12-8

9. 静定结构只要产生一个塑性铰即发生塑性破坏，n 次超静定结构一定要产生 $n+1$ 个塑性铰才会发生塑性破坏。　　（　　）

10. 超静定结构的极限荷载受温度变化、支座移动等非荷载因素的影响。　　（　　）

11. 超静定结构极限荷载的计算，不仅要考虑极限状态时的静力平衡条件，还需要考虑变形协调条件以及结构弹塑性的发展过程。　　（　　）

12. 任意形状态的截面在形成塑性铰的过程中，中性轴位置都会保持不变。　　（　　）

13. 同一结构在同一广义力作用下，其极限内力状态可能不止一种，但每一种极限内力状态相应的极限荷载值则彼此相等。即极限荷载值是唯一的，而极限内力状态则不一定是唯一的。　　（　　）

二、填空题

1. 具有一个对称轴截面的杆件在该对称轴平面内弯曲时，在弹性阶段其中性轴的位置在_____处，在全塑性阶段其中性轴在_____处。

2. 从弹性阶段到塑性阶段，截面中性轴的位置保持不变的情况只存在于_____。

3. 如附图 12-9 所示矩形截面，已知材料的屈服极限 $\sigma_s = 24\text{kN/cm}^2$，则该截面的极限弯矩 $M_u =$ _____。

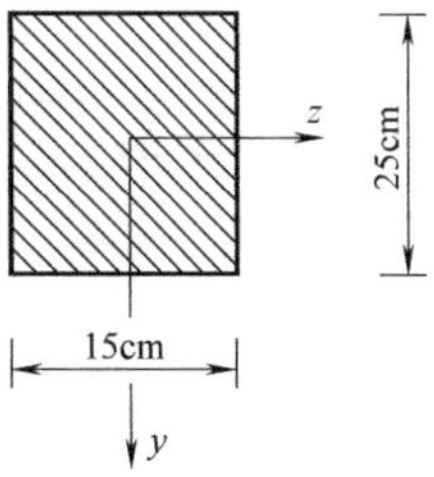

4. 相较于普通铰，塑性铰具有下列特征：_____。塑性铰只能沿_____的方向发生有限转动。

5. 静定结构中塑性铰出现的位置为：_____ _____。

6. 结构达到塑性极限状态时应满足下列三个条件：_____、_____、_____。

附图 12-9

7. 可破坏荷载满足静力平衡条件和_____条件，可接受荷载满足平衡条件和_____条件。

8. 可破坏荷载 F^+ 与可接受荷载 F^- 之间的大小关系为：_____。

9. 计算极限荷载的基本方法有_____、_____。

10. 对某一破坏机构，确定相应可破坏荷载的基本方法有：_____、_____。

11. 可破坏荷载是极限荷载的_____，可接受荷载是极限荷载的_____。

12. 穷举法计算极限荷载是利用了_____定理，试算法计算极限荷载是利用了_____定理。

13. 在同方向比例加载的前提下，多跨连续梁的破坏机构是_____，而不可能是相邻跨形成联合破坏机构。

14. 如附图 12-10 所示两跨简支梁的极限荷载 $F_u =$ _____。已知极限弯矩值 M_u 为常数。

15. 如附图 12-11 所示连续梁的极限荷载 $F_u =$ _____。已知极限弯矩值 M_u 为常数。

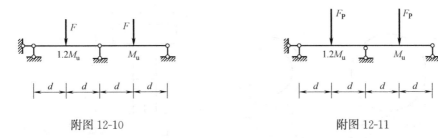

附图 12-10　　　　　　　　　　附图 12-11

16. 如附图 12-12 所示连续梁，各跨内的截面极限弯矩分别为 M_{ui}，其破坏机构不可能为（　　）。

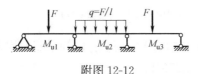

附图 12-12

17. 如附图 12-13 所示梁中，极限弯矩值 M_u 为常数，则其极限荷载 $F_u =$ _____。

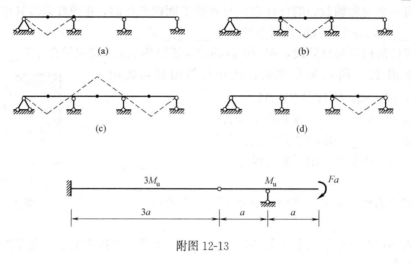

(a)　　　　　　　　　　　　(b)

(c)　　　　　　　　　　　　(d)

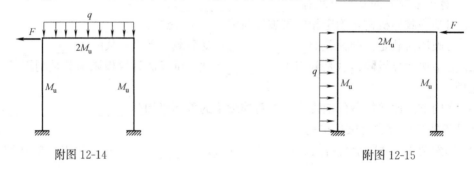

附图 12-13

18. 如附图 12-14 所示刚架结构，可能的破坏机构形式有_____种。

19. 如附图 12-15 所示刚架结构，可能的破坏机构形式有_____种。

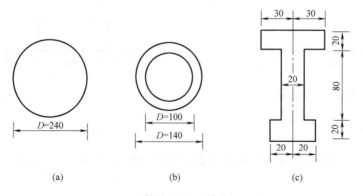

附图 12-14　　　　　　　　　　　　附图 12-15

三、计算题

1. 求附图 12-16 所示各构件截面的极限弯矩 M_u，已知钢材的屈服极限 $\sigma_s = 345\text{MPa}$。

(a)　　　　　　　(b)　　　　　　(c)

附图 12-16（单位：mm）

2. 求如附图 12-17 所示各梁结构的极限荷载，已知梁截面均为矩形（宽×高＝100mm×200mm），材料的屈服极限 $\sigma_s = 235\text{MPa}$。

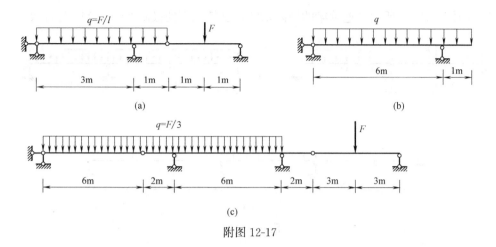

(a)

(b)

(c)

附图 12-17

3. 求如附图 12-18 所示各静定刚架结构的极限荷载，已知截面的极限弯矩值 M_u 为常数。

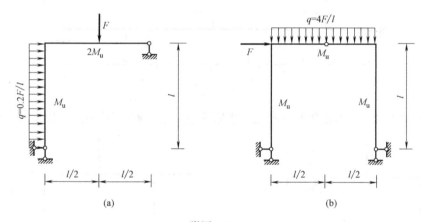

(a)

(b)

附图 12-18

4. 求附图 12-19 所示各单跨超静定梁的极限荷载，已知截面的极限弯矩值 M_u 为常数。

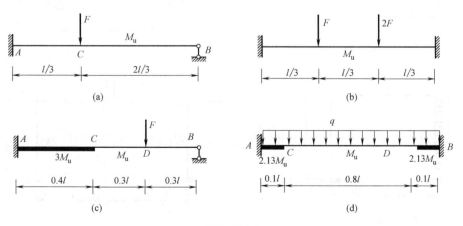

(a)

(b)

(c)

(d)

附图 12-19

5. 求附图 12-20 所示各连续梁的极限荷载，已知截面的极限弯矩值 M_u 为常数。

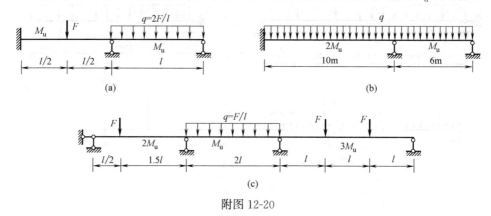

附图 12-20

6. 确定附图 12-21 所示连续梁的极限荷载 F_u，已知截面的极限弯矩 $M_u = 80 \text{kN} \cdot \text{m}$，$l = 2\text{m}$。

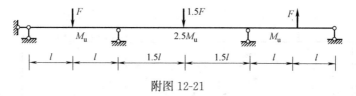

附图 12-21

7. 求附图 12-22 所示各超静定刚架的极限荷载，已知截面的极限弯矩值 M_u 为常数。

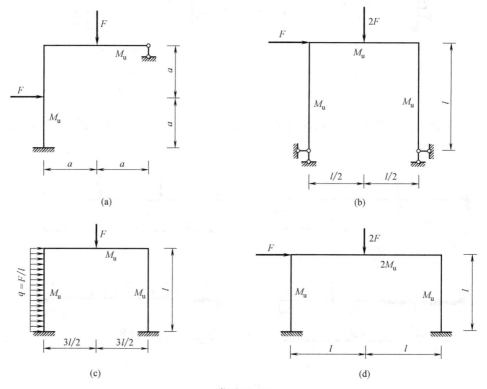

附图 12-22

第五节 习题参考答案

一、判断题

1. √ 2. × 3. √ 4. √ 5. × 6. √

7. √ 8. × 9. × 10. × 11. × 12. × 13. √

二、填空题

1. 截面形心轴 等分截面面积轴 2. 双轴对称截面

3. 562.5kN·m 4. 单向铰、能承受极限弯矩 弯矩增大

5. 截面弯矩与其极限弯矩比值绝对值最大的截面处

6. 平衡条件 机构条件 内力局限条件 7. 单向机构 内力局限

8. $F^+ \geqslant F^-$ 9. 穷举法 试算法

10. 静力法（极限平衡法） 机动法（虚功原理法）

11. 上限 下限 12. 极小（上限） 唯一性

13. 各跨形成单独破坏机构 14. $2M_u/d$

15. $3M_u/d$ 16. (c)

17. M_u/a 18. 4

19. 4

三、计算题

1. (a) $M_u = 99.36$kN/m，(b) $M_u = 186.3$kN·m，(c) $M_u = 44.85$kN·m

2. (a) $F_u = 352.5$kN，(b) $q_u = 55.3$kN/m，(c) $F_u = 88.125$kN

3. (a) $F_u = \dfrac{20M_u}{3l}$，(b) $F_u = \dfrac{M_u}{l}$

4. (a) $F_u = 7.5\dfrac{M_u}{l}$，(b) $F_u = \dfrac{18M_u}{5l}$，(c) $F_u = 9.048\dfrac{M_u}{l}$，(d) $q_u = 25\dfrac{M_u}{l^2}$

5. (a) $F_u = 5.828\dfrac{M_u}{l}$，(b) $q_u = 0.28M_u$，(c) $F_u = \dfrac{10M_u}{3l}$

6. $F_u = \dfrac{32M_u}{13l} = 98.46$kN

7. (a) $F = \dfrac{1.5M_u}{a}$，(b) $F = \dfrac{2M_u}{l}$，(c) $F = \dfrac{1.714M_u}{l}$，(d) $F = \dfrac{8M_u}{3l}$

第十三章　结构的弹性稳定学习指导及习题集

第一节　学习要求

本章讨论弹性结构的稳定性计算问题，是材料力学中有关压杆问题的进一步加深和提高。

学习要求如下：

（1）掌握结构失稳的概念以及结构失稳的两种形式，并理解第一类稳定问题与第二类稳定问题在临界状态时的静力特征；

（2）对有限自由度体系和无限自由度体系，能熟练用静力法确定其临界荷载；

（3）理解用能量法确定临界荷载的基本原理；熟练掌握用能量法确定有限自由度体系的临界荷载，掌握用能量法求弹性压杆体系临界荷载的方法；

（4）掌握在刚架、排架、组合结构等稳定问题分析中，将其中某一压杆简化为具有弹性支承的单根压杆的方法；掌握具有弹性支承的弹性压杆稳定性分析。

其中，结构在临界状态的能量特征（势能有驻值，位移有非零解）以及简化为具有弹性支承的单根压杆的稳定性问题，是学习难点。

第二节　基本内容

一、基本概念

1. 结构平衡状态的三种不同形式

稳定平衡：处于平衡状态的结构，受到轻微干扰而稍微偏离其原始平衡位置；当干扰撤除后，如果结构能够恢复到原始平衡位置，则原始平衡状态为稳定平衡状态。

不稳定平衡：处于平衡状态的结构，受到轻微干扰而稍微偏离其原始平衡位置；当干扰撤除后，结构继续偏离，不能恢复到原始平衡位置，则原始平衡状态称为不稳定平衡状态。

随遇平衡（中性平衡）：结构由稳定平衡到不稳定平衡的中间过渡状态称为中性平衡状态。

2. 稳定性及结构失稳

结构的稳定性：是指结构受外因作用后，能够保持其原有变形（平衡）形式的能力。

结构失稳：随着荷载的增大，结构的原始平衡状态可能由稳定平衡状态转变为不稳定平衡状态，这时原始平衡状态丧失其稳定性，即为结构失稳（或结构屈曲）。

3. 结构失稳的两种基本形式

（1）第一类失稳：分支点失稳

当荷载达到临界值时，结构原来的平衡形式成为不稳定的平衡形式，即原始平衡形式不再是唯一的平衡形式，而可能出现新的、有本质区别的平衡形式。在 F-y 曲线上，原始平衡路径与新平衡路径并存（平衡形式具有二重性），两路径的交点为分支点，分支点

214

对应的荷载即为临界荷载 F_{cr}，对应的平衡状态称为临界状态。

（2）第二类失稳：极值点失稳

当荷载达到临界值时，结构原来的平衡形式并不发生质变（只是量变），结构位移按其原有的形式迅速增大而丧失承载力。F-y 曲线具有极值点，在极值点以前平衡状态是稳定的，在极值点以后平衡状态是不稳定的。

4. 临界荷载

由稳定平衡到不稳定平衡的过渡状态称为临界状态，相应的荷载值称为临界荷载 F_{cr}。第一类失稳问题的临界荷载即为分支点荷载，第二类稳定问题的临界荷载即为极值点处荷载值。

5. 稳定自由度

确定结构失稳时所有可能的位移状态所需要的独立参数数目，称为结构的稳定自由度。

有限个稳定自由度体系，通常由刚性杆及弹性约束组成。具有无限个稳定自由度体系，通常具有弹性压杆。

二、用静力法确定临界荷载

1. 静力法确定临界荷载的基本原理

用静力法确定结构的临界荷载，是根据分支点失稳在临界状态的静力特征——平衡形式具有二重性，在结构新的位移形态上建立静力平衡方程；再根据新位移形态取得非零解这个条件，寻求结构在新的位移状态下能维持平衡的荷载，其最小值即为临界荷载。

2. 静力法确定有限自由度体系临界荷载的步骤

（1）对具有 n 个稳定自由度的体系，假设体系偏离初始平衡位置后处于新的位移形态（需设 n 个独立位移参数确定）；

（2）在新的平衡位置处可列 n 个独立平衡方程，它们是关于 n 个独立位移参数的线性齐次代数方程组；

（3）根据线性齐次方程组有非零解（即 n 个位移参数不能全为零，否则对应于原有平衡形式），因而其系数行列式应等于零，即可建立稳定方程或特征方程：$D=0$；

（4）求解稳定方程有 n 个根，即有 n 个特征荷载，其中最小者即为临界荷载。

3. 静力法确定无限自由度体系临界荷载的步骤

（1）对无限自由度体系，先假设体系发生微小位移，偏离初始平衡位置，满足位移约束条件的新变形曲线可表示为 $y=f(x)$；

（2）在新的变形位置建立平衡微分方程（不是代数方程）：$EIy''=\pm M(x)$；

（3）求解此微分方程：将微分方程整理成标准形式并求解，得到包含待定常数的位移解；利用位移边界条件得到一组与待定常数数目相同的齐次代数方程组；

（4）根据线性齐次方程组有非零解，因而其系数行列式应等于零，即可建立稳定方程 $D=0$；

（5）求解稳定方程，取最小者即为临界荷载。

对无限自由度体系，稳定方程是超越方程，大多情况下难以求得解析解，有时只能利用图解法或试算法求得近似解。

另外，在建立弹性杆平衡微分方程 $EIy''=\pm M(x)$ 时要注意正负号的规定：当由弯

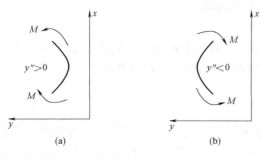

矩形成的曲线在所选用的坐标系中的曲率为正时，取正号，如附图 13-1 （a） 所示；当由弯矩形成的曲线在所选用的坐标系中的曲率为负时，取负号，如附图 13-1 （b） 所示。

附图 13-1

对于几种典型的具有刚性支承弹性压杆，稳定方程及临界荷载如表 13-2 所示。由此可见，压杆的端部约束越强，计算长度越小，其临界荷载越大。

三、能量法确定临界荷载

1. 能量法确定临界荷载的基本原理

能量法是根据分支点失稳问题中临界状态的能量特征（势能为驻值，位移有非零解）来确定体系失稳时的临界荷载。

势能驻值原理：结构处于平衡状态时，对于满足约束及连续条件的所有可能位移中，只有真实的位移（还须满足平衡条件）使结构势能 E_P 为驻值（极值），可表示为：$\delta E_P = 0$，即结构势能 E_P 的一阶变分为零。

体系的总势能 E_P 等于应变能 V_ε 与荷载（外力）势能 V_P 之和，即：

$$E_P = V_\varepsilon + V_P$$

外力（荷载）势能为各荷载在其相应位移上所作虚功总和的负值，即：

$$V_P = -\sum_{i=1}^{n} F_i \Delta_i$$

式中，F_i 是结构上的外力；Δ_i 是在虚位移中与外力 F_i 相应的位移。

对有限自由度体系，体系的变形势能来源于体系中的弹性支承。而弹性压杆失稳时由于杆件弯曲变形还能产生弯曲应变能，弯曲应变能计算公式为：

$$V_\varepsilon = \int_0^l \frac{1}{2} EI (y'')^2 \mathrm{d}x$$

当荷载等于临界荷载时，体系总势能为驻值且位移有非零解；或当荷载等于临界荷载时，总势能增量（一阶变分）为零，即：

$$\delta E_P = \frac{\partial E_P}{\partial a_1}\delta a_1 + \frac{\partial E_P}{\partial a_2}\delta a_2 + \cdots + \frac{\partial E_P}{\partial a_n}\delta a_n = 0$$

由 $\delta E_P = 0$ 及 δa_1、δa_2、$\cdots$、δa_n 的任意性可知：

$$\begin{cases} \dfrac{\partial E_P}{\partial a_1} = 0 \\[2mm] \dfrac{\partial E_P}{\partial a_2} = 0 \\[1mm] \vdots \\[1mm] \dfrac{\partial E_P}{\partial a_n} = 0 \end{cases}$$

式中，a_1、a_2、$\cdots$、a_n 为位移参数。

2. 用能量法确定有限自由度体系临界荷载的步骤

（1）对具有 n 个稳定自由度的体系，先假设结构体系发生微小位移，偏离初始平衡位置后处于新的平衡形式（需设 n 个独立位移参数 a_1，a_2，…，a_n 确定）。

（2）在新的平衡位置处计算体系总势能

由刚性杆和弹性约束组成的有限自由度体系，其总势能 E_P 为弹性约束的应变能和荷载势能之和，可表示为 n 个独立位移参数的函数，即 $E_P = E_P(a_1, a_2, \cdots, a_n)$。

（3）根据势能驻值条件：$\dfrac{\partial E_P}{\partial a_1} = 0$，$\dfrac{\partial E_P}{\partial a_1} = 0$，…，$\dfrac{\partial E_P}{\partial a_n} = 0$，可获得一组关于位移参数 a_1，a_2，…，a_n 的齐次线性方程组。

（4）根据线性齐次方程组有非零解（即 n 个位移参数不能全为零，否则对应于原有平衡形式），因而其系数行列式应等于零，即可建立稳定方程或特征方程 $D = 0$。

（5）求解稳定方程有 n 个根，即有 n 个特征荷载，其中最小解即为临界荷载。

3. 用能量法确定无限自由度体系临界荷载的步骤

用能量法确定无限自由度体系临界荷载，是选定若干种可能位移形态并计算临界荷载，根据势能驻值原理（即弹性结构的一切可能位移中，真实位移使总势能为驻值），再从中找出最小值，它是临界荷载的一个上限，将它作为临界荷载的一个近似值。具体步骤如下：

（1）假设采用具有 n 个独立参数的已知位移函数来代替真实的未知位移失稳曲线，即将无限自由度体系简化为有限自由度体系。根据瑞利-李兹法，假设压杆挠曲线函数 y 为有限个已知函数的线性组合，即：

$$y = a_1\varphi_1(x) + a_2\varphi_2(x) + \cdots + a_n\varphi_n(x) = \sum_{i=1}^{n} a_i\varphi_i(x)$$

式中，$\varphi_i(x)$ 是满足位移边界条件的已知位移函数；a_i 是 n 个独立参数。

（2）在新的位移状态下计算体系的总势能，可以表示为 n 个独立参数 a_i 的函数，即：$E_P = E_P(a_1, a_2, \cdots, a_n)$。

（3）根据势能驻值条件，得到一组关于参数 a_1，a_2，…，a_n 的齐次线性方程组。

（4）根据线性齐次方程组有非零解（即 n 个参数不能全为零，否则对应于原有平衡形式），因而其系数行列式应等于零，即可建立稳定方程或特征方程 $D = 0$。

（5）求解稳定方程有 n 个根，即有 n 个特征荷载，其中最小解即为临界荷载。

可见，第（3）～（5）步与有限自由度能量法求解步骤是完全相同的。

4. 几点说明

（1）满足位移边界条件的常用挠曲线函数形式，如表 13-3 所示。

（2）能量法和静力法是确定临界荷载的两种基本方法，静力法是利用临界状态时的静力平衡条件，能量法是利用临界状态的势能驻值特征。两种方法得到的稳定方程（特征方程）是一样的，即势能驻值条件等价于静力法中用位移参数表示的平衡方程。

（3）在无限自由度体系能量法计算中，若所设压杆挠曲线与真实的失稳曲线相吻合，则用能量法求得的临界荷载即是精确解；若不吻合，则只能得到大于精确解的近似解。因为近似的失稳曲线相当于人为地加入了某些约束，增大了压杆抵抗失稳的能力。一般情况下，表 13-3 中所列的常用挠曲线函数的项数越多，其临界荷载的计算精度越高。

四、简化为具有弹性支承的单根压杆的稳定问题

1. 弹性支承的简化原则

在计算刚架、排架等结构的稳定问题时，为了研究其中某一压杆的稳定性，常将与其相连各杆的作用简化成弹性支承，从而可将体系简化为便于稳定性分析的力学模型。

非受压结构对受压杆件的弹性支承作用，一般简化标准为：除所选压杆外，结构其余部分必须满足无压杆原则及不重复原则。无压杆原则，是指除所选压杆外其余部分中无压杆存在。不重复原则，是指组成各弹性支承的杆件互不重复，否则各弹簧将相互影响，不方便计算，而且不能用相互独立的弹簧刚度来表示。

2. 常见的具有弹性支承弹性压杆的稳定方程

附表 13-1 列出了常见的具有弹性支承的弹性压杆的稳定方程。

常见的具有弹性支承的弹性压杆的稳定方程　　　　　　附表 13-1

序号	具有弹性支座压杆的简图	稳定方程
1	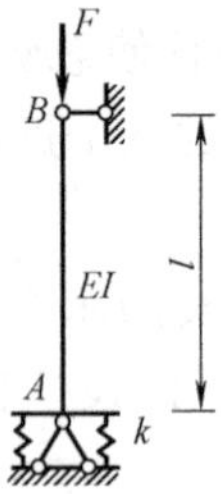	一端铰支一端弹性抗转动弹性支承的压杆： $$\tan(nl)=\frac{nl}{1+\dfrac{EI}{kl}(nl)^2},\ n^2=\frac{F}{EI}$$
2	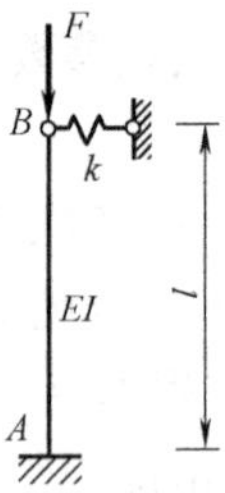	一端固定一端为抗移动弹性支承的压杆： $$\tan(nl)=nl-\frac{EI(nl)^3}{kl^3},\ n^2=\frac{F}{EI}$$
3	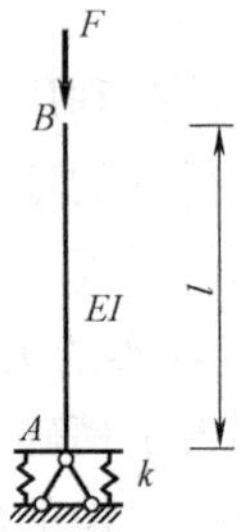	一端抗转动弹性支承一端自由的压杆： $$nl\tan(nl)=\frac{kl}{EI},\ n^2=\frac{F}{EI}$$

序号	具有弹性支座压杆的简图	稳定方程
4	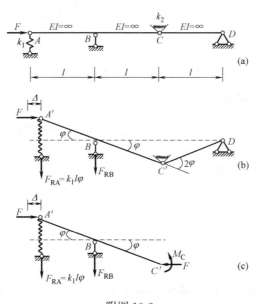	一端抗转动弹性支承一端抗移动弹性支承的压杆：$$\tan(nl)=\dfrac{n\left(\dfrac{k_2l}{n^2EI}-1\right)}{\dfrac{k_2}{n^2EI}+\dfrac{k_2l-n^2EI}{k_1}}, n^2=\dfrac{F}{EI}$$

第三节　例题分析

【**附例 13-1**】　分别用静力法和能量法求如附图 13-2（a）所示体系的临界荷载，已知 $EI=\infty$，弹性支承的刚度系数分别为 k_1、k_2。

附图 13-2

【**解法一**】　静力法。该体系为单自由度体系。假设体系失稳时的位移形态如附图 13-2（b）所示，记杆 ABC 的转角位移为 φ，则 A 支座反力反力为 $F_{RA}=k_1l\varphi$（↓）。根据小挠度理论，由整体平衡条件 $\sum M_D=0$ 求支座 B 处反力为：

$$F_{RA}\times3l+F_{RB}\times2l-F\times l\varphi=0\Rightarrow F_{RB}=\frac{1}{2}F\varphi-\frac{3}{2}k_1l\varphi(↓)$$

取杆段 $A'BC'$ 为隔离体研究，如附图 13-2（c）所示，其中 C 抗转约束处产生的反力矩 $M_C=2k_2\varphi$。由平衡条件 $\sum M_{C'}=0$ 有：

$$F_{RA}\times2l+F_{RB}\times l+M_C-F\times2l\varphi=0$$

即：

$$\left(\frac{1}{2}k_1l^2+2k_2-\frac{3}{2}Fl\right)\varphi=0$$

因 $\varphi\neq0$，得稳定方程为：

$$\frac{1}{2}k_1l^2+2k_2-\frac{3}{2}Fl=0$$

解稳定方程得到特征值，即为临界荷载：

$$F_{\mathrm{cr}}=\frac{k_1l^2+4k_2}{3l}$$

【解法二】 采用能量法。假设体系失稳时的位移形态如附图 13-2 （b）所示，设杆 ABC 的转角位移为 φ，弹性铰 C 的相对转角则为 2φ。

弹簧的应变能可表示为：

$$V_{\varepsilon}=\frac{1}{2}k_1(l\varphi)^2+\frac{1}{2}k_2(2\varphi)^2=\frac{1}{2}k_1l^2\varphi^2+2k_2\varphi^2$$

失稳时 B 点的水平位移记为 Δ，根据小变形原理可简化为：

$$\Delta=3(l-l\cos\varphi)=3l(1-\cos\varphi)=6l\left(\sin\frac{\varphi}{2}\right)^2\approx\frac{3}{2}l\varphi^2$$

荷载势能可表示为：

$$V_{\mathrm{P}}=-F\Delta=-\frac{3}{2}Fl\varphi^2$$

因此，体系的总势能可表示为：

$$E_{\mathrm{P}}=V_{\varepsilon}+V_{\mathrm{P}}=\frac{1}{2}k_1l^2\varphi^2+2k_2\varphi^2-\frac{3}{2}Fl\varphi^2$$

由势能驻值条件 $\dfrac{\mathrm{d}E_{\mathrm{P}}}{\mathrm{d}\varphi}=0$ 得：

$$(k_1l^2+4k_2-3Fl)\varphi=0$$

因 $\varphi\neq0$，得稳定方程为：

$$k_1l^2+4k_2-3Fl=0$$

从而求得与静力法相同的临界荷载。

【附例 13-2】 分别用静力法和能量法求如附图 13-3 （a）所示体系的临界荷载，已知 $EI=\infty$，弹性支承的刚度系数为 k。

【解法一】 静力法。该体系为单自由度体系，假设失稳位移形态如附图 13-3 （b）所示，设体系整体转动角度为 φ。

A 支座反力反力 $F_{\mathrm{RA}}=kl\varphi$（↓）。由整体平衡条件 $\sum M_{\mathrm{A}}=0$ 有：

$$F_{\mathrm{RA}}\times l-F\times2l\varphi-q\times2l\times l\varphi=0$$

即：

$$(kl^2-6ql^2)\varphi=0$$

因 $\varphi\neq0$，得稳定方程为：

$$kl^2-6ql^2=0$$

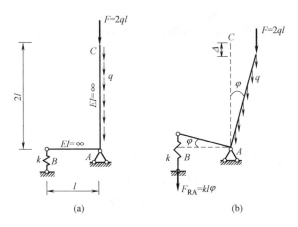

附图 13-3

求得临界荷载为:

$$q_{cr}=\frac{k}{6}$$

【解法二】 采用能量法。失稳位移形态如附图 13-3 (b) 所示,设杆 AB、AC 的转角位移为 φ。

弹簧的应变能为:

$$V_\varepsilon=\frac{1}{2}k(l\varphi)^2=\frac{1}{2}kl^2\varphi^2$$

柱顶竖向位移为:

$$\Delta=2l-2l\cos\varphi=2l(1-\cos\varphi)\approx2l\times\frac{\varphi^2}{2}=l\varphi^2$$

荷载势能为:

$$V_P=-F\Delta-2ql\times\frac{1}{2}\Delta=-3ql\Delta=-3ql^2\varphi^2$$

因此,体系的总势能可表示为:

$$E_P=V_\varepsilon+V_P=\frac{1}{2}kl^2\varphi^2-3ql^2\varphi^2=\left(\frac{1}{2}k-3q\right)l^2\varphi^2$$

由势能驻值条件 $\dfrac{dE_P}{d\varphi}=0$ 则有:

$$(k-6q)l^2\varphi=0$$

因 $\varphi\neq0$,从而得到与静力法相同的稳定方程,并求得相同的临界荷载。

【附例 13-3】 分别用静力法和能量法求如附图 13-4 (a) 所示体系的临界荷载,已知 $EI=\infty$,弹性支承的刚度系数分别为 k_1、k_2,记 $k_1=k_2=k$。

【解法一】 静力法。该体系具有两个稳定自由度。设体系由原始平衡状态发生符合约束条件的微小位移,如附图 13-4 (b) 所示。记杆 AB、BC 的转角位移分别为 φ_1、φ_2,则 A 处产生反力矩 $M_A=k_1\varphi_1$,B 抗转约束处产生反力矩 $M_B=k_2(\varphi_2-\varphi_1)$。

在新的位移形态下,取杆段 AB' 作为隔离体研究,如附图 13-4 (c) 所示,由力矩平衡条件 $\sum M_{B'}=0$ 得:

$$M_B - M_A + F \times l\varphi_1 = 0$$

再取杆段 $B'C'$ 作为隔离体研究，如附图 13-4（d）所示，由力矩平衡条件 $\sum M_{B'} = 0$ 得：

$$M_B - F \times l\varphi_2 = 0$$

即得到关于几何参数 φ_1、φ_2 的线性齐次方程组：

$$\begin{cases} (Fl - 2k)\varphi_1 + k\varphi_2 = 0 \\ -k\varphi_1 + (k - Fl)\varphi_2 = 0 \end{cases}$$

根据 φ_1、φ_2 不能同时等于零，得稳定方程为：

$$D = \begin{vmatrix} Fl - 2k & k \\ -k & k - Fl \end{vmatrix} = 0$$

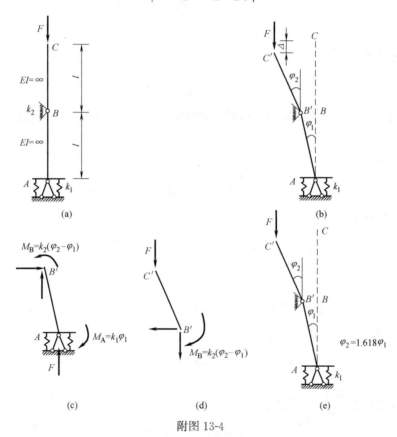

附图 13-4

展开并求得特征荷载值分别为：

$$F_{1,2} = \frac{3 \pm \sqrt{5}}{2} \frac{k}{l}$$

其中最小的特征荷载值即为该结构的临界荷载，即 $F_{cr} = 0.382 \dfrac{k}{l}$。

该体系真实的失稳形式如附图 13-4（e）所示。

【解法二】 能量法。该体系由原始平衡位置转到任意的新平衡位置时，设杆 AB、BC 的转角位移分别为 φ_1、φ_2，如附图 13-4（b）所示，B 处抗转约束产生的相对转角为

$\varphi_B = \varphi_2 - \varphi_1$。

计算应变能：

$$V_\varepsilon = \frac{1}{2}k_1\varphi_1^2 + \frac{1}{2}k\varphi_B^2 = \frac{1}{2}k\varphi_1^2 + \frac{1}{2}k(\varphi_2 - \varphi_1)^2$$

柱顶 C 点的竖向位移 $\Delta = \dfrac{l}{2}\varphi_1^2 + \dfrac{l}{2}\varphi_2^2$，则荷载势能为：

$$V_P = -F\Delta = -\frac{1}{2}Fl(\varphi_1^2 + \varphi_2^2)$$

计算体系的总势能为：

$$E_P = V_\varepsilon + V_P = \frac{1}{2}k\varphi_1^2 + \frac{1}{2}k(\varphi_2 - \varphi_1)^2 - \frac{1}{2}Fl(\varphi_1^2 + \varphi_2^2)$$

应用势能驻值条件有：

$$\begin{cases} \dfrac{\partial E_P}{\partial \varphi_1} = 0 \Rightarrow (2k - Fl)\varphi_1 - k\varphi_2 = 0 \\[2mm] \dfrac{\partial E_P}{\partial \varphi_2} = 0 \Rightarrow -k\varphi_1 + (k - Fl)\varphi_2 = 0 \end{cases}$$

上式与静力法中得到的平衡条件完全相同，从而可建立相同的稳定方程，并求得相同的临界荷载。

【附例 13-4】 求如附图 13-5（a）所示两端铰支压杆的临界荷载，已知下半段 AC 为刚性杆（$EI_1 = \infty$），上半段 BC 为弹性杆（EI 为常量）。

【解】 设压杆已处于新的平衡状态，刚性杆段 AC 的转角为 φ，如附图 13-5（b）所示。

弹性杆段 BC 的挠曲线微分方程为：

$$EIy'' = -M = -Fy \quad \left(0 \leqslant x \leqslant \frac{l}{2}\right)$$

令 $n^2 = \dfrac{F}{EI}$，可得：

$$y'' + n^2 y = 0$$

此微分方程通解为：

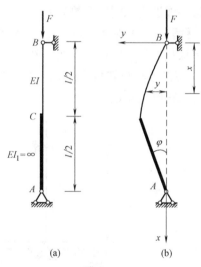

(a) (b)

附图 13-5

$$y = A\cos(nx) + B\sin(nx)$$

这里，A、B 为积分常数，刚性杆转角 φ 未知，因此压杆失稳时的位移边界条件为：

当 $x = 0$ 时 $y = 0$；当 $x = \dfrac{l}{2}$ 时 $y = \dfrac{l}{2}\varphi$ 且 $y' = -\varphi$。由边界条件可得到一组关于未知参数 A、B 及 φ 的线性齐次方程组：

$$\begin{cases} A = 0 \\[2mm] A\cos\left(\dfrac{nl}{2}\right) + B\sin\left(\dfrac{nl}{2}\right) = \dfrac{l}{2}\varphi \\[2mm] -nA\sin\left(\dfrac{nl}{2}\right) + nB\cos\left(\dfrac{nl}{2}\right) = -\varphi \end{cases}$$

为了使 A、B 和 φ 不全为零，其系数行列式应等于零，因此得稳定方程为：

$$\begin{vmatrix} 1 & 0 & 0 \\ \cos\left(\dfrac{nl}{2}\right) & \sin\left(\dfrac{nl}{2}\right) & -\dfrac{l}{2} \\ -n\sin\left(\dfrac{nl}{2}\right) & n\cos\left(\dfrac{nl}{2}\right) & 1 \end{vmatrix}=0$$

展开后得：

$$\tan\left(\frac{nl}{2}\right)=-\frac{nl}{2}$$

对上述超越方程，先通过图解法确定 $\dfrac{nl}{2}$ 最小值的取值范围，然后再用试算法求得：$\dfrac{nl}{2}\approx2.03$。因此，求得临界荷载为：

$$F_{cr}=n^2EI=\frac{16.48EI}{l^2}$$

【**附例 13-5**】 求如附图 13-6（a）所示结构的稳定方程，已知 $EI_1=\infty$，EI 为常数，抗移动弹性支承刚度系数为 k_1。

【**解**】 （1）附图 13-6（a）所示刚架结构的稳定问题可以简化为附图 13-6（b）所示的单根弹性压杆的稳定问题，其中弹性支承刚度系数 k 求解思路如附图 13-6（c）所示：使 A 点产生单位转角位移 $\theta_A=1$，求得 C、D 处竖向支座反力均为 $F_{RC}=F_{RD}=k_1l$，从而可求得刚度系数为：

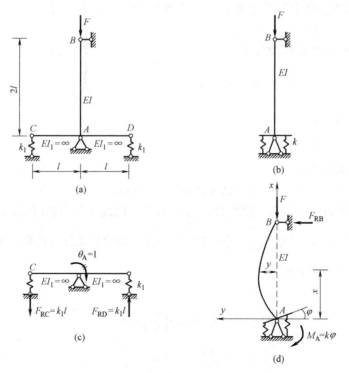

附图 13-6

$$k = 2 \times k_1 l \times l = 2k_1 l^2$$

下面采用静力法建立如附图 13-6（b）所示体系的稳定方程。

（2）压杆失稳时，设下端 A 处转角为 φ，上端 B 处反力为 F_{RB}，则 A 处反力矩为：$M_A = k\varphi$，由 $\sum M_A = 0$ 得：

$$F_{RB} = \frac{M_A}{2l} = \frac{k\varphi}{2l}$$

任一 x 截面处的弯矩为：

$$M = Fy - F_{RB}(2l - x)$$

挠曲线的平衡微分方程为：

$$EIy'' = -M = -Fy + F_{RB}(2l - x)$$

令 $n^2 = \dfrac{F}{EI}$，整理可得：

$$y'' + n^2 y = n^2 \frac{k\varphi}{2Fl}(2l - x)$$

（3）解微分方程

通解为：

$$y = A\cos(nx) + B\sin(nx) + \frac{k\varphi}{2Fl}(2l - x)$$

根据位移边界条件有：当 $x = 0$ 时，$y = 0$ 且 $y' = \varphi$；当 $x = 2l$ 时，$y = 0$。据此可得到一组关于未知参数 A、B 及 φ 的线性齐次方程组：

$$
\begin{cases}
A + \dfrac{k}{F}\varphi = 0 \\[2mm]
Bn - \left(\dfrac{k}{2Fl} + 1\right)\varphi = 0 \\[2mm]
A\cos(2nl) + B\sin(2nl) = 0
\end{cases}
$$

因 A、B、φ 不同时为零，则上述方程组的系数行列式应等于零，即：

$$
\begin{vmatrix}
1 & 0 & \dfrac{k}{F} \\[2mm]
0 & n & -\left(\dfrac{k}{2Fl} + 1\right) \\[2mm]
\cos(2nl) & \sin(2nl) & 0
\end{vmatrix} = 0
$$

展开并将 $F = n^2 EI$ 代入，整理可得计算临界荷载的稳定方程为：

$$\tan(2nl) = \frac{2nl}{1 + \dfrac{EI}{2kl}(2nl)^2}$$

这便是一端铰支一端弹性抗转弹性支承弹性压杆的稳定方程，当弹簧刚度 k 给定时，便可解此超越方程得出 $2nl$ 的最小正根，从而求得临界荷载。这里，当 $k = 0$ 时由上述稳定方程可得到两端铰支压杆的稳定方程及临界荷载，当 $k = \infty$ 时由上述稳定方程可得到一端固定一端铰支压杆的稳定方程及临界荷载。

【附例 13-6】 求如附图 13-7（a）所示对称刚架结构的临界荷载，已知 $EI_1 = \infty$，EI

为常数。

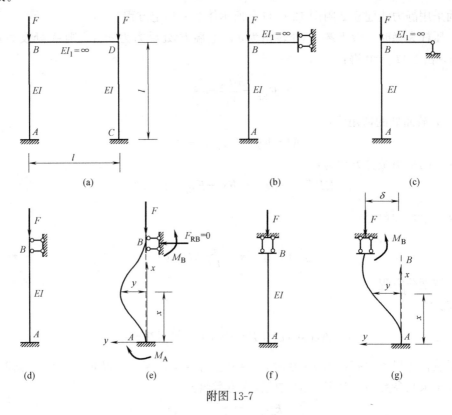

附图 13-7

【解】 该刚架是对称结构承受对称荷载，失稳形式是正对称或反对称的，分别取半结构如附图 13-7（b）、（c）所示。下面分别采用静力法分析其稳定性。

（1）正对称失稳形式

如附图 13-7（b）所示体系可简化为附图 13-7（d）所示单根压杆，以此来分析其稳定性。在临界状态下，如附图 13-7（e）所示，由于失稳曲线上下对称，则两杆端弯矩数值相等，即 $M_A = M_B$；再由 $\sum M_A = 0$ 可知 B 支座水平反力 $F_{RB} = 0$。任一 x 截面的弯矩可表示为：

$$M(x) = Fy - M_B$$

压杆平衡微分方程为：

$$EIy'' = -M = -Fy + M_B$$

令 $n^2 = \dfrac{F}{EI}$，可得：

$$y'' + n^2 y = \dfrac{M_B}{EI}$$

其通解为：

$$y = A\cos(nx) + B\sin(nx) + \dfrac{M_B}{F}$$

$$y' = -nA\sin(nx) + nB\cos(nx)$$

根据压杆失稳时的位移边界条件：当 $x = 0$ 时，$y = 0$ 且 $y' = 0$；当 $x = l$ 时，$y = 0$。

据此可得到一组关于未知参数 A、B 及 M_B/F 的线性齐次方程组:

$$\begin{cases} A+\dfrac{M_B}{F}=0 \\ Bn=0 \\ A\cos(nl)+B\sin(nl)+\dfrac{M_B}{F}=0 \end{cases}$$

若 A、B、M_B/F 不同时为零,则有:

$$D=\begin{vmatrix} 1 & 0 & 1 \\ 0 & n & 0 \\ \cos(nl) & \sin(nl) & 1 \end{vmatrix}=0$$

展开并整理可得稳定方程为 $\cos(nl)=1$,代入 $n^2=\dfrac{F}{EI}$,可得正对称失稳下临界荷载为:

$$F_{cr}=\frac{\pi^2 EI}{(0.5l)^2}$$

(2) 反对称失稳形式

如附图 13-7(c)所示体系可简化为附图 13-7(f)所示单根压杆,以此来分析其稳定性。在临界状态下,如附图 13-7(g)所示,B 支座水平位移记为 δ。任一 x 截面的弯矩可表示为:

$$M(x)=-F(\delta-y)-M_B$$

压杆平衡微分方程为:

$$EIy''=-M=F(\delta-y)+M_B$$

令 $n^2=\dfrac{F}{EI}$,可得:

$$y''+n^2 y=\frac{M_B}{EI}+\frac{F}{EI}\delta$$

其通解为:

$$y=A\cos(nx)+B\sin(nx)+\frac{M_B}{F}+\delta$$

$$y'=-nA\sin(nx)+nB\cos(nx)$$

根据压杆失稳时的位移边界条件:当 $x=0$ 时,$y=0$ 且 $y'=0$;当 $x=l$ 时,$y=\delta$ 且 $y'=0$。据此可得到一组关于未知参数 A、B、M_B/F 及 δ 的线性齐次方程组:

$$\begin{cases} A+\dfrac{M_B}{F}+n^2\delta=0 \\ Bn=0 \\ A\cos(nl)+B\sin(nl)+\dfrac{M_B}{F}=0 \\ -nA\sin(nl)+nB\cos(nl)=0 \end{cases}$$

可先由第二式得 $B=0$,若 A、M_B/F 及 δ 不同时为零,则有:

$$D = \begin{vmatrix} 1 & 1 & n^2 \\ \cos(nl) & 1 & 0 \\ -n\sin(nl) & 0 & 0 \end{vmatrix} = 0$$

展开并整理可得稳定方程为 $\sin(nl)=0$，代入 $n^2=\dfrac{F}{EI}$，可得反对称失稳下临界荷载为：

$$F_{cr}=\frac{\pi^2 EI}{l^2}$$

由此可知，如附图 13-7（a）所示体系是按反对称形式失稳的，临界荷载为：

$$F_{cr}=\frac{\pi^2 EI}{l^2}$$

【**附例 13-7**】 建立如附图 13-8（a）所示阶形柱的稳定方程，已知刚度 EI_1、EI_2 均为常数，并求如附图 13-8（c）所示阶形柱的临界荷载。

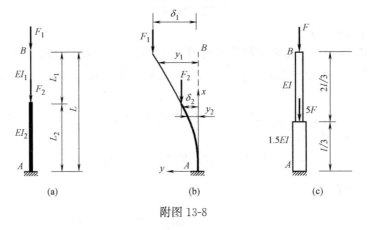

附图 13-8

【**解**】 以 y_1、y_2 分别表示压杆失稳时上、下两部分的挠度（附图 13-8b），柱顶水平位移为 δ_1，变截面处水平位移记为 δ_2，则两部分的平衡微分方程分别为：

$$EI_1 y_1'' = M = F_1(\delta_1 - y_1) \quad (l_2 \leqslant x \leqslant l)$$
$$EI_2 y_2'' = M = F_1(\delta_1 - y_2) + F_2(\delta_2 - y_2) \quad (0 \leqslant x \leqslant l_2)$$

令 $n_1^2 = \dfrac{F_1}{EI_1}$、$n_2^2 = \dfrac{F_1 + F_2}{EI_2}$，则上述微分方程可改写为：

$$y_1'' + n_1^2 y_1 = n_1^2 \delta_1 \quad (L_2 \leqslant x \leqslant L)$$
$$y_2'' + n_2^2 y_2 = \frac{F_1\delta_1 + F_2\delta_2}{EI_2} \quad (0 \leqslant x \leqslant L_2)$$

其通解分别为：

$$y_1 = A_1\cos(n_1 x) + B_1\sin(n_1 x) + \delta_1 \quad (L_2 \leqslant x \leqslant L)$$
$$y_2 = A_2\cos(n_2 x) + B_2\sin(n_2 x) + \frac{F_1\delta_1 + F_2\delta_2}{F_1 + F_2} \quad (0 \leqslant x \leqslant L_2)$$

以上通解中有 A_1、B_1、A_2、B_2、δ_1、δ_2 六个未知常数。根据上下端的边界条件及变截面处变形连续条件，有：

① $x=0$ 时 $y_2=0$：$A_2 + \dfrac{F_1\delta_1 + F_2\delta_2}{F_1+F_2} = 0$

② $x=0$ 时 $y_2'=0$：$n_2 B_2 = 0$

③ $x=L$ 时 $y_1=\delta_1$：$A_1\cos(n_1 L) + B_1\sin(n_1 L) = 0$

④ $x=L_2$ 时 $y_1=\delta_2$：$A_1\cos(n_1 L_2) + B_1\sin(n_1 L_2) + \delta_1 = \delta_2$

⑤ $x=L_2$ 时 $y_2=\delta_2$：$A_2\cos(n_2 L_2) + B_2\sin(n_2 L_2) + \dfrac{F_1\delta_1 + F_2\delta_2}{F_1+F_2} = \delta_2$

⑥ $x=L_2$ 时 $y_1'=y_2'$：$-n_1 A_1\sin(n_1 L_2) + n_1 B_1\cos(n_1 L_2) = -n_2 A_2\sin(n_2 L_2) + n_2 B_2\cos(n_2 L_2)$

由前三个条件可知：$A_2 = -\dfrac{F_1\delta_1 + F_2\delta_2}{F_1+F_2}$、$B_2=0$、$A_1 = -B_1\tan(n_1 L)$，将它们代入后三个条件中，可得到关于 B_1、δ_1、δ_2 的线性齐次方程组：

$$\begin{cases} B_1[\sin(n_1 L_2) - \tan(n_1 L)\cos(n_1 L_2)] + \delta_1 - \delta_2 = 0 \\ F_1\delta_1[1-\cos(n_2 L_2)] - \delta_2[F_1 + F_2\cos(n_2 L_2)] = 0 \\ n_1 B_1[\cos(n_1 L_2) + \tan(n_1 L)\sin(n_1 L_2)] - \dfrac{n_2 F_1}{F_1+F_2}\delta_1\sin(n_2 L_2) - \dfrac{n_2 F_2}{F_1+F_2}\delta_2\sin(n_2 L_2) = 0 \end{cases}$$

由于 B_1、δ_1、δ_2 不同时为零，可建立特征方程如下：

$$\begin{vmatrix} \sin(n_1 L_2) - \tan(n_1 L)\cos(n_1 L_2) & 1 & -1 \\ 0 & F_1[1-\cos(n_2 L_2)] & -[F_1 + F_2\cos(n_2 L_2)] \\ n_1[\cos(n_1 L_2) + \tan(n_1 L)\sin(n_1 L_2)] & -\dfrac{n_2 F_1}{F_1+F_2}\sin(n_2 L_2) & -\dfrac{n_2 F_2}{F_1+F_2}\sin(n_2 L_2) \end{vmatrix} = 0$$

展开后为：

$$\tan(n_1 L_1)\tan(n_2 L_2) = \frac{n_1}{n_2} \cdot \frac{F_1+F_2}{F_1}$$

这个方程，只有当 $\dfrac{I_1}{I_2}$、$\dfrac{L_1}{L_2}$ 及 $\dfrac{F_1}{F_2}$ 均给出时才能求解。比如，对如附图 13-8（c）所示压杆体系，$F_1=F$、$F_2=5F$、$EI_2=1.5EI_1$、$L_1=\dfrac{2}{3}l$、$L_2=\dfrac{l}{3}$，则：

$$n_1 = \sqrt{\frac{F}{EI_1}}, \quad n_2 = \sqrt{\frac{F+5F}{1.5EI_1}} = 2n_1, \quad n_1 L_1 = \frac{2}{3}n_1 l, \quad n_2 L_2 = 2n_1 \times \frac{l}{3} = \frac{2}{3}n_1 l$$

则稳定方程可写成：

$$\tan^2(n_1 L_1) = 3$$

由此解得最小根为 $n_1 L_1 = \dfrac{\pi}{3}$，从而可得临界荷载为：

$$F_{cr} = n_1^2 EI_1 = \frac{\pi^2 EI_1}{4l^2}$$

第四节　本章习题

一、判断题

1. 结构强度计算的平衡方程是建立在结构未产生位移前的原始位置，而稳定计算的平衡方程必须按产生位移后的新平衡位置确定。　　　　　　　　　　　　（　　）

2. 压弯杆件和承受非结点荷载作用的刚架丧失稳定性都属于第一类失稳问题。（　　）

3. 结构的稳定问题是一个变形问题，用静力法或能量法求临界荷载时，首先都应假设可能的失稳形态。　　　　　　　　　　　　　　　　　　　　　（　　）

4. 稳定方程是根据稳定平衡状态建立的平衡方程。　　　　　　　　　　（　　）

5. 增大或减小杆端约束的刚度，对压杆的临界荷载数值没有影响。　　（　　）

6. 相同材料、长度、截面面积及支承条件的空心压杆与实心压杆相比，实心压杆的临界荷载大。　　　　　　　　　　　　　　　　　　　　　　　　　（　　）

7. 稳定问题是要找出外荷载与结构内部抵抗力之间的不稳定平衡状态，即变形开始急剧增长的状态，以防止结构不稳定平衡状态的发生。　　　　　　　　（　　）

8. 能量法一般用于计算无限自由度体系的临界荷载，所得结果总是不小于其精确解。　　　　　　　　　　　　　　　　　　　　　　　　　　　　　　　（　　）

9. 用能量法求压杆稳定问题时，所选可能位移形态必须满足位移边界条件及变形连续条件。　　　　　　　　　　　　　　　　　　　　　　　　　　　　　（　　）

10. 用能量法求有限自由度体系的临界荷载，所得结果为其精确解，且与静力法计算结果相同。　　　　　　　　　　　　　　　　　　　　　　　　　　　（　　）

11. 要提高能量法计算无限自由度体系临界荷载的精确度，关键在于提高所假设的失稳曲线与真实失稳位移曲线的符合程度。　　　　　　　　　　　　　　（　　）

12. 对称结构承受对称荷载时总是按对称位移形态失稳。　　　　　　　（　　）

13. 第一类失稳与第二类失稳的区别在于临界状态时是否出现新平衡形式。（　　）

14. 如附图 13-9（a）所示体系，各杆轴向变形忽略不计，EI 为常数，将其简化为附图 13-9（b）所示具有弹性支承压杆进行稳定性分析，则弹簧的刚度系数 $k = \dfrac{9EI}{l^3}$。（　　）

15. 不能用能量法计算具有弹性支承压杆的临界荷载。　　　　　　　　（　　）

16. 如附图 13-10 所示对称刚架结构的失稳形态是对称的。　　　　　　（　　）

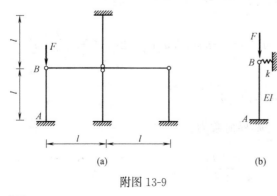

附图 13-9

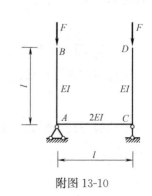

附图 13-10

二、填空题

1. 在单自由度体系的第一类稳定问题中，当体系的总势能为＿＿＿＿＿时，体系处于稳定平衡状态；当体系的总势能为＿＿＿＿＿时，体系处于不稳定平衡状态；当体系的总势能为＿＿＿＿＿时，体系处于中性平衡状态。

2. 如附图 13-11（a）、（b）所示两体系的稳定性问题，按失稳的类型来划分，附图 13-11（a）属于＿＿＿＿，附图 13-11（b）属于＿＿＿＿。

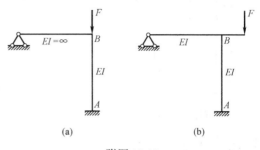

(a) (b)

附图 13-11

3. 在第一类稳定问题中，临界状态是体系由稳定平衡状态到不稳定平衡状态的中间过渡状态，其静力特征是＿＿＿＿＿＿。

4. 在第一类稳定问题中，临界状态的能量特征是＿＿＿＿＿＿＿＿＿＿＿＿。

5. 压杆的临界荷载与其两端的支承情况有关，支承刚度越大，临界荷载越＿＿＿＿。

6. 计算临界荷载的基本方法有两种，即：＿＿＿＿＿和＿＿＿＿＿。

7. 如附图 13-12 所示体系中，杆件均为刚性杆（$EI = \infty$），进行稳定性分析时自由度分别为＿＿＿、＿＿＿、＿＿＿。

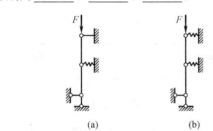 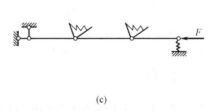

(a) (b) (c)

附图 13-12

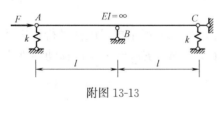

附图 13-13

8. 如附图 13-13 所示体系，抗移动弹性支承的刚度系数为 k，杆件刚度 $EI = \infty$，则其临界荷载 $F_{cr} = $ ＿＿＿＿＿＿。

9. 如附图 13-14 所示两压杆，EI 均为常数且相等，其临界荷载分别为 F_{cra} 和 F_{crb}，则两者的大小关系是＿＿＿＿＿＿。

10. 如附图 13-15 所示三根弹性压杆，EI 均为常数且相等，其临界荷载分别为 F_{cra}、F_{crb} 和 F_{crc}，则它们的大小关系是：＿＿＿＿＿＿＿。

11. 对第一类稳定性问题，利用静力法计算临界荷载是根据体系在临界状态时的静力特征为＿＿＿＿＿＿。

12. 用能量法求无限自由度体系的临界荷载时，所假设的失稳曲线 $y = y(x)$ 必须满足＿＿＿＿＿。

13. 对如附图 13-16（a）所示刚架结构进行稳定性分析时，可将其简化为如附图 13-16（b）所示的带有弹性约束的单根压杆来分析，其中抗转动弹性支承的刚度系数 $k = $ ＿＿＿＿。

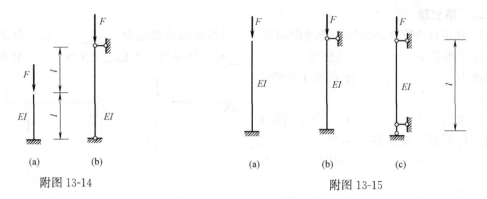

附图 13-14   附图 13-15

已知 EI 为常数。

14. 利用对称性，可求得如附图 13-17 所示体系的临界荷载 $F_{cr} =$ _____。已知 EI 为常数。

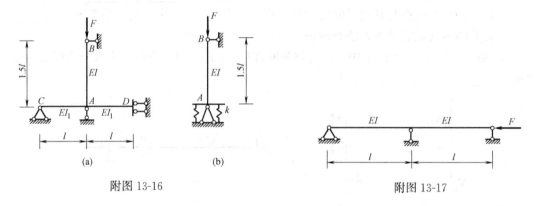

附图 13-16   附图 13-17

15. 对如附图 13-18（a）所示组合结构进行稳定性分析时，可将其简化为如附图 13-18（b）所示的带有弹性约束的单根压杆，其中弹性支承的刚度系数分别为：$k_1 =$ _____，$k_2 =$ _____。已知 EI、EI_1 和 EA 均为常数。

16. 如附图 13-19（a）所示体系可简化为如附图 13-19（b）所示单根压杆进行稳定性分析，其中抗转弹簧的刚度系数 $k =$ _____。已知 EI 为常数，$EI_1 = \infty$，抗移动弹性支承刚度系数 $k_1 = EI/l^3$。

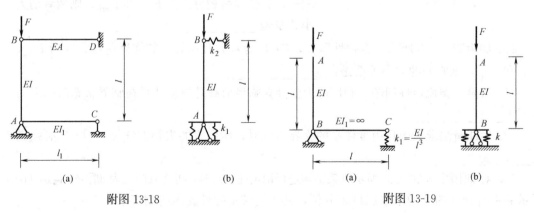

附图 13-18   附图 13-19

17. 解稳定性问题时，如附图 13-20（a）所示刚架结构，可简化为附图 13-20（b）所示的带有弹性约束的单根压杆，其中弹性支承的刚度系数 $k =$ _____。

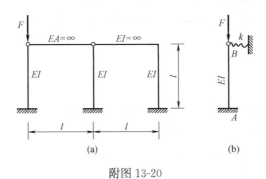

附图 13-20

18. 轴心受力构件在考虑剪力影响时的临界荷载，相较于忽略剪力影响情况，计算结果会____。（填"变大"或"变小"）。

19. 如附图 13-21（a）所示体系计算临界荷载时，_____简化为如附图 13-21（b）所示单根压杆进行分析。（填"可以"或"不可以"）

20. 如附图 13-22 所示对称结构的失稳形态是_____。（填"对称"或"反对称"）

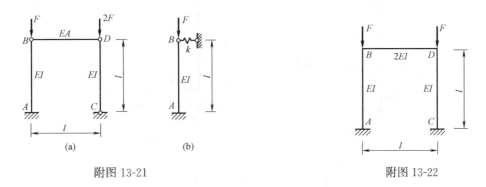

附图 13-21   附图 13-22

21. 用能量法确定有限自由度体系的临界荷载时，所得结果总是_____精确解；用能量法确定无限自由度体系的临界荷载时，所得结果总是_____精确解。（选填：大于、等于、小于）

三、计算题

1. 分别采用静力法和能量法求如附图 13-23 所示各体系的临界荷载。已知杆件刚度 $EI = \infty$，弹性支承的刚度系数 k 均为常数。

2. 分别采用静力法和能量法求如附图 13-24 所示各体系的临界荷载。除特别注明外 EI、EA 均为常数。

3. 采用静力法建立如附图 13-25 所示各弹性压杆体系的稳定方程。除特别注明外，杆件刚度值 EI 均为常数。

4. 采用能量法计算附图 13-26 所示体系的临界荷载，已知弹簧刚度系数 $k = 3EI/l^3$，在图示坐标系中设失稳曲线为 $y = \Delta\left(1 - \cos\dfrac{\pi x}{2l}\right)$。

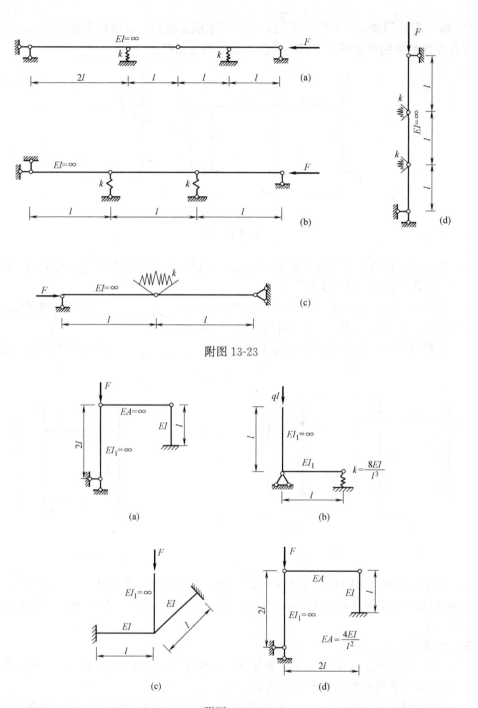

附图 13-23

附图 13-24

5. 采用静力法确定如附图 13-27 所示压杆的稳定方程。已知弹性支承的刚度系数分别为 k_1、k_2 及 k_3。

6. 列出如附图 13-28 所示各体系的稳定方程。除特别注明外，EI、EA 均为常量。

7. 对如附图 13-29 所示对称刚架结构作稳定性分析，并建立稳定方程（不必求临界荷载），已知 EI 为常数。

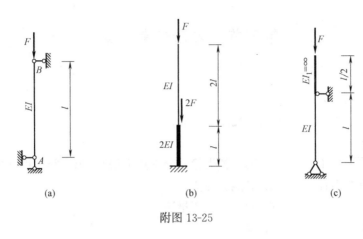

(a) (b) (c)

附图 13-25

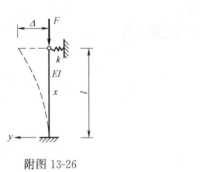

附图 13-26

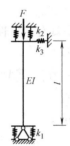

附图 13-27

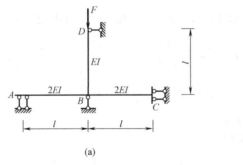

(a)

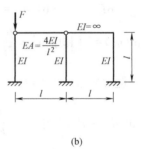

(b)

附图 13-28

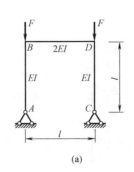

(a)

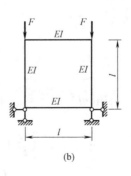

(b)

附图 13-29

第五节　习题参考答案

一、判断题

1. √　2. ×　3. √　4. ×　5. ×　6. ×　7. √　8. √
9. √　10. √　11. √　12. ×　13. √　14. √　15. ×　16. √

二、填空题

1. 极小　极大　不变　　2. 第一类失稳（分支点失稳）　第二类失稳（极值点失稳）
3. 平衡具有二重性　　4. 势能有驻值
5. 大　　6. 静力法　能量法
7. 1　2　3　　8. kl
9. $F_{cra} = F_{crb}$　　10. $F_{cra} < F_{crc} < F_{crb}$
11. 平衡具有二重性　　12. 边界条件和位移连续条件
13. $4EI_1/l$　　14. $\pi^2 EI/l^2$
15. $3EI_1/l_1$　EA/l_1　　16. EI/l
17. $15EI/l^3$　　18. 减小
19. 不可以　　20. 反对称
21. 等于　大于等于

三、计算题

1. (a) $F_{cr} = 5kl/6$，(b) $F_{cr} = kl/3$，(c) $F_{cr} = 2k/l$，(d) $F_{cr} = k/l$

2. (a) $F_{cr} = 6EI/l^2$，(b) $q_{cr} = 8EI/l^3$，(c) $q_{cr} = 8EI/l^2$，(d) $F_{cr} = 24EI/(7l^2)$

3. (a) $\sin(nl) = 0 \left(\text{其中 } n^2 = \dfrac{F}{EI}\right)$，$F_{cr} = \dfrac{\pi^2 EI}{l^2}$

    (b) $\tan(2nl)\tan(\sqrt{1.5}\,nl) = \sqrt{6} \left(\text{其中 } n^2 = \dfrac{F}{EI}\right)$

    (c) $\tan(nl) = nl \left(\text{其中 } n^2 = \dfrac{F}{EI}\right)$

4. $F_{cr} = \dfrac{EI\pi^4\left(1 - \dfrac{1}{\pi}\right) + 32kl^3}{4\pi^2 l^2 \left(1 + \dfrac{1}{\pi}\right)}$

5. $\begin{vmatrix} 1 & 0 & \left(1 - \dfrac{k_3 l}{F}\right) & \dfrac{k_2}{F} \\[2mm] \cos(nl) & \sin(nl) & 0 & \dfrac{k_2}{F} \\[2mm] 0 & n & -\left(\dfrac{k_3}{F} + \dfrac{F - k_3 l}{k_1}\right) & -\dfrac{k_2}{k_1} \\[2mm] -n\sin(nl) & n\cos(nl) & \dfrac{k_3}{F} & 1 \end{vmatrix} = 0$

6. （a）$\tan(nl)=\dfrac{nl}{1+\dfrac{(nl)^2}{10}}$，$n=\sqrt{\dfrac{F}{EI}}$

（b）$\tan(nl)=nl-\dfrac{(nl)^3}{3}$，$n=\sqrt{\dfrac{F}{EI}}$

7. （a）发生反对称失稳，稳定方程：$nl\tan(nl)=12$

（b）发生反对称失稳，稳定方程：$\tan(nl)=\dfrac{6}{nl}$

第十四章　结构的动力计算学习指导及习题集

第一节　学习要求

本章讨论结构的动力计算问题。主要讨论了单自由度体系的自由振动及在常见动荷载作用下的强迫振动，以及多自由度体系的自由振动及在简谐荷载下的强迫振动问题。结构动力计算既是动力设计基础，也是防振、减振措施的理论依据。

学习要求如下：

（1）掌握结构动力分析的特点，以及振动自由度的确定方法；

（2）掌握单自由度体系自由振动微分方程及解答形式，重点掌握振幅、自振频率的计算方法，以及阻尼对振动的影响；

（3）掌握单自由度体系受简谐荷载强迫振动微分方程及解答形式，重点掌握动力系数的概念及计算方法，掌握阻尼对强迫振动的影响；

（4）理解单自由度体系在常见动荷载作用下的动力响应求法；

（5）掌握多自由度体系的自由振动，重点掌握自振频率的计算、主振型的概念与求法，以及主振型的正交性原理；

（6）会计算多自由度体系受简谐荷载作用时的动力反应（动位移、动内力）。

其中，结构动响应（动内力和动位移）变化规律的分析是学习难点。

第二节　基本内容

一、结构动力计算及动力自由度

1. 结构动力计算的特点

动荷载是指荷载的大小、方向和作用点不仅随时间变化，而且加载速率较快。结构在动荷载作用下除抵抗动荷载外，由动载产生的惯性力（即质量乘以加速度）在结构计算中不容忽视。结构在动荷载作用下的内力、位移等量值会随时间发生改变。

2. 动荷载的分类

动荷载按其变化的规律，可按附图 14-1 进行分类。

3. 结构振动自由度

结构在弹性变形过程中确定全部质点位置所需的独立参数的数目，称为结构动力自由度。

判定方法：集中质量法，即将实际结构

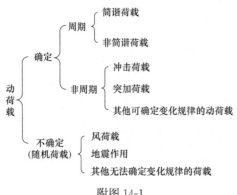

附图 14-1

的质量按一定规则集中在某些几何点上，除这些点之外的杆件是无质量的，从而将无限自由度体系简化为有限自由度体系。

对较简单的体系，振动自由度可直接通过直观法确定；对较复杂体系，若直观法不易确定振动自由度时，可通过附加支杆法来确定。附加支杆法是固定体系中全部质点的位置所需附加支杆的最低数目，即为该体系的振动自由度。

确定振动自由度时，一般可忽略杆件的轴向变形，并认为弯曲变形是微小的。

二、单自由度体系的自由振动

如果结构受到外部干扰发生振动，而在以后的振动过程中不再受外部干扰力的作用，这种振动称为自由振动。

引起自由振动的初始干扰，有两种情况：结构具有初位移 y_0、结构具有初速度 v_0。

1. 不考虑阻尼的情况

（1）建立振动微分方程：刚度法或柔度法

$$m\ddot{y}(t)+ky(t)=0 \text{ 或 } m\ddot{y}(t)+\frac{y(t)}{\delta}=0$$

式中，m 为质点的质量；k 为刚度系数；δ 为柔度系数，且 $\delta=\frac{1}{k}$。

（2）质点振动位移解（简谐周期振动）

$$y(t)=y_0\cos(\omega t)+\frac{v_0}{\omega}\sin(\omega t)=D\sin(\omega t+\varphi)$$

$$D=\sqrt{y_0^2+\frac{v_0^2}{\omega^2}}, \quad \tan\varphi=\frac{y_0\omega}{v_0}$$

式中，y_0 为初始位移；v_0 为初始速度；D 为振幅；φ 为初相位角；ω 为圆频率。

（3）圆频率（自振频率、角频率）ω，即 2π 秒内振动的次数，或单位时间内转过的弧度

$$\omega=\sqrt{\frac{k}{m}}=\sqrt{\frac{1}{m\delta}}=\sqrt{\frac{g}{W\delta}}=\sqrt{\frac{g}{\Delta_{st}}} \text{ （弧度/s，或 s}^{-1}\text{）}$$

式中，W 为质点的重量；g 为重力加速度；Δ_{st} 为质点上沿振动方向作用有数值为 W 的力时，质点沿振动方向的静位移，即：$\Delta_{st}=W\delta$。

（4）周期 T，即振动一次所需的时间

$$T=\frac{2\pi}{\omega}=2\pi\sqrt{\frac{m}{k}}=2\pi\sqrt{m\delta}$$

自振频率 ω（自振周期 T）是结构固有的动力特征，只与质量分布及刚度（或柔度）有关，而与动荷载及初始干扰无关。质点越大（刚度不变），周期越长，振动越慢；刚度越大或柔度越小（质量不变），周期越短，振动越快。

（5）工程频率，即每秒振动的次数

$$f=\frac{1}{T}=\frac{\omega}{2\pi} \text{ （次/s、Hz）}$$

在机器中，常用每分钟内的振动次数 N 来表示频率，则有：

$$N=60f=\frac{60}{2\pi}\sqrt{\frac{k}{m}}=\frac{30}{\pi}\sqrt{\frac{k}{m}}$$

2. 考虑阻尼的情况

（1）黏滞阻尼力

振动中物体所受的阻尼力与其振动速度成正比，即有：

$$F_R = -c\dot{y}(t)$$

式中，c 为阻尼系数，负号表示阻尼力的方向恒与速度的方向相反。

（2）建立振动微分方程：刚度法或柔度法

$$m\ddot{y}(t) + c\dot{y}(t) + ky(t) = 0 \text{ 或 } m\ddot{y}(t) + c\dot{y}(t) + \frac{y(t)}{\delta} = 0$$

（3）低阻尼下（$\xi < 1$ 或 $c < 2m\omega$）振动位移解

$$y = e^{-\xi\omega t}\left[y_0\cos(\omega_d t) + \frac{v_0 + \xi\omega y_0}{\omega_d}\sin(\omega_d t)\right] = e^{-\xi\omega t}D\sin(\omega_d t + \varphi_d)$$

式中，$\xi = \dfrac{c}{2m\omega}$ 为阻尼比；$\omega_d = \omega\sqrt{1-\xi^2}$ 为低阻尼体系的自振频率；$D = \sqrt{y_0^2 + \dfrac{(v_0 + \xi\omega y_0)^2}{\omega_d^2}}$；

$\tan\varphi_d = \dfrac{\omega_d y_0}{v_0 + \xi\omega y_0}$。

（4）低阻尼对自振频率、周期的影响

$$\omega_d = \omega\sqrt{1-\xi^2} < \omega$$

$$T_d = \frac{2\pi}{\omega_d} = \frac{T}{\sqrt{1-\xi^2}} > T$$

阻尼使自振频率降低，周期延长。对一般低阻尼比结构，如 $\xi < 0.2$，阻尼对自振频率的影响可忽略不计，即 $\omega_d \approx \omega$。

（5）低阻尼对振幅 y_{max} 的影响

$$y_{max} = e^{-\xi\omega t}D$$

$$\frac{y_{n+1}}{y_n} = \frac{De^{-\xi\omega(t_n + T_d)}}{De^{-\xi\omega t_n}} = e^{-\xi\omega T_d}$$

式中，y_n 与 y_{n+1} 为相邻两周期的质点振幅。

低阻尼自由振动是一衰减的周期振动，振幅随时间按指数规律衰减：阻尼比越大，衰减越快。最后质点停止在静力平衡位置上，不再振动。

相邻两周期的振幅比为一常数，即振幅是按等比级数递减的。

（6）阻尼比的测定方法

$$\xi \approx \frac{1}{2\pi}\ln\frac{y_n}{y_{n+1}}$$

或

$$\xi \approx \frac{1}{2\pi N}\ln\frac{y_n}{y_{n+N}}$$

式中，y_n 与 y_{n+N} 为相距 N 个周期的振幅。

利用有阻尼振动时振幅衰减的特征，可以用实验方法测定体系的阻尼比：只要测得相邻两周期的质点振幅 y_n、y_{n+1}，或相距 N 个周期的振幅 y_n、y_{n+N}，就可计算得到阻尼比。

（7）临界阻尼（$\xi=1$ 或 $c=2m\omega$）

临界阻尼常数：阻尼比为 1 时所对应的阻尼系数。

$$\xi=\frac{c}{2m\omega}=1\Rightarrow c_r=2m\omega=2\sqrt{mk}$$

阻尼比：实际阻尼系数与临界阻尼常数的比值。

$$\xi=\frac{c}{2m\omega}=\frac{c}{c_r}$$

三、单自由度体系在简谐荷载下的强迫振动

如果结构受到外部干扰发生振动，若在以后的振动过程中还不断受到外部干扰力的作用，这种振动称为强迫振动。

简谐荷载可表示为：

$$F(t)=F\sin(\theta t)$$

式中，F 为简谐荷载幅值；θ 为简谐荷载频率。

1. 不考虑阻尼的情况（简谐荷载沿振动方向直接作用在质点上）

（1）建立振动微分方程：刚度法或柔度法

$$m\ddot{y}(t)+ky(t)=F\sin(\theta t) \text{ 或 } m\ddot{y}(t)+\frac{y(t)}{\delta}=F\sin(\theta t)$$

（2）稳态振动阶段位移解答

$$y(t)=\frac{F}{m(\omega^2-\theta^2)}\sin(\theta t)=\frac{F}{m\omega^2(1-f_t^2)}\sin(\theta t)=y_{st}\frac{1}{(1-f_t^2)}\sin(\theta t)=\beta y_{st}\sin(\theta t)$$

式中，$f_t=\frac{\theta}{\omega}$ 为频率比；$y_{st}=F\delta$，表示将振动荷载幅值 F 作为静荷载作用于质点上时所引起的振动方向静力位移；$\beta=\frac{1}{1-f_t^2}$，称为位移动力系数。

（3）最大动位移（振幅）

$$y_{max}=\frac{F}{m(\omega^2-\theta^2)}=y_{st}\frac{1}{(1-f_t^2)}=\beta y_{st}$$

（4）位移动力系数

位移动力系数表示最大的动力位移与静力位移的比值，即：

$$\beta=\frac{y_{max}}{y_{st}}=\frac{1}{1-f_t^2}$$

对单自由度体系，当干扰力与惯性力的作用重合时，各截面的位移动力系数与内力动力系数是一样的，可统称为动力系数。

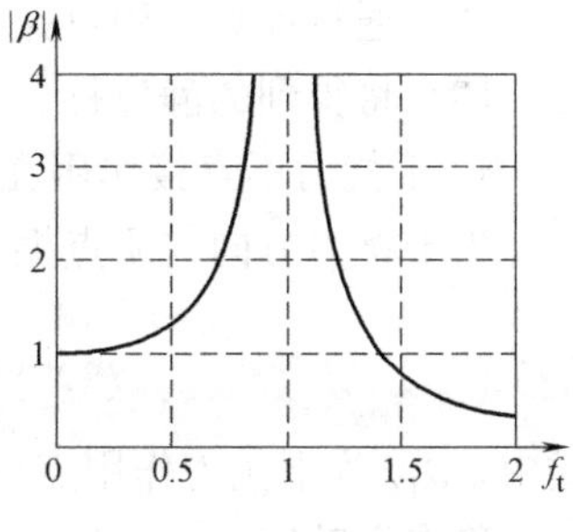

动力系数绝对值 $|\beta|$ 与频率比 $\frac{\theta}{\omega}$ 的关系如附图 14-2 所

附图 14-2

示。当 $\theta/\omega\rightarrow1$ 时，$\beta\rightarrow\infty$。说明当荷载频率接近于体系自振频率时，振幅会无限增大，这种现象称为共振。工程实践中，要避免共振或接近共振。

2. 考虑阻尼的情况（简谐荷载沿振动方向直接作用在质点上）

（1）建立振动微分方程：刚度法或柔度法

$$m\ddot{y}(t)+c\dot{y}(t)+ky(t)=F\sin(\theta t)\ \text{或}\ m\ddot{y}(t)+c\dot{y}(t)+\frac{y(t)}{\delta}=F\sin(\theta t)$$

（2）稳态振动阶段位移解答

$$y=\frac{F}{m[(\omega^2-\theta^2)^2+4(\xi\omega\theta)^2]}[(\omega^2-\theta^2)\sin(\theta t)-2\xi\omega\theta\cos(\theta t)]=D\sin(\theta t-\varphi_{\mathrm{d}})$$

式中，$D=\dfrac{F}{m}\dfrac{1}{\sqrt{(\omega^2-\theta^2)^2+4\xi^2\omega^2\theta^2}}$，相位差 $\varphi_{\mathrm{d}}=\arctan\left(\dfrac{2\xi f_{\mathrm{t}}}{1-f_{\mathrm{t}}^2}\right)$

（3）振幅

$$y_{\max}=\frac{F}{m}\frac{1}{\sqrt{(\omega^2-\theta^2)^2+4\xi^2\omega^2\theta^2}}=\frac{F}{m\omega^2}\frac{1}{\sqrt{(1-f_{\mathrm{t}}^2)^2+4\xi^2f_{\mathrm{t}}^2}}=\beta_{\mathrm{d}}y_{\mathrm{st}}$$

（4）考虑阻尼的动力系数

$$\beta_{\mathrm{d}}=\frac{D}{y_{\mathrm{st}}}=\frac{1}{\sqrt{(1-f_{\mathrm{t}}^2)^2+4\xi^2f_{\mathrm{t}}^2}}$$

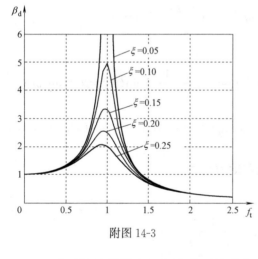

附图 14-3

简谐荷载直接作用于质点上时，考虑阻尼时的动力系数 β_{d} 与频率比 $\dfrac{\theta}{\omega}$ 及阻尼比 ξ 有关，如附图 14-3 所示。可知：当 $\theta\to\omega$（$f_{\mathrm{t}}\to1$）时，ξ 对动力系数 β_{d} 的影响很大。而且随着阻尼比 ξ 的增大，β_{d} 值迅速下降，特别是在 $f_{\mathrm{t}}=1$ 附近，β_{d} 峰值削平最明显。

3. 简谐荷载作用下动位移幅值及动内力幅值的计算步骤

当干扰力与振动方向相同时，动位移幅值及动内力幅值的计算步骤如下：

（1）计算荷载幅值作为静荷载所引起的静位移、静内力；

（2）通过计算结构自振频率从而计算得到动力放大系数；

（3）将得到的静位移、静内力乘以动力放大系数即得动位移幅值、动内力幅值。

4. 干扰力不直接作用在质点上的情况

当干扰力方向与质点振动方向不共线时，由柔度法可得振动方程：

$$m\ddot{y}(t)+\frac{y(t)}{\delta_{11}}=\frac{\delta_{12}}{\delta_{11}}F\sin(\theta t)=F^*(t)\sin(\theta t)$$

式中，δ_{12} 为干扰力作用点处作用单位荷载时质点振动方向产生的位移。

稳态振动解：

$$y(t)=\frac{F}{m(\omega^2-\theta^2)}\frac{\delta_{12}}{\delta_{11}}\sin(\theta t)$$

质点位移最大值（振幅）为：

$$y_{\max} = \frac{F}{m(\omega^2 - \theta^2)} \frac{\delta_{12}}{\delta_{11}} = \frac{F}{1 - f_t^2} \delta_{12} = \frac{1}{1 - f_t^2} y_{st}^* = \beta y_{st}^*$$

质点位移动力放大系数为：

$$\beta = \frac{y_{\max}}{y_{st}^*} = \frac{1}{1 - f_t^2}$$

式中，$y_{st}^* = \delta_{12} F$，表示在荷载作用点处施加荷载幅值 F 而使质点产生的静位移。

特别说明：当动荷载不作用在质点上时，质点位移动力系数与其他位置处的位移动力系数以及内力动力系数是不同的，即体系不能用一个统一的动力系数来表示。

动内力幅值的计算：因位移、惯性力、荷载同时到达幅值，动内力也在同一时间到达幅值。动内力幅值的计算可以在各质点的惯性力幅值及荷载幅值共同作用下，按静力分析方法计算任一截面的动内力幅值，或绘制动内力幅值图。其中，惯性力幅值 F_I^0 为：

$$F_I^0 = m\theta^2 y_{\max}$$

四、双自由度体系的自由振动

1. 振动微分方程

柔度法：

$$\delta_{11} m_1 \ddot{y}_1(t) + \delta_{12} m_2 \ddot{y}_2(t) + y_1(t) = 0$$
$$\delta_{21} m_1 \ddot{y}_1(t) + \delta_{22} m_2 \ddot{y}_2(t) + y_2(t) = 0$$

刚度法：

$$m_1 \ddot{y}_1(t) + k_{11} y_1(t) + k_{12} y_2(t) = 0$$
$$m_2 \ddot{y}_2(t) + k_{21} y_1(t) + k_{22} y_2(t) = 0$$

式中，δ_{ij}、k_{ij} 分别为柔度系数和刚度系数。

2. 频率方程和自振频率

用柔度系数表示：

$$D = \begin{vmatrix} \delta_{11} m_1 - \dfrac{1}{\omega^2} & \delta_{12} m_2 \\ \delta_{21} m_1 & \delta_{22} m_2 - \dfrac{1}{\omega^2} \end{vmatrix} = 0$$

即：

$$\lambda_{1,2} = \frac{(\delta_{11} m_1 + \delta_{22} m_2) \pm \sqrt{(\delta_{11} m_1 + \delta_{22} m_2)^2 - 4(\delta_{11}\delta_{22} - \delta_{12}\delta_{21}) m_1 m_2}}{2}, \quad \left. \begin{array}{l} \omega_1 = \dfrac{1}{\sqrt{\lambda_1}} \\ \\ \omega_2 = \dfrac{1}{\sqrt{\lambda_2}} \end{array} \right\}$$

用刚度系数表示：

$$D = \begin{vmatrix} k_{11} - \omega^2 m_1 & k_{12} \\ k_{21} & k_{22} - \omega^2 m_2 \end{vmatrix} = 0$$

即：

$$\omega_{1,2}^2 = \frac{1}{2} \left[\left(\frac{k_{11}}{m_1} + \frac{k_{22}}{m_2} \right) \pm \sqrt{\left(\frac{k_{11}}{m_1} + \frac{k_{22}}{m_2} \right)^2 - \frac{4(k_{11} k_{22} - k_{12} k_{21})}{m_1 m_2}} \right]$$

双自由度体系有两个自振频率。较小的圆频率，用 ω_1 表示，称为第一圆频率或基本圆频率；另一圆频率 ω_2，称为第二圆频率。频率的数目总是与动力自由度数目相等。

3. 主振型

当结构按某一自振频率作自由振动时，任一时刻各质点位移之间的比值保持不变，即其变形形状保持不变，这种特殊的振动形式称为主振型。

用柔度系数表示：

第一主振型（体系按 ω_1 振动）：$\dfrac{Y_1^{(1)}}{Y_2^{(1)}} = -\dfrac{\delta_{12}m_2}{\delta_{11}m_1 - \dfrac{1}{\omega_1^2}} = -\dfrac{\delta_{22}m_2 - \dfrac{1}{\omega_1^2}}{\delta_{21}m_1}$

第二主振型（体系按 ω_2 振动）：$\dfrac{Y_1^{(2)}}{Y_2^{(2)}} = -\dfrac{\delta_{12}m_2}{\delta_{11}m_1 - \dfrac{1}{\omega_2^2}} = -\dfrac{\delta_{22}m_2 - \dfrac{1}{\omega_2^2}}{\delta_{21}m_1}$

用刚度系数表示：

第一主振型（体系按 ω_1 振动）：$\dfrac{Y_1^{(1)}}{Y_2^{(1)}} = -\dfrac{k_{12}}{k_{11} - m_1\omega_1^2} = -\dfrac{k_{22} - m_2\omega_1^2}{k_{21}}$

第二主振型（体系按 ω_2 振动）：$\dfrac{Y_1^{(2)}}{Y_2^{(2)}} = -\dfrac{k_{12}}{k_{11} - m_1\omega_2^2} = -\dfrac{k_{22} - m_2\omega_2^2}{k_{21}}$

式中，$Y_1^{(1)}$、$Y_2^{(1)}$ 分别为与频率 ω_1 相应的质点振幅；$Y_1^{(2)}$、$Y_2^{(2)}$ 分别为与频率 ω_2 相应的质点振幅。

五、n 自由度体系的自由振动

1. 振动微分方程

柔度法：

$$\boldsymbol{y} + \boldsymbol{\delta M} \ddot{\boldsymbol{y}} = 0$$

刚度法：

$$\boldsymbol{M}\ddot{\boldsymbol{y}} + \boldsymbol{K}\boldsymbol{y} = 0$$

式中，$\boldsymbol{y}$ 为位移列向量；$\boldsymbol{M}$ 为质量矩阵；$\ddot{\boldsymbol{y}}$ 为加速度列向量；$\boldsymbol{K}$ 为刚度矩阵；$\boldsymbol{\delta}$ 为柔度矩阵，它们分别为：

$$\boldsymbol{M} = \begin{pmatrix} m_1 & & & \boldsymbol{0} \\ & m_2 & & \\ & & \ddots & \\ \boldsymbol{0} & & & m_n \end{pmatrix}, \; \boldsymbol{\delta} = \begin{pmatrix} \delta_{11} & \delta_{12} & \cdots & \delta_{1n} \\ \delta_{21} & \delta_{22} & \cdots & \delta_{2n} \\ & & \cdots & \\ \delta_{n1} & \delta_{n2} & \cdots & \delta_{nn} \end{pmatrix}, \; \boldsymbol{K} = \begin{pmatrix} k_{11} & k_{12} & \cdots & k_{1n} \\ k_{21} & k_{22} & \cdots & k_{2n} \\ & & \cdots & \\ k_{n1} & k_{n2} & \cdots & k_{nn} \end{pmatrix}$$

$$\boldsymbol{y} = \begin{pmatrix} y_1 \\ y_2 \\ \vdots \\ y_n \end{pmatrix}, \; \ddot{\boldsymbol{y}} = \begin{pmatrix} \ddot{y}_1 \\ \ddot{y}_2 \\ \vdots \\ \ddot{y}_n \end{pmatrix}$$

2. 频率方程

用柔度矩阵表示：

$$\left| \boldsymbol{\delta} \boldsymbol{M} - \frac{1}{\omega^2} \boldsymbol{I} \right| = \boldsymbol{0}$$

用刚度矩阵表示：

$$|\boldsymbol{K} - \omega^2 \boldsymbol{M}| = \boldsymbol{0}$$

式中，$\boldsymbol{I}$ 为单位矩阵。

以刚度矩阵（或柔度矩阵）表示的频率方程，展开可得到一个关于频率参数 ω^2 的 n 次代数方程，由此可求出 n 个自振频率，其中最小的频率叫基本频率或第一频率，其后按数值由小到大依次排列，并称为第二频率、第三频率等。

3. 主振型

用柔度矩阵表示：

$$\left(\boldsymbol{\delta} \boldsymbol{M} - \frac{1}{\omega_k^2} \boldsymbol{I} \right) \boldsymbol{Y}^{(k)} = \boldsymbol{0}$$

用刚度矩阵表示：

$$(\boldsymbol{K} - \omega_k^2 \boldsymbol{M}) \boldsymbol{Y}^{(k)} = \boldsymbol{0}$$

式中，$\boldsymbol{Y}^{(k)}$ 为与频率 ω_k 相应的振幅列向量，即：

$$\boldsymbol{Y}^{(k)} = \begin{bmatrix} Y_1^{(k)} \\ Y_2^{(k)} \\ \cdots \\ Y_n^{(k)} \end{bmatrix}$$

分别取 $k = 1$、2、$\cdots$、n，确定与各频率 ω_1、ω_2、$\cdots$、ω_n 相对应的各质点振幅间的比值（主振型）。为了使主振型振幅 $\boldsymbol{Y}^{(k)}$ 具有确定值，通常需做标准化处理（标准化振型）：规定主振型 $\boldsymbol{Y}^{(k)}$ 中的某个元素为 1，如第一个或最后一个，即：$Y_1^{(k)} = 1$ 或 $Y_n^{(k)} = 1$。

4. 刚度矩阵和柔度矩阵的关系

$$\boldsymbol{K} = \boldsymbol{\delta}^{-1}$$

刚度矩阵 $\boldsymbol{K}$ 与柔度矩阵 $\boldsymbol{\delta}$ 互为逆矩阵，但刚度矩阵中的元素 k_{ij} 与柔度矩阵中的元素 δ_{ij} 并非简单的倒数关系。

六、主振型的正交性

1. 第一正交性

具有 n 个自由度体系的第 i 主振型和第 j 主振型以质量作为权的正交性质，称为第一正交性，即：

$$(\boldsymbol{Y}^{(i)})^{\mathrm{T}} \boldsymbol{M} \boldsymbol{Y}^{(j)} = \boldsymbol{0}$$

对双自由度体系，两个主振型的第一正交性可表示为：

$$m_1 Y_1^{(1)} Y_2^{(1)} + m_2 Y_1^{(2)} Y_2^{(2)} = 0$$

2. 第二正交性

具有 n 个自由度体系的第 i 主振型和第 j 主振型以刚度作为权的正交性质，称为第二正交性，即：

$$(\boldsymbol{Y}^{(i)})^{\mathrm{T}} \boldsymbol{K} \boldsymbol{Y}^{(j)} = \boldsymbol{0}$$

振型正交性的物理意义：表明体系按某一振型振动时，它的惯性力不会在其他振型上做功。也就是说它的能量不会转移到其他振型上去，从而激起按其他振型的振动，因而各振型可以单独出现。主振型的正交型是体系本身所固有而与外加荷载无关的一种特性。主振型的正交型对标准化振型向量也是成立的。

应用主振型的正交性，可以使多自由度体系的动力计算大大简化，同时也可利用它作为检查所得振型是否正确的一个准则。

七、多自由度体系在简谐荷载作用下的强迫振动

1. 振动微分方程

柔度法：

$$y + \delta M \ddot{y} = \Delta_P \sin(\theta t)$$

刚度法：

$$M \ddot{y} + K y = F \sin(\theta t)$$

式中，Δ_P 为简谐荷载幅值引起的静位移列向量；F 为由简谐荷载幅值构成的向量，分别为：

$$\Delta_P = \begin{Bmatrix} \Delta_{1P} \\ \cdots \\ \Delta_{iP} \\ \cdots \\ \Delta_{nP} \end{Bmatrix}, \quad F = \begin{Bmatrix} F_1 \\ \cdots \\ F_i \\ \cdots \\ F_n \end{Bmatrix}$$

2. 质点振幅（稳态振动阶段的振幅方程）

柔度矩阵表示：

$$\left(\delta M - \frac{1}{\theta^2} I \right) Y + \frac{1}{\theta^2} \Delta_P = 0$$

对双自由度体系，由刚度系数表示的振幅方程为：

$$\begin{cases} (m_1 \theta^2 \delta_{11} - 1) Y_1 + m_2 \theta^2 \delta_{12} Y_2 + \Delta_{1P} = 0 \\ m_1 \theta^2 \delta_{21} Y_1 + (m_2 \theta^2 \delta_{22} - 1) Y_2 + \Delta_{2P} = 0 \end{cases}$$

刚度矩阵表示：

$$(K - \theta^2 M) Y = F$$

对双自由度体系，由刚度系数表示的振幅方程为：

$$\begin{cases} (k_{11} - m_1 \theta^2) Y_1 + k_{12} Y_2 = F_1 \\ k_{21} Y_1 + (k_{22} - m_2 \theta^2) Y_2 = F_2 \end{cases}$$

解振幅方程即可求得各质点在纯强迫振动中的振幅。

3. 动内力幅值的计算

因位移、惯性力、荷载同时到达幅值，动内力也在同一时间到达幅值。动内力幅值的计算可以在各质点的惯性力及荷载幅值共同作用下，按静力分析方法计算任一截面的动内力幅值，或绘制动内力幅值图。也可以采用叠加方法求解。

其中，各质点的惯性力幅值 F_{Ii}^0 为：

$$F_{Ii}^0 = m_i \theta^2 Y_i$$

第三节 例题分析

【附例 14-1】 求如附图 14-4（a）所示体系的自振频率和周期。已知各杆 EI 为常数。

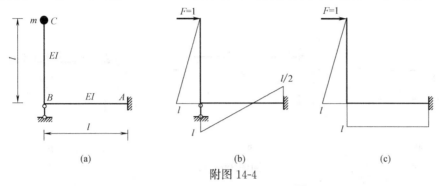

附图 14-4

(a) 计算简图；(b) M 图；(c) $\overline{M}$ 图

【解】 该体系为单自由度振动问题，采用柔度法计算较方便。

沿质点振动方向施加水平单位力 $F=1$，作 M 图，如附图 14-4（b）所示。这里，原结构是超静定结构，可以先作柱 BC 弯矩图，再作横梁 AB 的弯矩图。再在原结构的力法基本结构上沿水平方向加单位力，作 $\overline{M}$ 图。由图乘法有：

$$\delta = \sum \int \frac{\overline{M}M}{EI} \mathrm{d}x = \frac{1}{EI}\left(\frac{1}{2}l^2 \times \frac{2}{3}l - \frac{1}{2}l \times \frac{1}{2}l \times l + \frac{1}{2}l^2 \times l\right) = \frac{7l^3}{12EI}$$

因此，自振频率和自振周期分别为：

$$\omega = \sqrt{\frac{1}{m\delta}} = \sqrt{\frac{12EI}{7ml^3}}, \ T = \frac{2\pi}{\omega} = \pi\sqrt{\frac{7ml^3}{3EI}}$$

【附例 14-2】 求如附图 14-5（a）所示体系的自振频率。已知 $m_1 = 2m$，$m_2 = m$，EI 为常数，忽略各杆件的轴向变形。

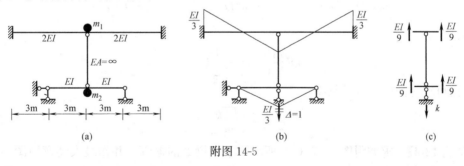

附图 14-5

【解】 若忽略杆件的轴向变形，两质点仅有沿竖向一个动力自由度。该体系为超静定结构，采用刚度法求刚度系数较容易。

在质点沿竖向附加一个支杆，当支杆沿竖向振动方向发生单位位移时，附加支杆中产生的力即为刚度系数。使支杆沿竖向发生单位位移，作弯矩图如附图 14-5（b）所示。截取隔离体（如附图 14-5c），由竖向平衡条件可得：

$$k = \frac{4EI}{9}$$

因此，自振频率为：

$$\omega = \sqrt{\frac{k}{m_1 + m_2}} = \frac{2}{3}\sqrt{\frac{EI}{3m}}$$

【附例 14-3】 求如附图 14-6（a）所示体系的自振频率。已知杆件 $EI = \infty$，分布质量 $\overline{m} = m/l$。

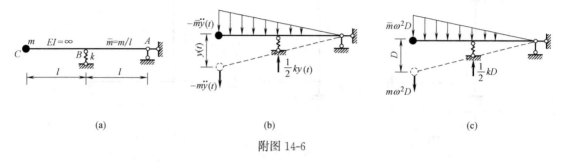

附图 14-6

【解】 可以先建立运动方程。设振动任一时刻 t，质点 m 的位移为 $y(t)$，则体系上所受的惯性力及弹性支承反力如附图 14-6（b）所示。由整体的力矩平衡条件 $\sum M_A = 0$，有：

$$(-m\ddot{y}(t)) \times 2l + \frac{1}{2} \times 2l \times (-m\ddot{y}(t)) \times \frac{2}{3} \times 2l - \frac{1}{2}ky(t) \times l = 0$$

从而可得运动方程为：

$$\ddot{y}(t) + \frac{3k}{20m}y(t) = 0$$

自振频率为：

$$\omega = \sqrt{\frac{3k}{20m}}$$

也可以利用幅值方程来计算自振频率。设集中质点的振幅为 D，将惯性力幅值及弹性支承的反力作用在体系上，如附图 14-6（c）所示。由平衡条件件 $\sum M_A = 0$ 得：

$$m\omega^2 D \times 2l + \frac{1}{2} \times 2l \times \overline{m}\omega^2 D \times \frac{2}{3} \times 2l - \frac{1}{2}kD \times l = 0$$

即：

$$Dl\left(\frac{10}{3}m\omega^2 - \frac{1}{2}k\right) = 0$$

从而可求得同样的自振频率：

$$\omega = \sqrt{\frac{3k}{20m}}$$

【附例 14-4】 求如附图 14-7（a）所示刚架横梁处的振幅，并作最大动弯矩图。已知柱 EI 为常数，横梁 $EI_1 = \infty$，体系质量均集中在横梁处，简谐荷载频率 $\theta = 3\sqrt{\frac{EI}{ml^3}}$。

【解】 （1）求自振频率

在水平振动方向加支承链杆，令其产生单位位移，如附图 14-7（b）所示，求得刚度系数为：

$$k = \frac{36EI}{l^3}$$

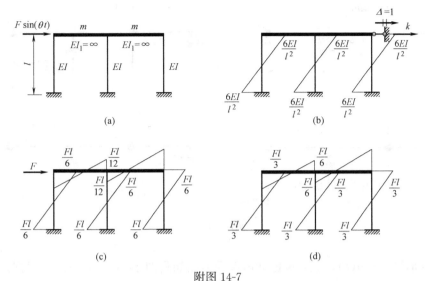

附图 14-7

自振频率为：

$$\omega = \sqrt{\frac{k}{m}} = \sqrt{\frac{36EI}{2ml^3}} = \sqrt{\frac{18EI}{ml^3}}$$

（2）求动力系数

$$\beta = \frac{1}{1 - \theta^2/\omega^2} = 2$$

（3）求横梁处位移最大值

静位移为：

$$y_{st} = \frac{F}{k} = \frac{Fl^3}{36EI}$$

振幅为：

$$y_{max} = \beta y_{st} = \frac{Fl^3}{18EI}$$

（4）作最大动弯矩图

将荷载幅值 F 作为静载作用下的 M 图，如附图 14-7（c）所示。将静载下的 M 图放大 β 倍，即为最大动弯矩图，如附图 14-7（d）所示。

【附例 14-5】 如附图 14-8（a）所示体系中作用有简谐荷载 $F\sin(\theta t)$，抗移动弹性支承的刚度系数为 k，各杆 $EI = \infty$，两个集中质量均为 m，杆本身质量不计。不考虑阻尼作用，要求：

（1）建立该体系振动方程，并求自振频率；

（2）求右端质点的振幅；

（3）绘动弯矩幅值图。

【解】 由于 $EI = \infty$，体系仅可绕 A 端转动，因而该体系属于两质点的单自由体系的振动问题。

（1）建立运动方程并求自振频率

设任一振动时间 t，D 质点振动到任一位置 $y(t)$，则 C 处质点振动位移为 $\frac{1}{3}y(t)$，

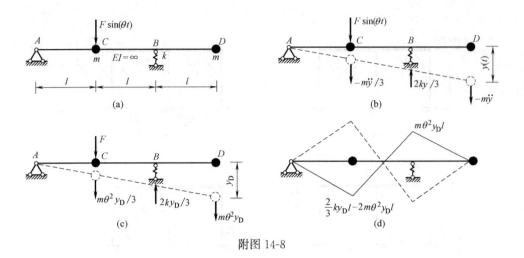

附图 14-8

弹簧支座变形量为 $\frac{2}{3}y(t)$，此时该振动体系受力图如附图 14-8（b）所示。根据达朗贝尔原理，当施加惯性力时，体系处于瞬时动平衡状态，可列动平衡方程。

由平衡条件 $\sum M_A = 0$ 有：

$$-m\ddot{y}(t) \times 3l - \frac{2}{3}ky(t) \times 2l - \frac{1}{3}m\ddot{y}(t) \times l + F\sin(\theta t) \times l = 0$$

即得振动微分方程为：

$$m\ddot{y}(t) + \frac{2}{5}ky(t) = \frac{3}{10}F\sin(\theta t)$$

由上述运动方程可知，广义刚度为：

$$k^* = \frac{2}{5}k$$

则体系的自振频率为：

$$\omega = \sqrt{\frac{k^*}{m}} = \sqrt{\frac{2k}{5m}}$$

（2）求 D 处质点的振幅

设质点 D 处振幅为 y_D，根据位移、惯性力、荷载同时到达幅值，此时两质点处惯性力幅值分别为：$m\theta^2 y_D$、$\frac{1}{3}m\theta^2 y_D$，弹簧支座支力为 $\frac{2}{3}ky_D$，如附图 14-8（c）所示。由平衡条件 $\sum M_A = 0$ 得：

$$m\theta^2 y_D \times 3l + \frac{1}{3}m\theta^2 y_D \times l - \frac{2}{3}ky_D \times 2l + F \times l = 0$$

从而求得 D 端质点振幅值为：

$$y_D = \frac{3F}{4k - 10m\theta^2}$$

（3）绘动弯矩幅值图

因位移、惯性力、荷载同时到达幅值，动内力也在同一时间到达幅值。动内力幅值计算时可以在各质点的惯性力幅值及荷载幅值共同作用下，按静力分析方法绘制动内力幅值图，如附图 14-8（d）所示为动弯矩幅值图。

【附例 14-6】 如附图 14-9（a）所示两层刚架，各柱 EI 均为常数，各横梁 $EI=\infty$，质量集中在横梁上，且 $m_1=m_2=m$，求刚架水平振动时的自振频率及主振型。

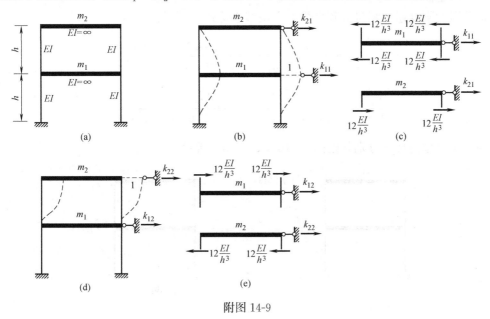

附图 14-9

【解】 刚架水平振动下，计算刚度系数比柔度系数简单，所以用刚度法求解。

（1）计算刚度系数

当仅质点 m_1 沿振动方向有单位水平位移时，在质点 m_1、m_2 振动方向上所产生的约束力即为刚度系数 k_{11}、k_{21}，如附图 14-9（b）所示。分别取质点 m_1、m_2 为隔离体，如附图 14-9（c）所示，根据柱端剪力利用平衡条件求得：

$$k_{11}=\frac{48EI}{h^3},\ k_{21}=-\frac{24EI}{h^3}$$

同理，当仅质点 m_2 沿振动方向有单位水平位移时（附图 14-9d），分别取质点 m_1、m_2 为隔离体（附图 14-9e），利用平衡条件求得刚度系数：

$$k_{12}=-\frac{24EI}{h^3},\ k_{22}=\frac{24EI}{h^3}$$

（2）计算自振频率

将刚度系数代入频率计算公式，为计算方便这里令 $k=\dfrac{24EI}{h^3}$，则有：

$$k_{11}=2k,\ k_{12}=k_{21}=-k,\ k_{22}=k$$

$$\omega^2=\frac{1}{2m}\left[3k\pm\sqrt{(3k)^2-4(2k^2-k^2)}\right]=\frac{3\pm\sqrt{5}}{2m}k$$

由此可得两个自振频率分别为：

$$\omega_1=0.618\sqrt{\frac{k}{m}}=3.028\sqrt{\frac{EI}{mh^3}}$$

$$\omega_2 = 1.618\sqrt{\frac{k}{m}} = 7.927\sqrt{\frac{EI}{mh^3}}$$

（3）求主振型

将求得的刚度系数和自振频率代入主振型表达式，可得：

$$\frac{Y_1^{(1)}}{Y_2^{(1)}} = -\frac{k_{12}}{k_{11} - m_1\omega_1^2} = -\frac{(-k)}{2k - 0.382k} = \frac{1}{1.618}$$

$$\frac{Y_1^{(2)}}{Y_2^{(2)}} = -\frac{k_{12}}{k_{11} - m_1\omega_2^2} = -\frac{(-k)}{2k - 2.618k} = \frac{1}{0.618}$$

两个主振型的形状分别如附图 14-10（a）、（b）所示。

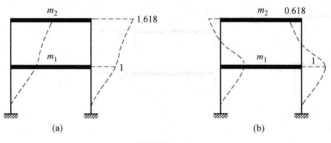

附图 14-10

【附例 14-7】 如附图 14-11（a）所示桁架结构，各杆 EA 均为常数，集中质量为 m，杆件分布质量不计，求其自振频率及主振型。

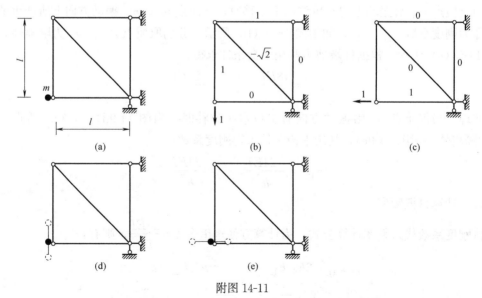

附图 14-11

(a) 计算简图；(b) $\overline{F}_{N1}$ 图；(c) $\overline{F}_{N2}$ 图；(d) 主振型 1；(e) 主振型 2

【解】 （1）求柔度系数

分别沿质点两个振动方向上施加单位力，作 $\overline{F}_{N1}$、$\overline{F}_{N2}$ 图，分别如附图 14-11（b）、（c）所示。

$$\delta_{11} = \sum \frac{\overline{F}_{N1}^2 l}{EA} = \frac{4l}{EA}, \quad \delta_{22} = \sum \frac{\overline{F}_{N2}^2 l}{EA} = \frac{l}{EA}, \quad \delta_{12} = \delta_{21} = \sum \frac{\overline{F}_{N1}\overline{F}_{N2} l}{EA} = 0$$

（2）求自振频率

频率方程为：

$$\begin{vmatrix} \delta_{11}m_1 - \dfrac{1}{\omega^2} & \delta_{12}m_2 \\[2mm] \delta_{21}m_1 & \delta_{22}m_2 - \dfrac{1}{\omega^2} \end{vmatrix} = \left(\delta_{11}m - \dfrac{1}{\omega^2}\right)\left(\delta_{22}m - \dfrac{1}{\omega^2}\right) = 0$$

解得两个自振频率分别为：

$$\omega_1 = \sqrt{\frac{1}{\delta_{11}m}} = 0.5\sqrt{\frac{EA}{ml}}, \quad \omega_2 = \sqrt{\frac{1}{\delta_{22}m}} = \sqrt{\frac{EA}{ml}}$$

（3）确定主振型

振型方程为：

$$\begin{cases} \left(\delta_{11}m_1 - \dfrac{1}{\omega^2}\right)Y_1 + \delta_{12}m_2 Y_2 = 0 \\[3mm] \delta_{21}m_1 Y_1 + \left(\delta_{22}m_2 - \dfrac{1}{\omega^2}\right)Y_2 = 0 \end{cases}$$

将 ω_1 代入上式，可得：$Y_2^{(1)} = 0$；将 ω_2 代入上式，可得：$Y_1^{(2)} = 0$。因此，两主振型分别为：

$$Y^{(1)} = \begin{bmatrix} 1 \\ 0 \end{bmatrix}, \quad Y^{(2)} = \begin{bmatrix} 0 \\ 1 \end{bmatrix}$$

两个主振型形态分别如附图 14-11（d）、（e）所示。

【附例 14-8】 如附图 14-12（a）所示体系中，各杆 EI 为常数，简谐荷载频率 $\theta = 2\sqrt{\dfrac{EI}{ml^3}}$，求质量处的最大竖向位移和最大水平位移，并绘制最大的动力弯矩图。

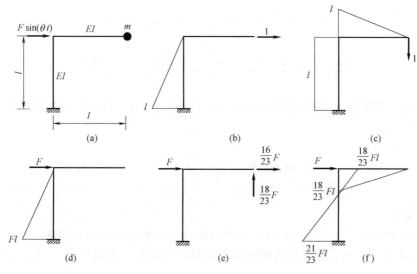

附图 14-12

（a）计算简图；（b）$\overline{M}_1$ 图；（c）$\overline{M}_2$ 图；（d）M_P 图；（e）动载幅值作用；（f）M 幅值图

【解】 (1) 求柔度系数

沿两个振动方向分别施加单位力，并作其弯矩图 $\overline{M}_1$、$\overline{M}_2$，分别如附图 14-12（b）、（c）所示。由图乘法可得：

$$\delta_{11} = \sum \int \frac{\overline{M}_1^2 \mathrm{d}x}{EI} = \frac{l^3}{3EI}, \ \delta_{22} = \sum \int \frac{\overline{M}_2^2 \mathrm{d}x}{EI} = \frac{4l^3}{3EI}$$

$$\delta_{12} = \delta_{21} = \sum \int \frac{\overline{M}_1 \overline{M}_2 \mathrm{d}x}{EI} = \frac{l^3}{2EI}$$

（2）计算荷载幅值所产生的静力位移 Δ_{1P}、Δ_{2P}

作体系在荷载幅值作用下的弯矩图 M_P，如附图 14-12（d）所示。由图乘法计算可得：

$$\Delta_{1P} = \sum \int \frac{\overline{M}_1 M_P \mathrm{d}x}{EI} = \frac{Fl^3}{3EI}, \quad \Delta_{2P} = \sum \int \frac{\overline{M}_2 M_P \mathrm{d}x}{EI} = \frac{Fl^3}{2EI}$$

（3）计算质点振幅 Y_1、Y_2

将求得的柔度系数、Δ_{1P}、Δ_{2P} 及 $\theta = 2\sqrt{\dfrac{EI}{ml^3}}$ 代入振幅方程式得：

$$\begin{cases} (m_1 \theta^2 \delta_{11} - 1)Y_1 + m_2 \theta^2 \delta_{12} Y_2 + \Delta_{1P} = 0 \\ m_1 \theta^2 \delta_{21} Y_1 + (m_2 \theta^2 \delta_{22} - 1)Y_2 + \Delta_{2P} = 0 \end{cases}$$

从而求得质点沿水平方向及竖直方向的振幅分别为：

$$Y_1 = \frac{4Fl^3}{23EI}(\rightarrow), \ Y_2 = \frac{9Fl^3}{46EI}(\uparrow)$$

（4）计算动内力幅值

先计算惯性力幅值：

$$F_{I1}^0 = m_1 \theta^2 Y_1 = m \times \frac{4EI}{ml^3} \times \frac{4Fl^3}{23EI} = \frac{16}{23}F$$

$$F_{I2}^0 = m_2 \theta^2 Y_2 = m \times \frac{4EI}{ml^3} \times \left(-\frac{9Fl^3}{46EI}\right) = -\frac{18}{23}F$$

动弯矩幅值的计算可以根据附图 14-12（e）所示，按静力方法由平衡条件求得，如附图 14-12（f）所示。

第四节　本　章　习　题

一、判断题

1. 在结构计算中，大小、方向随时间变化的荷载都必须按动荷载考虑。　　　（　　）

2. 如附图 14-13 所示荷载对结构的作用可看作静荷载还是动荷载，取决于荷载值 F 的大小。　　　　　　　　　　　　　　　　　　　　　　　　　　　　　　　（　　）

3. 欲使如附图 14-14 所示体系的自振频率增大，可将铰支座改为固定支座。杆身质

量不计。 （ ）

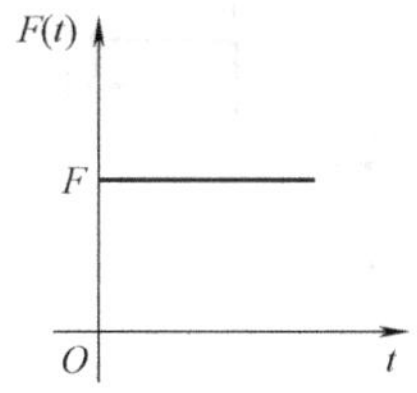

附图 14-13

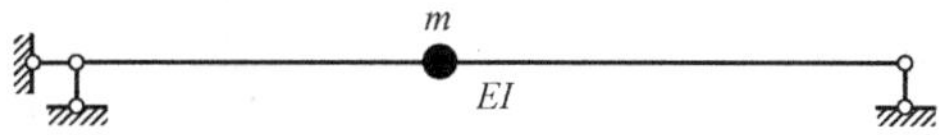

附图 14-14

4. 在如附图 14-15 所示体系中，若要使其自振频率 ω 增大，可以增大杆件刚度 EI 值。杆重不计。 （ ）

5. 如附图 14-16 所示桁架，杆重不计，各杆 EA 为常数，在结点 C 处有重物 W，在 C 点的竖向初始位移干扰下，重物 W 将作竖向自由振动。 （ ）

6. 当结构中某杆件的刚度增大时，结构的自振频率一定增大。 （ ）

7. 如附图 14-17 所示为双自由度振动体系，其自振频率是指质点按主振型形式振动时的频率。 （ ）

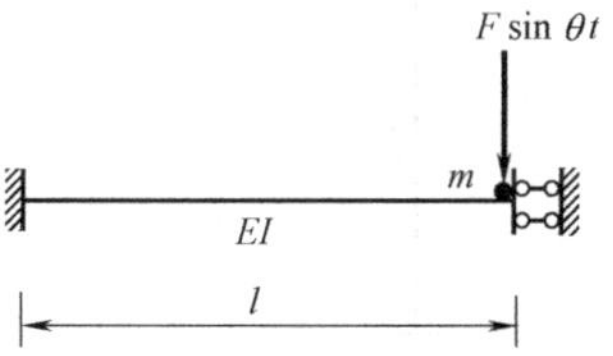

附图 14-15

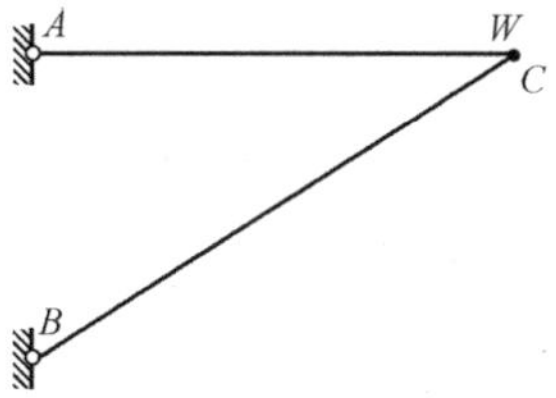

附图 14-16

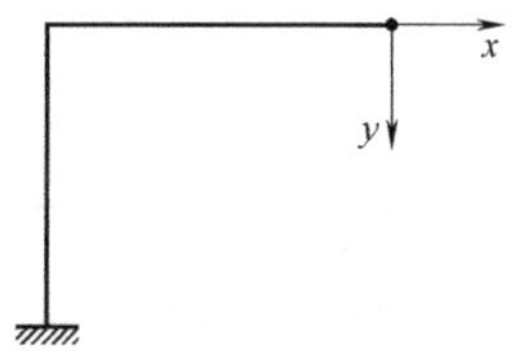

附图 14-17

8. 在振动过程中，体系的重力对动力位移不会产生影响。 （ ）

9. 多自由度体系不存在共振现象，共振是单自由度体系振动固有现象。 （ ）

10. 多自由度体系的自振频率个数与自由度个数相等。 （ ）

11. 由于阻尼的存在，任何振动都不会长期继续下去。 （ ）

12. 无阻尼多自由度体系按主振型做自由振动时，各质点位移（速度）的比值都保持不变，都等于各质点振幅的比值。 （ ）

二、填空题

1. 动力计算与静力计算的本质区别是_____。

2. 如附图 14-18 所示各体系的动力自由度数目分别是_____、_____、_____、_____、_____。已知各集中质点略去其转动惯量，杆件质量略去不计，梁式杆不考虑轴向变形。

3. 建立振动微分方程的方法有_____和_____。

4. 引起体系产生自由振动的原因有_____或_____。

5. 如附图 14-19 所示，质量为 m 的重物从悬臂梁的端部高 h 处自由下落，梁本身质量忽略不计，则悬臂梁产生振动的初始条件可表示为：_____。记初位移为 y_0、初速度为 v_0，杆件刚度 EI 为常数。

6. 如附图 14-20 所示体系中，重物重量 $W＝9.8kN$。欲使柱顶产生水平位移 $\Delta＝0.01m$，需加水平力 $F＝16kN$，则该体系的自振频率 $\omega＝$_____。

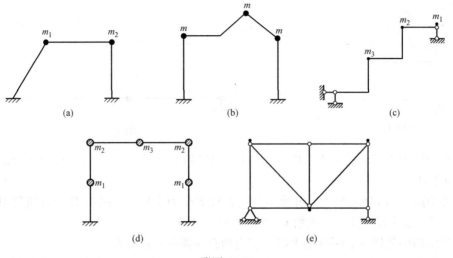

附图 14-18

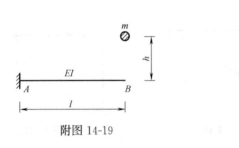

附图 14-19

附图 14-20

7. 如附图 14-21 所示悬臂梁，集中质量为 m，不计杆件本身的质量。已知在 B 点作用竖直向下单位力时可使 B 点产生垂直向下的位移为 δ_B，则该结构的自振频率 $\omega =$ _____。

8. 如附图 14-22 所示梁，在集中重量 W 作用下，C 点的竖向位移 $\Delta_C = 1$cm，则该体系的自振周期 $T =$ _____。

附图 14-21

附图 14-22

9. 如附图 14-23 所示体系的自振频率 $\omega =$ _____。已知 EI 为常数，集中质量为 m（杆质量不计）。

10. 如附图 14-24 所示体系的自振频率 $\omega =$ _____。已知杆刚度 EI 为常数，集中质量为 m，杆身质量不计，抗移动弹性支座刚度为 k。

11. 如附图 14-25（a）所示体系的自振频率 ω_a，若在集中质量处添加抗移动弹性支座（其刚度系数 k），如附图 14-25（b）所示，则该体系的自振频率 $\omega_b =$ _____。

12. 如附图 14-26 所示简支梁，材料弹性模量 $E = 2.45 \times 10^4$MPa，截面惯性矩 $I = 6.4 \times 10^{-3}$m^4，质点质量 $m = 5000$kg，杆身质量不计。已知质点 m 的初速度 $v_0 = 10$mm/s，则质点产生的最大动位移 $y_{max} =$ _____。

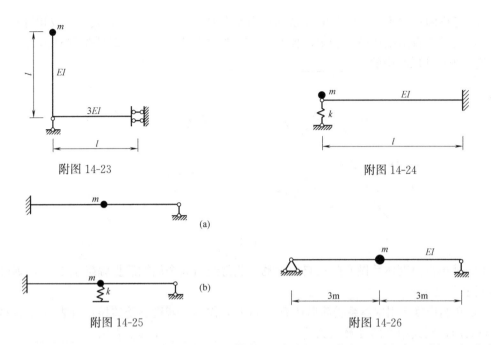

附图 14-23

附图 14-24

(a)

(b)

附图 14-25

附图 14-26

13. 如附图 14-27 所示几种支承情况的等截面单跨梁，跨度、刚度都一样，在跨中都作用有一集中质点，不考虑梁自重，自振频率分别记为 ω_a、ω_b、ω_c 及 ω_d，则比较它们的大小关系为_____，这说明结构的自振频率与_____有关。

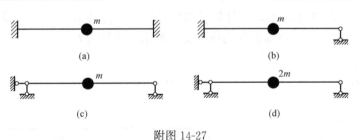

(a)

(b)

(c)

(d)

附图 14-27

14. 如附图 14-28 所示排架水平振动时的圆频率 ω = _____。已知横梁 $EA = \infty$，柱 EI 均为常数，横梁质量均为 m，柱质量不计。

15. 如附图 14-29 所示体系承受简谐荷载 $F\sin(\theta t)$ 作用，质点 m 的运动方程可表示为_____。已知杆件抗弯刚度 EI 为常数，杆身质量不计。

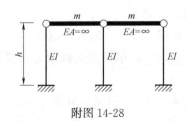

附图 14-28

附图 14-29

16. 单自由度体系在简谐荷载作用下发生强迫振动，当简谐荷载的频率与结构的自振频率相同时，会出现_____现象。

17. 考虑阻尼比不考虑阻尼时体系的自振频率要_____。（填大或小或相等）

18. 对某单自由度体系，若阻尼比 $\xi=1.2$，则该体系自由振动时的位移时程曲线的形状可能为附图 14-30 中的_____。

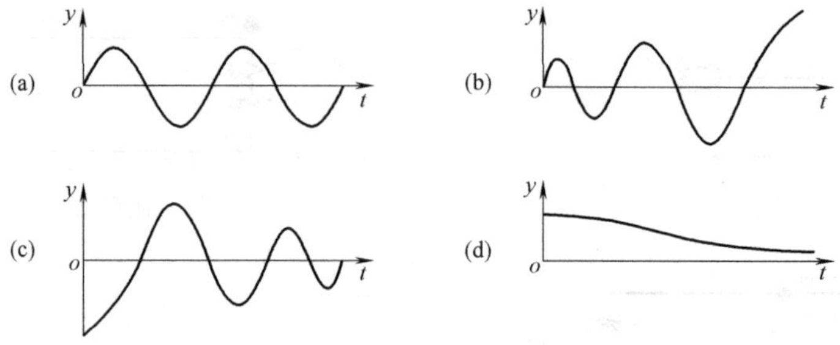

附图 14-30

19. 某单自由度体系做有阻尼自由振动，测得经历 5 个周期后振幅降至 12%，则可计算得到阻尼比 $\xi=$_____。

20. 单自由度无阻尼体系受简谐荷载 $F\sin(\theta t)$ 作用，若稳态受迫振动可表示为 $y(t)=\beta y_{\text{st}}\sin(\theta t)$，则式中 β 的计算公式为_____，y_{st} 表示_____

_____。

21. 如附图 14-31 所示体系受简谐荷载 $F\sin(\theta t)$ 作用，荷载频率 $\theta=\omega\sqrt{2}/2$（ω 为自振频率），则其动力系数 β_____。不计阻尼，杆身质量不计。

22. 如附图 14-32 所示体系，不计阻尼和杆件质量，杆件 $EI=\infty$，若使其发生共振，则荷载频率 $\theta=$_____。已知抗移动弹性支座的刚度系数为 k。

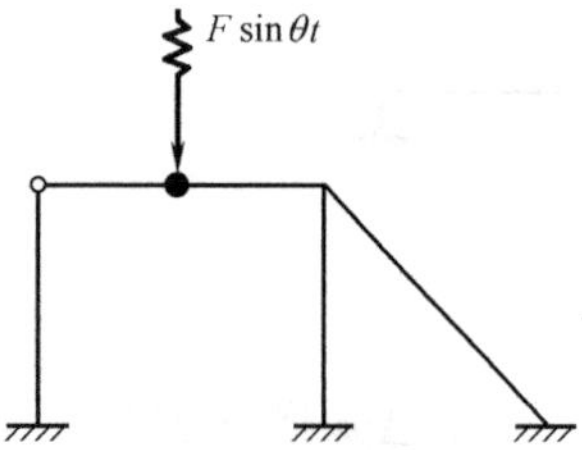

附图 14-31

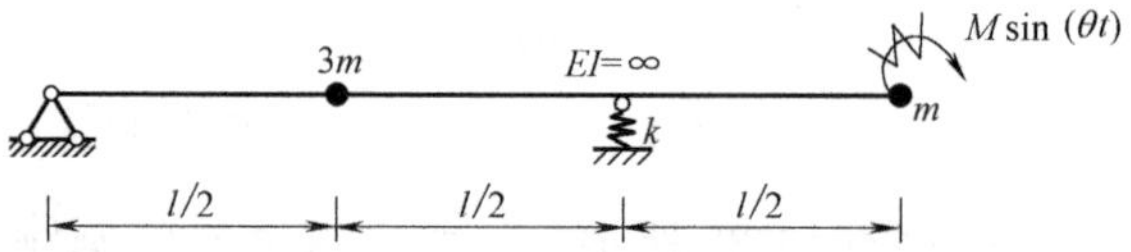

附图 14-32

23. 关于多自由度体系的自由振动特性，以下说法正确的是（　　）。

A. 频率和振型都是结构的固有属性　　B. 先求出振型，才能求得频率

C. 频率与初始速率有关　　　　　　　D. 振型与初始位移有关

24. 多自由度体系自由振动时的任何位移曲线均可看成_____的线性组合。

25. 主振型的第一正交性用公式表达为_____，第二正交性用公式表达为

_____。

26. 如附图 14-33 所示体系，弹簧刚度系数分别为 k_1、k_2，两质点分别为 m_1、m_2，竖向自由振动的运动方程可写为：$y_1(t)=\delta_{11}F_{I1}+\delta_{12}F_{I2}$，$y_2(t)=\delta_{21}F_{I1}+\delta_{22}F_{I2}$，其中 F_{I1}、F_{I2} 分别为两质点的惯性力。其中 $\delta_{22}=$_____。

27. 如附图 14-34 所示为某体系的三个主振型形状，其相应的圆频率分别为 ω_a、ω_b、

258

ω_c，则这三个频率的大小关系为：_____。

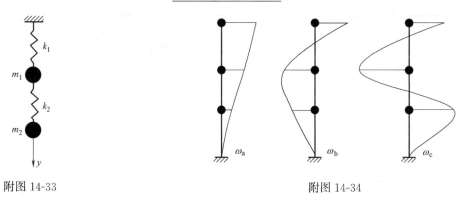

附图 14-33   附图 14-34

28. 多自由度体系在简谐荷载作用下发生强迫振动，当简谐荷载的频率与体系的某一阶自振频率相同时，会出现_____现象。

29. 如附图 14-35 所示体系，若第一主振型向量为 $Y^{(1)} = (5,1)^T$，则第二主振型向量 $Y^{(2)} =$ _____。

附图 14-35

三、计算题

1. 求如附图 14-36 所示各体系的自振频率。杆身质量除特别注明外都略去不计。

2. 如附图 14-37 所示两根钢梁并排放置，已知梁高 20cm，材料弹性模量 $E = 200\text{GPa}$，截面惯性矩 $I = 2.5 \times 10^3 \text{cm}^4$。在梁中点装置一台电动机，其转速为每分钟 1200 转，转动时引起离心惯性力的幅值 $F = 300\text{N}$。将梁质量集于中点，与电动机质量合并后的总质量 $m = 320\text{kg}$。求：机器转动时引起梁跨中的振幅 $y_{\max}$、最大总挠度 $V_{\max}$ 和梁截面的最大正应力 $\sigma_{\max}$（忽略阻尼的影响）。

3. 如附图 14-38 所示体系，抗弯刚度 $EI = 9.6 \times 10^3 \text{kN} \cdot \text{m}^2$，质量 $m = 2\text{kg}$ 集中于梁端部，并受有竖向简谐干扰力 $F \sin(\theta t)$ 作用，已知干扰力幅值 $F = 7\text{kN}$，干扰力频率 $\theta = 20/\text{s}$。求：质点处产生的最大动位移值 $y_{\max}$，以及体系中的最大动弯矩值 $M_{\max}$（不考虑阻尼作用）。

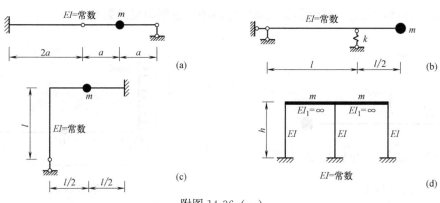

附图 14-36（一）

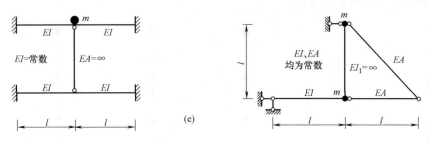

附图 14-36（二）

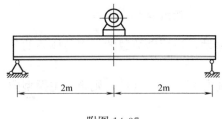

附图 14-37

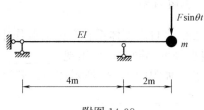

附图 14-38

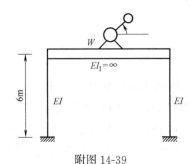

附图 14-39

4. 如附图 14-39 所示刚架，横梁刚度 $EI_1=\infty$，柱刚度 $EI=3.53\times10^4\mathrm{kN\cdot m}^2$，假设体系质量均集中在横梁处。横梁上放有电动机，电动机和横梁的总重量 $W=20\mathrm{kN}$，电动机转速为每分钟 550 转，电动机转动时离心力幅值 $F=0.25\mathrm{kN}$。求电动机转动使刚架产生的最大水平位移 $y_{\max}$，以及柱端的弯矩幅值 $M_{\max}$（不考虑阻尼作用）。

5. 如附图 14-40 所示体系，质量 m 集中于梁端部，简谐荷载 $F\sin(\theta t)$ 作用于梁中部，求：确定质点的运动方程及其振幅，并作动弯矩幅值图。已知 EI 为常数，$\theta=0.5\omega$（不考虑阻尼作用）。

6. 如附图 14-41 所示体系，杆件刚度 EI 为常数，承受均布简谐荷载 $q\sin(\theta t)$，荷载频率 $\theta=\sqrt{\dfrac{EI}{ma^3}}$，弹簧刚度系数 $k=\dfrac{EI}{a^3}$，集中质量为 m，杆身质量不计。求支座 B 点的最大竖向动力位移 $\Delta_{B\max}$，并绘制最大动力弯矩图（忽略阻尼的影响）。

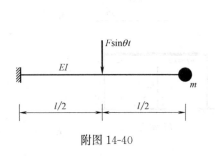

附图 14-40

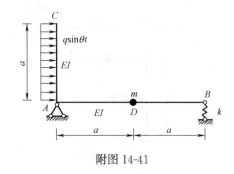

附图 14-41

260

7. 求如附图 14-42 所示各体系的自振频率和主振型。已知杆件质量可忽略不计，除特别注明外杆件抗弯刚度值 EI 均为常数。

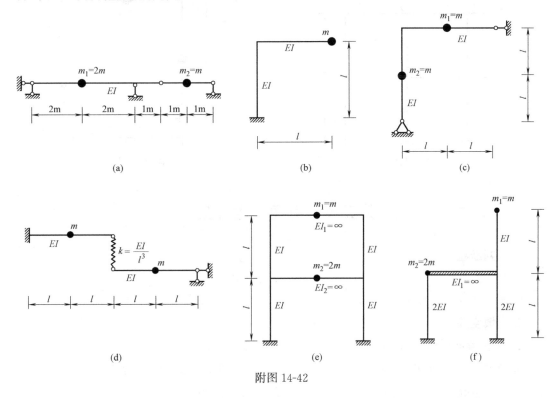

附图 14-42

8. 求如附图 14-43 所示各体系的自振频率和主振型，并验证主振型的正交性。已知杆件质量忽略不计，除特别注明外杆件刚度 EI 均为常数。

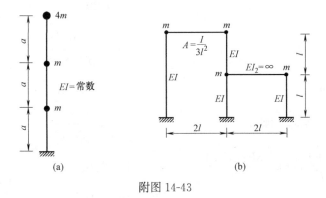

附图 14-43

9. 如附图 14-44 所示刚架结构，在楼层处分别承受简谐荷载 $F_1 \sin(\theta t)$ 及 $F_2 \sin(\theta t)$。已知横梁刚度均为 $EI_1 = \infty$，柱刚度 EI 均为常数，横梁质量分别为 m_1、m_2，柱质量不计。建立该体系的运动方程。

10. 如附图 14-45 所示刚架，杆件刚度均为 EI，自重均集中到两质点处，荷载频率 $\theta = \sqrt{\dfrac{48EI}{ml^3}}$，作其最大动力弯矩图。

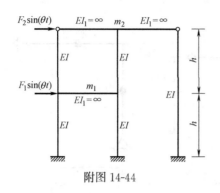

附图 14-44

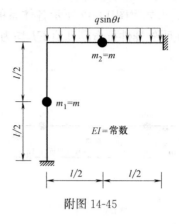

附图 14-45

第五节　习题参考答案

一、判断题

1. × 　2. × 　3. √ 　4. √ 　5. × 　6. × 　7. √ 　8. √

9. × 　10. √ 　11. × 　12. √

二、填空题

1. 是否考虑惯性力的影响

2. 1　3　4　4　5

3. 刚度法　柔度法

4. 初始位移　初始速度

5. $y_0 = \dfrac{mgl^3}{3EI}$, $v_0 = \sqrt{2gh}$

6. 40s^{-1}

7. $\sqrt{\dfrac{1}{m\delta_B}}$

8. 0.201s

9. $\sqrt{\dfrac{3EI}{2ml^3}}$

10. $\sqrt{\dfrac{3EI}{ml^3} + \dfrac{k}{m}}$

11. $\sqrt{\omega_a^2 + k/m}$

12. 0.12mm

13. $\omega_a > \omega_b > \omega_c > \omega_d$　刚度（柔度）

14. $3\sqrt{\dfrac{EI}{2mh^3}}$

15. $m\ddot{y}(t) + \dfrac{3EI}{l^3}y(t) = \dfrac{5F\sin(\theta t)}{16}$

16. 共振

17. 小

18. （d）

19. 0.0675

20. $\beta = \dfrac{1}{1 - (\theta/\omega)^2}$　将荷载幅值 F 作为静荷载作用于结构上时所引起的静力位移

21. 2

22. $\sqrt{\dfrac{k}{3m}}$

23. A

24. 主振型

25. $(Y^{(i)})^{\mathrm{T}}MY^{(j)}=0$ $(Y^{(i)})^{\mathrm{T}}KY^{(j)}=0$ 26. $\dfrac{1}{k_1}+\dfrac{1}{k_2}$

27. $\omega_a<\omega_b<\omega_c$ 28. 共振

29. $(1,\ -2)^{\mathrm{T}}$

三、计算题

1. (a) $\omega=\sqrt{\dfrac{6EI}{5ma^3}}$，(b) $\omega=\dfrac{2}{3}\sqrt{\dfrac{k}{m}}$ $(EI=\infty)$，$\omega=\sqrt{\dfrac{1}{m\left(\dfrac{l^3}{2EI}+\dfrac{2.25}{k}\right)}}$ $(EI\neq\infty)$

(c) $\omega=\sqrt{\dfrac{768EI}{7ml^3}}$，(d) $\omega=\sqrt{\dfrac{18EI}{mh^3}}$，(e) $\omega=\sqrt{\dfrac{48EI}{ml^3}}$，(f) $\omega=\sqrt{\dfrac{3EI}{2ml^3}}$

2. $y_{max}=1.21\times10^{-4}\,\mathrm{m}$，$V_{max}=5.38\times10^{-4}\,\mathrm{m}$，$\sigma_{max}=8.09\,\mathrm{MPa}$

3. $y_{max}=0.0182\,\mathrm{m}$，$M_{max}=43.778\,\mathrm{kN\cdot m}$

4. $y_{max}=0.088\,\mathrm{cm}$，$M_{max}=0.52\,\mathrm{kN\cdot m}$

5. $m\ddot{y}(t)+y(t)=\dfrac{5}{16}F\sin\theta t$，$y_{max}=\dfrac{5Fl^3}{36EI}$

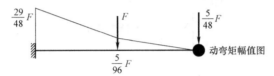

动弯矩幅值图

6. $\Delta_{Bmax}=\dfrac{13qa^4}{28mEIa^3}$，$M_A=\dfrac{1}{2}qa^2$，$M_D=\dfrac{13}{28}qa^2$

7. (a) $\omega_1=0.5889\sqrt{\dfrac{EI}{m}}$，$\omega_2=1.653\sqrt{\dfrac{EI}{m}}$，$Y^{(1)}=\begin{bmatrix}1\\-0.4338\end{bmatrix}$，$Y^{(2)}=\begin{bmatrix}1\\4.601\end{bmatrix}$

(b) $\omega_1=0.8057\sqrt{\dfrac{EI}{ml^3}}$，$\omega_2=2.8135\sqrt{\dfrac{EI}{ml^3}}$，$Y^{(1)}=\begin{bmatrix}1\\0.414\end{bmatrix}$，$Y^{(2)}=\begin{bmatrix}1\\-2.414\end{bmatrix}$

(c) $\omega_1=0.967\sqrt{\dfrac{EI}{ml^3}}$，$\omega_2=3.203\sqrt{\dfrac{EI}{ml^3}}$，$Y^{(1)}=\begin{bmatrix}1\\-0.277\end{bmatrix}$，$Y^{(2)}=\begin{bmatrix}1\\3.61\end{bmatrix}$

(d) $\omega_1=0.888\sqrt{\dfrac{EI}{ml^3}}$，$\omega_2=2.62\sqrt{\dfrac{EI}{ml^3}}$，$Y^{(1)}=\begin{bmatrix}1\\2.25\end{bmatrix}$，$Y^{(2)}=\begin{bmatrix}1\\-0.446\end{bmatrix}$

(e) $\omega_1=2.647\sqrt{\dfrac{EI}{ml^3}}$，$\omega_2=6.402\sqrt{\dfrac{EI}{ml^3}}$，$Y^{(1)}=\begin{bmatrix}1\\0.707\end{bmatrix}$，$Y^{(2)}=\begin{bmatrix}1\\-0.707\end{bmatrix}$

(f) $\omega_1=1.673\sqrt{\dfrac{EI}{ml^3}}$，$\omega_2=5.07\sqrt{\dfrac{EI}{ml^3}}$，$Y^{(1)}=\begin{bmatrix}1\\0.0661\end{bmatrix}$，$Y^{(2)}=\begin{bmatrix}1\\-7.5661\end{bmatrix}$

8. (a) $\omega_1=0.161\sqrt{\dfrac{EI}{ma^3}}$，$\omega_2=1.760\sqrt{\dfrac{EI}{ma^3}}$，$\omega_3=5.089\sqrt{\dfrac{EI}{ma^3}}$

$Y^{(1)}=\begin{bmatrix}1\\0.522\\0.151\end{bmatrix}$，$Y^{(2)}=\begin{bmatrix}1\\-6.341\\-4.562\end{bmatrix}$，$Y^{(3)}=\begin{bmatrix}1\\-13.198\\19.222\end{bmatrix}$

（b）$\omega_1 = 0.728\sqrt{\dfrac{EI}{ml^3}}$，$\omega_2 = 1.661\sqrt{\dfrac{EI}{ml^3}}$，$\omega_3 = 3.731\sqrt{\dfrac{EI}{ml^3}}$

$$Y^{(1)} = \begin{bmatrix} 1 \\ 0.0728 \\ 0.0084 \end{bmatrix}, \quad Y^{(2)} = \begin{bmatrix} 1 \\ -13.311 \\ -1.859 \end{bmatrix}, \quad Y^{(3)} = \begin{bmatrix} 1 \\ -80.26 \\ 287.6 \end{bmatrix}$$

9. 运动方程：$\begin{cases} k_{11}y_1(t) + k_{12}y_2(t) + m_1\ddot{y}_1(t) = F_1\sin(\theta t) \\ k_{21}y_1(t) + k_{22}y_2(t) + m_2\ddot{y}_2(t) = F_2\sin(\theta t) \end{cases}$

其中，$k_{11} = 39EI/h^3$，$k_{12} = k_{21} = -15EI/h^3$，$k_{22} = 123EI/(8h^3)$

10.

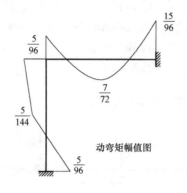

动弯矩幅值图

参 考 文 献

[1]　龙驭球，包世华，袁驷．结构力学Ⅰ-基本教程（第三版）[M]．北京：高等教育出版社，2016.

[2]　龙驭球，包世华，袁驷．结构力学Ⅱ-专题教程（第三版）[M]．北京：高等教育出版社，2015.

[3]　朱慈勉，张伟平．结构力学（下册，第三版）[M]．北京：高等教育出版社，2016.

[4]　单建，吕令毅．结构力学（第二版）[M]．南京：东南大学出版社，2011.

[5]　李廉锟．结构力学（下册，第六版）[M]．北京：高等教育出版社，2017.

[6]　包世华，熊峰，范小春．结构力学教程[M]．武汉：武汉理工大学出版社，2017.

[7]　雷钟和．结构力学学习指导[M]．北京：高等教育出版社，2012.

[8]　雷钟和，江爱川，郝静明．结构力学解疑（第二版）[M]．北京：清华大学出版社，2008.

[9]　于玲玲．结构力学-研究生入学考试辅导丛书[M]．北京：中国电力出版社，2009.

[10]　赵更新．结构力学辅导．——概念．方法．题解[M]．北京：中国水利水电出版社，2002.

[11]　汪梦甫．结构力学[M]．武汉：武汉大学出版社，2015.

[12]　刘金春，杜青．结构力学（第二版）[M]．武汉：华中科技大学出版社，2013.